自然辩证法实用教程

主　编　郭金明

副主编　赵四学　代　亮

北京师范大学出版集团
BEIJING NORMAL UNIVERSITY PUBLISHING GROUP
安徽大学出版社

图书在版编目(CIP)数据

自然辩证法实用教程 / 郭金明主编. —合肥,安徽大学出版社,
2013.11(2016.8 重印)
ISBN 978-7-5664-0524-1

Ⅰ. ①自… Ⅱ. ①郭… Ⅲ. ①自然辩证法—教材 Ⅳ. ①N031

中国版本图书馆 CIP 数据核字(2013)第 261184 号

自然辩证法实用教程

主编 郭金明

出版发行:北京师范大学出版集团
　　　　　安 徽 大 学 出 版 社
　　　　　(安徽省合肥市肥西路 3 号 邮编 230039)
　　　　　www.bnupg.com.cn
　　　　　www.ahupress.com.cn
印　　刷:安徽省人民印刷有限公司
经　　销:全国新华书店
开　　本:140mm×203mm
印　　张:10
字　　数:257 千字
版　　次:2013 年 11 月第 1 版
印　　次:2016 年 8 月第 2 次印刷
定　　价:25.00 元
ISBN 978-7-5664-0524-1

策划编辑:李　梅　张明举　　　　装帧设计:李　军
责任编辑:武溪溪　张明举　薛淑敏　美术编辑:李　军
责任校对:程中业　　　　　　　　责任印制:赵明炎

前　言

　　2012 年 5 月,教育部颁布了硕士研究生思想政治理论课"自然辩证法概论"的新教学大纲,这表明过去使用的教材不再适合。因此,我们开始按照新大纲的精神组织新教材的编写。

　　本教材的一个特点是定位更加明确。这本教材是针对省属理工类高等院校编写的,适合用作省属理工院校全日制硕士研究生、工程硕士生以及教师的"自然辩证法概论"教材,也适用于希望对自然辩证法有一个基本了解的各类读者。结合省属理工院校以工科专业为主的特点,我们一改其他同类教材以科学观和科学方法论作为重点的做法,首次将技术观和技术方法论作为重点进行阐述。

　　教材另一个特点是高度重视培养学生的创新精神和创新能力。2010 年中宣部和教育部联合颁发的《关于高等学校研究生思想政治理论课课程设置调整的意见》明确提出,设置"自然辩证法概论"课的一个重要目标是要培养硕士生的创新精神和创新能力。为了落实 2010《关于高等学校研究生思想政治理论课课程设置调整的意见》的精神,我们在教材的编写过程中特别强调,通过自然辩证法课程来培养学生的创新精神和创新能力。除了传统的辩证唯物主义自然观、科学精神以及科学技术方法论等内容之外，教材还增加了技术创新方法的内容，介绍了技术创新的各种模式，这对于培养学生的创新、创业能力将会有直接帮助。

本教材的编写原则是力求简洁实用，没有过多的科学技术哲学理论，也尽量减少使用学术语言。我们的基本目标是把自然辩证法的基本知识传授给理工类硕士研究生，所以没有过多的属于科技哲学研究的内容。为了便于读者理解自然辩证法的基本理论，教材大量使用了科学史上的案例。因为把"实用"作为一个重要的编写原则，所以我们把教材定名为《自然辩证法实用教程》。

本教材主要由安徽理工大学和西南科技大学从事"自然辩证法概论"课程教学的一线教师编写而成，具体分工如下：

绪论：郭金明（安徽理工大学）。

第一章"马克思主义自然观"：代亮（安徽理工大学）。

第二章"马克思主义科学观"：赵四学（西南科技大学）。

第三章"马克思主义科学方法论"：张猷（西南科技大学）编写第一节；郭金明，王宏兴（安徽理工大学）编写第二节。

第四章"马克思主义技术观"：代亮。

第五章"马克思主义技术方法论"：裴晓敏（襄阳学院）编写第一节；郭金明编写第二节。

第六章"马克思主义科学技术社会论"：王宏兴编写第一节；李群山（西南科技大学）编写第二节；张猷编写第三节；程仕伟（西南科技大学）编写第四节。

第七章"中国马克思主义科学技术观与创新型国家"：郭金明。

　　在本教材的编写过程中,我们得到了安徽理工大学和西南科技大学两校研究生处的大力支持与帮助。安徽大学出版社和本书的责任编辑张明举老师也给予了充分的关心和支持。此外,编者还参考了许多自然辩证法工作者的论著和教材。在此,谨向上述单位和同志致以真挚的谢意。

编　者

2013 年 9 月

目　　录

绪　论

　　1925 年,恩格斯的遗著《自然辩证法》在苏联出版,这标志着自然辩证法作为一门学科正式诞生。那么自然辩证法到底是怎样的一门学科? 这门学科的研究对象和研究方法是什么? 特别是这门学科有什么作用,为什么近百年之后我们还要在研究生的课堂上学习它? 自然辩证法的主要内容又是什么? 作为教材的开篇,绪论将简要地回答这些问题,目的是要使读者对自然辩证法形成一个整体印象,从而为具体深入地学习正文内容打下基础。

一、自然辩证法的概念和学科性质

(一)自然辩证法的概念

　　自然辩证法是指在马克思主义哲学指导下,主要研究自然界发展和科学技术发展的一般规律,以及科学技术与社会关系的一门具有应用哲学性质的学科。对于这个定义,我们应该从三个方面来加以理解:

　　第一,自然辩证法以马克思主义哲学作为指导思想,是在马克思主义哲学指导下进行研究的。自然辩证法是马克思和恩格斯创立的,其中恩格斯贡献最大。恩格斯从 1873 年开始创作《自然辩证法》,因公务繁忙,直到逝世都未能完成这部巨著,但是他留给后世的 10 篇论文、169 篇札记和片段、2 个计划草案的手稿仍然构成了一个完整的理论体系。恩格斯的自然辩证法体系在世界观和方法论上坚持了马克思主义的辩证唯物主义立场,不仅创立了辩证唯物主义自然观,而且在辩证唯物主义自然观的指导下对自然科学中的一些重大问题作了深刻的分析。根据唯物主义自然观,恩格斯提出物质不灭和运动不灭原理,指出在宇宙中某个地方消失的物质和能量将在宇宙中其他地方重新产生和聚集起来,从而用一种无限循环的理论解释了恒星的起源和归宿问题。恩格斯在辩证唯物主义的思想指导下,详细分析了自然界存在的运动形式,指出运动的基本形式不仅包括机械运动,还包括物理变化、化学变化、生命运动以及人类的思维变化,并且指出它们之间是可以相互转化的。在科学方法论上,恩格斯根据对立统一的思想,将归纳和演绎方法统一起来。正是在辩证唯物主义思想的指导下,恩格斯才创立了自然辩证法理论。因此,马克思主义哲学从一开始就是自然辩证法研究的指导思想。

第二,自然辩证法主要研究自然界发展和科学技术发展的一般规律以及科学技术与社会的关系。在马克思主义的经典著作中,《资本论》研究的是资本主义经济和社会发展的一般规律,而《自然辩证法》研究的则是自然界发展的一般规律。马克思主义是为无产阶级和全人类解放服务的理论,它的首要使命是要从理论上论证无产阶级革命的合理性,所以马克思和恩格斯早年的工作主要是研究人类社会,特别是资本主义社会发展的一般规律。但是,在马克思和恩格斯看来,世界历史是自然史和社会史的统一,这是他们创立马克思主义哲学时所坚持的一项基本原则。为了填补马克思主义在自然史领域的空白,使马克思主义形成一个涵盖社会和自然的完整理论体系,恩格斯1870年开始致力于自然科学的研究,并且最终创立了自然辩证法——这个属于马克思主义重要组成部分的理论体系。恩格斯的自然辩证法通过分析自然科学的发展,揭示当时占统治地位的形而上学自然观的错误,指出自然界的发展和自然科学的发展都遵循辩证的规律。由于是通过分析科学技术的发展来揭示自然界的发展规律,因此自然辩证法把自然界的发展规律和科学技术的发展规律都当作自己的研究对象。科学技术的发展离不开社会,因此科学技术与社会的关系也是自然辩证法的一个重要研究对象。

第三,自然辩证法是一门具有应用哲学性质的学科。自然辩证法研究自然界发展的一般规律和科学技术发展的一般规律,因此它和进行具体研究的自然科学不同,属于哲学性学科。但是和一般性的哲学,如马克思主义哲学又不一样,自然辩证法研究的内容更加详细和具体,因此它又不是一般性的哲学。根据上述理解,自然辩证法又可以看作是马克思主义哲学在自然领域的具体应用。

为了更好地理解自然辩证法,我们还需要区别几个意义相近的概念。这些意义相近的概念包括自然哲学、科学技术哲学、科学学等。

哲学是一种系统的世界观和方法论,它的研究对象是整个世界,因此自然界一直都没有淡出过哲学家的视野。传统上,主要研究自然界的哲学被称为自然哲学。在近代科学出现以前,自然哲学是人们反思自然界发展规律的主要学科。在牛顿时代,人们仍然把研究自然界的哲学称为自然哲学,所以牛顿当时还把自己的著作取名为《自然哲学之数学原理》。传统的自然哲学和自然辩证法一样,都承认自然界的发展存在规律。研究自然界的目的就是要发现这些规律,这是自然哲学和自然辩证法的相同之处。但是传统的自然哲学依靠直观和思辨直接研究自然规律,它不以科学技术作为研究的中介,一些哲学家甚至认为自然科学根本不是研究自然规律的有效学科。比如黑格尔,他用思辨代替实验,用哲学代替科学,直接建立了一个绝对的自然体系,并且认为自己的自然哲学才是真正的科学,是"科学的科学"。和传统的自然哲学不同,自然辩证法把科学技术作为自己的基础,通过科学技术这个中介来研究自然界发展的一般规律。自然辩证法把研究自然界个别现象和过程的任务归还给具体的自然科学,而只把研究这些个别现象和过程中体现的一般规律的任务留给自己。

科学技术哲学和自然辩证法一样,也是以科学技术为研究对象的哲学学科,并且从上世纪 80 年代后期起,为了在国际上进行学术交流,"自然辩证法"和"科学技术哲学"这两个名称还被交互使用,①现在我国大学的学科目录里使用的也是"科学技术哲学"这个名称。但是自然辩证法,或者说我们所理解的科学技术哲学,和西方的科学技术哲学有一个原则性区别,那就是两者的指导思想不同。自然辩证法以马克思主义哲学作为指导思想,是根据马克思主义哲学建立起来的辩证唯物主义自然观,在自然辩证法的理论体系中占有重要位置,是自然辩证法研究科学技术发展一般规律的理论基石。西方的科学技术哲学则运用不同的哲学理论进行研究,没有非常明确的指导思想,并且自然观在西方的科学技术哲学研究中也不受重视,有名的科技哲学家,如石里克、波普尔、库恩和拉卡托斯等在研究中都没有把自然观作为重点。

科学学是英国物理学家贝尔纳开创的一个新的研究领域。受马克思主义的影响,贝尔纳在 1939 年发表了《科学的社会功能》,用科学的方法对科学本身进行了全方位的研究,《科学的社会功能》也因此成为科学学的奠基著作。② 科学学和自然辩证法一样都以科学作为研究对象,但是在研究方法上,科学学主要采用科学的方法,而自然辩证法主要运用的是哲学的方法。今天的科学学因为广泛探讨科学的体系结构、规划管理以及科学政策等问题而受到科技管理工作者的重视。

---

① 黄顺基:《自然辩证法概论》,北京:高等教育出版社,2004 年,第 4 页。

② 黄顺基:《自然辩证法概论》,北京:高等教育出版社,2004 年,第 11 页。

（二）自然辩证法的学科性质

自然辩证法是一门具有应用哲学性质的学科。作为应用哲学，自然辩证法首先是哲学而不是具体科学。具体科学，如物理、化学和生物等，研究的是自然界发展的、具体的规律，但是自然辩证法只研究自然界发展的一般规律和具体科学的发展规律。自然辩证法在具体科学的研究成果基础上进一步概括总结了自然界发展的一般规律，而不是像传统的自然哲学那样，直接对自然界发展的具体规律进行研究。在研究方法上，具体科学以观察和实验为基础，而自然辩证法作为一门哲学学科，则主要采用理论研究法。

自然辩证法不是具体科学，也不具有马克思主义哲学的一般性原理地位。马克思主义哲学属于一般性哲学，它以整个世界，包括自然、社会和思维三大领域的普遍规律作为研究对象。自然辩证法主要研究自然领域的一般规律，因此相对于马克思主义哲学来说，它的抽象性和普适度都很小。自然辩证法可以看作是马克思主义哲学在自然领域的具体应用，本质上属于应用哲学。

二、自然辩证法的研究对象和研究方法

（一）自然辩证法的研究对象

恩格斯创立自然辩证法的主要目的是要把马克思主义哲学理论贯彻到自然领域，揭示当时占统治地位的形而上学自然观的错误，证明自然辩证法，即自然界的辩证规律的客观存在。因此，自然界的发展规律首先成为自然辩证法这门学科的研究对象。西方科技哲学的研究对象局限于科学技术的发展，不研究甚至否认自然辩证法的客观存在。不研究自然界的发展规律，意味着西方科学技术哲学缺少一个更高的研究目标，因而对科学技术发展的研究也难以深入。另外，由于科学技术发展的规律本质上和自然界发展的规律是一致的，因此对科学技术的发展和自然界的发展研究时可以进行相互检验。西方科学技术哲学把研究对象局限于科学技术的发展,实际上也就使它的研究失去了一个重要的检验手段。而自然辩证法一直保持着把自然界发展的一般规律作为重要研究对象的传统。

自然辩证法虽然把自然界发展的一般规律作为研究对象,但它的研究不是直接的,而是以科学技术为基础和中介,通过研究科学技术发展的一般规律来揭示自然界发展的一般规律。因此,科学技术的发展规律,实际上也成了自然辩证法最重要的研究对象。恩格斯在《自然辩证法》的导言中系统分析了自然科学的发展历史,并且计划具体分析自然科学各门学科中的辩证内容[①]。列宁在《唯物主义和经验批判主义》一书中系统分析了 19 世纪末 20 世纪初的物理学革命。当代自然辩证法吸收了西方科学技术哲学的研究成果,并且借鉴了西方科学技术哲学的研究方法,但研究的重心却转移到了科学技术的发展规律上。科学技术的本体论、认识论和方法论问题早已成为当代自然辩证法研究的主要问题,研究的直接目的就是要揭示科学技术发展的一般规律。

研究科学技术的发展必然要研究科学技术与社会的关系,因为科学技术不可能离开社会而孤立地发展。当今社会,科学技术与社会的关系愈加密切也愈加复杂,正确认识两者的关系也变得更为重要。另外,随着自然辩证法学科的发展,传统研究领域日趋成熟,新的研究领域亟待开拓。因此,科学技术与社会关系的研究在自然辩证法学科研究中占据着越来越重要的位置。

(二)自然辩证法的研究方法

任何研究都可以看作是一个获取认识原材料,然后对认识原材料进行加工的过程。研究的方法包括获取认识原材料的方法和加工认识原材料的方法。具体科学,如物理和化学等,通过观察和实验获取科学事实,然后采用各种理论思维方法对科学事实进行

---

① 《马克思恩格斯选集》卷 3,北京:人民出版社,1972 年,第 521 页。

加工,以获得对自然规律的认识。作为一门具有应用哲学性质的学科,自然辩证法的认识原材料来自于科学技术史,通过科学技术史获得认识原材料之后,自然辩证法研究的主要任务就是采用归纳、演绎以及类比等理论思维方法,对获得的科技史事实进行加工。

科学技术史是历史上重要的科学技术活动的记录,通常分为内史和外史。内史是科学技术活动本身发展的历史,主要记录科学学说和技术发明的演变过程;外史是科学技术活动的社会环境演变的历史,主要记录的是科学技术活动与社会活动相互影响、相互作用的典型事件。一般来说,科学技术内史是自然辩证法研究科学技术发展规律的科学基础,而科学技术外史则是自然辩证法研究科学技术发展规律的社会基础。自然辩证法从科学技术史中选择典型的科学学说或技术发明、典型的科技人物以及典型的科技事件作为自己研究的原材料,然后采用理论研究方法对这些科技史进行加工,以获得对科学技术发展规律以及科学技术与社会相互关系的认识。获得的关于科学技术发展规律以及科学技术与社会相互关系的认识需要进一步深化,以获得自然辩证法对于自然界发展的一般规律的认识。

自然辩证法主要通过分析科学技术史,来获得对科学技术发展规律以及科学技术与社会相互关系的认识,并进而获得对自然界发展一般规律的认识,这种研究方法符合马克思主义认识论。因为科学技术史实际上就是前人的科学技术实践的记录,所以自然辩证法通过分析科学技术史而获得的规律性认识,乃是一种来自于实践的认识。通过研究生的“自然辩证法”课堂,老师把分析科学技术史而获得的认识传授给学生,学生在今后的科研活动中又将进一步应用并检验这些认识。由此可见,自然辩证法的研究方法正是马克思主义哲学中的“从实践中来,到实践中去”的认识方法。

三、自然辩证法的地位和作用

（一）自然辩证法的地位

作为一门具有应用哲学性质的学科，自然辩证法首先不具有马克思主义哲学的一般性原理地位。马克思主义哲学是一般性哲学，其研究对象是整个世界，包括自然、社会和思维三大领域。自然辩证法则不然，它的研究领域主要是自然领域，较少涉及社会领域和思维领域。自然辩证法原理的抽象程度和普适程度，相比于马克思主义哲学原理要小。但是，自然辩证法不是一门具体科学，它仍属于哲学。具体科学研究自然界的具体规律，而自然辩证法研究自然界的一般规律。具体科学，如物理和化学等，都从事具体的研究，但是自然辩证法并不直接研究自然界，它主要在自然科学认识的基础上进一步进行理论概括。综合自然辩证法的上述特征可知，自然辩证法实际上是介于马克思主义哲学和自然科学的独立学科，它是马克思主义哲学和自然科学的中介。

（二）自然辩证法的作用

自然辩证法是马克思主义哲学和自然科学的中介，这种独特的地位使得它具有双向的作用：一方面，自然辩证法按照从特殊到一般的方向对马克思主义哲学起作用；另一方面，自然辩证法又按照从一般到特殊的方向对科学技术起作用。

自然辩证法和马克思主义哲学的关系是特殊和一般的关系，沿着从特殊到一般的方向，自然辩证法对马克思主义哲学主要起提供证据支持和输送理论养分的作用。马克思主义哲学是适用于一切领域的普遍原理，但是它只是在有限的理论成果和事实基础上揭示出来的，还需要得到不断的支持证据，证据越多，支持越有力，它的基础越巩固。自然辩证法在马克思主义哲学指导下，专门对自然界发展和科学技术发展一般规律以及科学技术与社会相互关系进行研究，它的研究成果可以检验马克思主义哲学在自然领域的真理性,因此它能够为马克思主义哲学提供证据支持。另外,自然辩证法直接面对科学技术,它从中概括提升出来的一些基本原理和基本范畴,经过哲学的加工和改造,都有可能为马克思主义哲学所吸收,因此,自然辩证法同时又具有为马克思主义哲学输送理论养分的作用。

自然辩证法和科学技术的关系是一般和特殊的关系,根据一般能够指导特殊的原则,自然辩证法对科学技术活动可以起理论指导作用,这是我国在研究生课堂上开设"自然辩证法"课程的一个很重要的原因。但是由于缺乏理解,学生经常对自然辩证法的理论指导作用不以为然。

历史上,科学家的确曾强烈地抵触过哲学。牛顿,这位科学泰斗曾告诫科学家:"物理学,当心形而上学!"恩格斯也指出,当时的自然科学家相信,他们只有忽视哲学或者侮辱哲学,才能从哲学的束缚中解放出来。① 但是实际情况却是,当时的科学家根本没有摆脱哲学的支配,而是盲目地从各种时髦的哲学或过时的哲学中拾取逻辑范畴,"所以他们完全做了哲学的奴隶,遗憾的是大多数都做了最坏的哲学的奴隶,而那些侮辱哲学最厉害的恰好是最坏哲学的最坏、最庸俗的残余的奴隶"。②

科学家实际上并不能离开哲学,其中的原因除了恩格斯指出的科学认识必须借助于哲学的逻辑范畴和思维方法之外,还有一个重要的原因就是,科学家的基本信念中不可避免地会包含某些哲学思想。科学家在进行研究之前,就不自觉地假定了客观世界甚至客观规律的存在,否则,如果科学家持有的是相反的假定,那么科学研究无异于无的放矢,科学家也等于承认自己在自欺欺人。所以,科学家实际上在不自觉中选择了唯物主义,甚至决定论的哲

---

① 《马克思恩格斯选集》卷 3,北京:人民出版社,1972 年,第 533 页
② 《马克思恩格斯选集》卷 3,北京:人民出版社,1972 年,第 533 页

学立场。

内化在人心中的基本信念虽然经常不被察觉,而且在平时它们似乎也不发挥作用,但是在生死考验和胜负成败的关键时刻,起决定作用的往往就是人心中的某种信念。信念使革命者经受住生死考验;信念使竞技者赢得最后的比赛;同样,信念使科学家取得最后的成功。科学史上有许多因科学家拥有执着、不屈不挠的信念而最终获得重大发现的例子,其中有一些科学家因受了某种哲学的影响,而形成了自己坚定的信念,比如英国的法拉第发现电磁感应定律,在很大程度上归功于他接受了德国的辩证法思想。19世纪以前,英国的哲学一直由经验主义统治。进入19世纪,欧洲大陆的理性主义哲学,特别是德国的辩证法思想开始在英国传播开来。年轻的法拉第接受了德国的辩证法思想,认为自然界的运动和变化具有对应性。1820年,丹麦的奥斯特发现了电流的磁效应。得知这一发现之后,法拉第根据运动和变化的对应性,认为电能生磁,磁就能生电,并且最终通过实验发现了电磁感应定律。法拉第从1822年开始进行磁生电的实验研究,到1831年发现电磁感应定律,经历了整整10年的时间。如果实验比较有趣的话,坚持10年对一个科学家来说也算不了什么,但是学过初等物理的人都知道,法拉第的电磁感应实验其实是相当枯燥的,那么是什么力量使法拉第能够十年如一日,不断地坚持做枯燥的实验呢?这就是信念的作用。辩证法思想已经内化成法拉第心中的基本信念,法拉第坚信电能生磁,磁就能生电的正确性,所以他能够克服困难,把实验研究坚持下来,并最终取得了成功。因此,科学家千万不能小看哲学信念的作用。

哲学为科学家提供基本信念以及思维范畴和思维方法,所以科学家无法离开哲学。但是,如果不同的哲学思想对科学家的影响都是一样的,那么学生仍然会质疑学习马克思主义哲学和自然辩证法的必要性。实际情况是,不同的哲学思想对科学家会产生不同的影响,有的产生积极影响,有的产生消极影响。以科学史上经常争论的决定论和非决定论为例,决定论承认自然界发展存在客观规律,科学的目的就是要发现自然界的发展规律,而且属于真理的科学理论只有一个,即与客观规律相符合的那一个;相反,非决定论不承认自然界的发展存在客观规律,认为科学的任务只不过是解释实验事实,只要能正确解释实验事实的科学理论都是真理。很明显,决定论的思想引导科学家去寻找唯一的真理,因而不断推动科学的进步。而非决定论的思想却容易让科学家满足于现有的科学理论,因此不利于科学的进步。还有更多的例子,比如有关物质的可分性和多样性,东方的思想倾向于物质无限可分、无限多样,西方的思想倾向于物质的分解和种类有一个极限,这两种不同的思想对于物理学的研究也产生了不同影响。在华裔物理学家丁肇中发现 J 粒子之前,科学家已经发现了 3 种夸克。受到物质分解和种类极限思想的影响,西方的科学家们大都认为只有 3 种夸克,因此很少有科学家去探寻第 4 种夸克。但是,接受了中国传统思想的丁肇中没有受到 3 种夸克就是终极的思想的束缚,他大胆地去寻找新的粒子,终于在 1974 年发现了 J 粒子,同时也证明了第 4 种夸克——粲夸克的存在。丁肇中的发现被视为现代物理学的重大突破,并因此获得 1976 年的诺贝尔物理学奖。遗憾的是,西方科学家还是没能真正理解丁肇中发现 J 粒子在哲学上的价值,1995 年,当他们发现了第 6 个夸克的时候,他们甚至给它取名为"最后的夸克"。

不同的哲学思想对科学家产生不同的影响,所以有志于从事科学研究的人应有选择性地学习哲学理论。恩格斯在 100 多年前就告诉了我们这个道理:"不管自然科学家采取什么样的态度,他们还是得受哲学的支配。问题只在于:他们是愿意受某种坏的时髦哲学的支配,还是愿意受一种建立在通晓思维的历史和成就的基础上的理论思维的支配。"①自然辩证法是马克思主义哲学应用于自然领域,而形成的更加接近于科学技术的哲学理论,因此它应当是我们的科学工作者学习哲学的不二选择。

从后面更深入的学习中我们也将真正了解到,自然辩证法所揭示的有关自然界发展和科学技术发展的一般规律,以及科学技术与社会的相互关系,的确能够为我们的科学技术活动提供理论指导。概括起来,自然辩证法为科学技术活动提供的理论指导作用主要包括如下三个方面:

第一,自然辩证法为科技工作者提供一个科学的自然观。自然观是人们对于自然的基本看法,是有关自然界及其发展的基本观点的总和。对于从事科技工作的人来说,树立正确的自然观是非常必要的。自然观统筹科学家的科技活动,是科技活动的基础和前提。自然辩证法坚持马克思主义哲学的辩证唯物主义立场,通过批判近代的形而上学自然观,创立了辩证唯物主义自然观,同时,自然辩证法还吸取现代和当代先进的科技成果,用系统的思想和生态的思想,在实践中不断完善和发展自己的自然观,因此自然辩证法提供的自然观是一个具有时代特色的自然观。

第二,自然辩证法为科学技术活动提供一般方法。自然辩证法通过分析科学技术史概括总结出科学技术发展的一般规律,这些有关科学技术发展一般规律的知识将成为科技工作者从事科技活动的一般原则,因此,自然辩证法能为科学技术活动提供一般方法。以科学活动为例,自然辩证法通过研究发现科学的本质、科学的认识过程以及创立科学理论的思维方法,这些知识都可以转化为科学家从事科学研究活动的一般方法。关于科学本质的认识将帮助科学家避免和拒斥伪科学;对科学认识过程的概括将帮助科学家规范自己的研究活动;而自然辩证法总结出的创立科学理论

----

① 《马克思恩格斯选集》卷3,北京:人民出版社,1972年,第533页。

的思维方法则能够指导科学家更加自觉地应用这些方法。

第三,自然辩证法帮助科技工作者正确处理科技与社会的关系。自然辩证法已经越来越重视对科学技术与社会相互关系的研究,自然辩证法对于科技与社会相互关系的认识成果将有力地帮助科技工作者正确处理科技与社会的关系。科学技术活动与社会活动交织在一起,科学家不是孤立于社会而是置身于社会之中,因此,正确处理科技与社会的关系,对于科技工作者自己的事业以及整个科学技术事业的进步都是非常必要的。自然辩证法通过研究科技的社会价值、科技伦理以及科学共同体的社会建制等问题,使科技工作者更好地适应社会环境和为社会服务。

四、自然辩证法的主要内容

自然辩证法的主要内容有马克思主义自然观、马克思主义科学技术观和科学技术方法论、马克思主义科学技术社会论以及中国马克思主义科学技术观与创新型国家等。

马克思主义自然观主要介绍辩证唯物主义自然观的创立过程、辩证唯物主义自然观的基本观点以及辩证唯物主义自然观在现代和当代科学技术进步基础上的新发展。

马克思主义科学技术观和科学技术方法论分为马克思主义科学观、马克思主义科学方法论、马克思主义技术观和马克思主义技术方法论。马克思主义科学观介绍马克思主义关于科学本质、科学结构以及科学认识过程的基本观点。马克思主义科学方法论介绍获取科学事实的方法以及创立科学理论的思维方法。马克思主义技术观介绍马克思主义关于技术本质、技术结构以及技术生产过程的基本观点。马克思主义技术方法论分别介绍技术创造的方法和技术创新的方法。

马克思主义科学技术社会论是马克思主义关于科学技术与社会相互关系的观点的总和。科学技术与社会的相互关系包含很多方面,本教材主要介绍科学技术与社会相互之间的具体作用、科技伦理问题以及科学共同体的发展与演变问题等。

中国马克思主义科学技术观与创新型国家主要介绍中国共产党人关于科学技术的一些具有中国特色的看法,以及中国正在进行的创新型国家建设情况。

思考题

1. 什么是自然辩证法?自然辩证法的学科性质是什么?

2. 自然辩证法的研究对象和研究方法是什么?

3. 学习自然辩证法有什么意义?结合你自己所学的专业谈谈学习自然辩证法可能在哪些方面对你有帮助。

第一章　马克思主义自然观

马克思主义自然观指的是辩证唯物主义自然观。在全面讨论辩证唯物主义自然观之前,我们首先要搞清楚什么是自然？自然观指的是什么？从古代到现代,人们的自然观经历了哪些变化。

所谓"自然",主要有广义和狭义两层意思:广义的自然是指具有无穷多样性的一切存在,它与宇宙、物质、存在、客观实在这些范畴是同义的;狭义的自然是指与人类社会相区别的物质世界,或称自然界,它是各种物质系统的总和。① 显然,广义的自然界指的是宇宙世界,它无所不包,人和人类社会也是它的组成部分;而狭义的自然是指除了人和人类社会之外的一切存在物,包括无机界和有机界。自然辩证法中的自然通常指的是狭义的自然,即与人类社会相对的自然部分。

如我们所说的世界观是人们对世界的总体认识一样,自然观是人们对自然界的总体看法,是对自然界总图景的把握。具体而言,自然观就是对自然的本原、结构、演化规律以及人与自然的关系的根本看法和观点,如自然界是物质的还是精神的,是客观存在的还是上帝创造的,是发展变化的还是静止不变的,是有一定规律可循的还是变化莫测的,规律是可知的还是不可知的,等等,虽然自然科学也可以回答自然的本原以及演化过程等问题,但具体科学的性质决定了它主要研究自然的问题。而自然观涉及的是整体

---

① 《中国大百科全书》(哲学卷),北京:中国大百科全书出版社,1987年,第1253页

性问题和一般性看法。由此可见,自然观的研究属于哲学范畴,是具体科学研究所不能替代的,这也在某种程度上决定了自然观研究的必要性。

第一节　辩证唯物主义自然观的创立

人们所处的历史阶段不同,所持有的认知概念框架不同,主导人类自然观的因素就会不同,就会形成对待自然的不同态度和不同的自然观。人们对自然界的认识经历了一个漫长的历程,形成了多种多样的自然观,归纳起来主要包括原始神话、宗教自然观和哲学自然观、古代朴素辩证法自然观、近代形而上学自然观,以及此后的辩证唯物主义自然观。

一、原始神话和宗教自然观

当人类从自然界中分化出来时,为了生存,不得不进行生产劳动。在生产劳动中,人们开始学会制造和使用工具。工具的发明和使用使原始人不再被动地适应外界环境,从而实现了人对自然界的能动关系。人类的生产劳动必须借助于对自然对象的认识才能顺利进行。因而,从一开始,人类就有认识自然的动机。但由于那时没有文字,只有口头语言,人对自然的认识只能通过口头的形式代代相传,在这种传播过程中,人类的很多认识、很多自然之物逐渐被神化。没有严格确定的理论知识使得他们只能通过非理性思维来认识事物,把与人性无关,也与生命无关的物体看成是有生命的、自我运动的、有感觉和有意识的有机体,从而形成万物有灵论的观点。而且,由于当时的生产力极其低下,人们的活动范围相当狭小,接触的事物也非常有限,对自然界的认识往往局限在生活所及的范围内。他们面对自然灾害,除了害怕和躲避外,深感无能为力,所以对自然界十分敬畏并加以崇拜,于是便出现了原始宗教。原始人认为,宇宙中所发生的事情是由一种看不见的神所控制的,在他们看来,神的力量是无限的。

原始神话、宗教自然观的产生与当时人们的实践能力和认识能力相一致。由于无法理解自然,原始人便通过想象来描述自然、解释自然。这种认识还不能称为完整意义上的自然观,与近代科学自然观有着巨大的差异。

从公元前 7 世纪开始,由于社会生产力的提高,社会分工的发展,出现了一批专门从事抽象思维活动的智者,他们逐渐用系统的理论对自然现象进行解释:一方面,把一种或几种具体的物质形态作为世界的本原,表现为朴素唯物主义的思想;另一方面,认为世界或构成世界的本原都处在运动、发展变化之中,表现为自发辩证法的思想。于是形成了古代朴素唯物主义、自发辩证法的自然观。

二、古代朴素自然观

在原始神话、宗教自然观盛行的同时,在古代中国、埃及、巴比伦以及希腊、罗马等国,一种新的哲学自然观产生了,它是基于较低科技水平的哲学思考的产物。当时,科学还处于萌芽状态,人们对自然的认识以直观和思辨的方式进行,表现为以自然哲学形态出现的理论认识。

(一)中国古代朴素自然观

20 世纪以来,中国古代自然哲学逐渐被一些西方科学家所认同。李约瑟在《中国科学技术史》中提出这样的看法:"当希腊人和印度人很早就仔细地考虑形式逻辑的时候,中国人则一直倾向于发展辩证逻辑;与此相应,在希腊人和印度人发展机械原子论的时候,中国人则发展了有机宇宙的哲学。"[①]耗散结构理论的创始人普利高津也认为:"中国的思想对那些想扩大西方科学的范围和意

---

① 李约瑟:《中国科学技术史》卷 3,北京:科学出版社,1959 年,第 337 页。

义的哲学家和科学家来说,始终是启迪的源泉。"①物理学家哈肯则更是指出:"协同学含有中国基本思维的一些特点。事实上,对自然的整体理解是中国哲学的一个核心部分。"②

很早以前,中国古人就以"天人合一"的观念去认识自然。随着科学技术的发展,结合自身认识与改造自然的经验,古人逐渐形成了自己对自然的总体看法和根本观点——古代朴素自然观,主要包括"八卦说"、"元气说"、"阴阳说"和"五行说"等。

1.八卦说

《周易》中说:"易有太极,是生两仪,两仪生四象,四象生八卦。"古人从日常生活中选取"天、地、雷、火、风、泽、水、山"八种自然物作为构成万物的本原。"八卦"是《周易》中的八种基本图形,即乾、坤、震、巽、坎、离、艮、兑,分别代表天、地、雷、风、水、火、山、泽八种自然事物和自然现象。

2.元气说

"气"的理论是人们在长期实践和对自然界观察的基础上,经过哲学的抽象概括而形成的一种认识,名为"元气论",又称"气一元论",其核心思想是"万物皆生于气"。主张"气"是自然界的共同本原,运动是"气"的固有属性和存在形式。《庄子·知北游》说:"人之生,气之聚也,聚则为生,散则为死。"秦汉时期,人们以"元气论"为基础,进一步构建了宇宙论体系。东汉哲学家王充在《论衡》中说:"万物之生,皆禀元气。""气"分为阴阳二气或五行之气,阴阳二气的交互感应,五行之气的交互作用,产生了宇宙万物,并推动它们变化发展。

3.阴阳说

---

① 普利高津:《从存在到演化》,上海:上海科学技术出版社,1986年,第3页。

② 哈肯:《协同学》,北京:科学普及出版社,1988年,序。

阴阳说认为,宇宙间存在两种基本因素,即"阴"和"阳",宇宙万物的结构和相互关系就是在这两种因素的相互作用中形成的。它认为万事万物都是在阴阳二气的矛盾中发展运动变化的,并把自然界有规则的变化称为"阴阳有序",反之则称为"阴阳无序"。阴阳说体现了辩证法的思想,又具有浓厚的神秘主义色彩,对中国古代科学产生了深远影响,如中医理论就是建立在阴阳学说基础上的。

4.五行说

五行,即"金、木、水、火、土"五种物质,五行说把这五种物质作为构成万物的物质本原,以此来解释自然界万物的起源和多样性的统一,用五行生克制化规律来说明和解释万事万物之间的联系和变化。五行相生,即木生火,火生土,土生金,金生水,水生木;五行相胜,即水胜火,火胜金,金胜木,木胜土,土胜水。后来,中国古代思想家将五行说与阴阳说结合起来,又形成了阴阳五行说,用来解释天象变化和季节更替。

(二)古希腊的朴素自然观

古希腊科学和哲学发展到较高水平时,一批自然哲学家试图摆脱当时古希腊神话的观点,基于自然界本身,从哲学上对自然现象作出解释。

1.泰勒斯(公元前624—公元前548年):"水"是万物本原

他观察到水是生命所必需的要素,因而推断出万物始生于水,而又复归于水,水是生命的本原,渗透于万事万物之中。万物有生有灭,而作为本原的水则是常存的。

2.阿那克西曼德(公元前610—公元前536年):"无限者"是万物本原

他指出:"万物由之产生的东西,万物又消失而复归于它。""无限者"作为没有固定形状和性质的物质性东西,是世界的本原。他认为"无限者"是永恒的,它在运动中分离出冷和热、干和湿的对立面,从而构成万物,最后又复归于"无限者"。

3.阿那克西米尼(约公元前 585—公元前 525 年):"气"是万物本原

他认为"气"是万物的始基,万物的产生是由于"气"冷热而向凝聚和稀散两个方向变化的结果。火是气遇热而稀薄的结果,风是气遇冷而凝聚的结果。风聚成云,云聚成水,水聚成土,土聚成石,宇宙中其他的东西都是从这些物质中产生的。他用空气的稀薄和浓厚来解释自然现象的永恒变化,即用自然的原因来解释自然现象,并把它们视为是运动变化着的,如他用"气"的运动变化来解释雷电、雨雪等自然现象。

4.赫拉克利特(约公元前 540—公元前 475 年):"火"是万物本原

他提出一个全新的说法:"火是万物之本。世界是包括一切的整体,它不是由任何神或任何人所创造的,它的过去、现在和将来都是按规律燃烧着、按规律熄灭着的永恒的活火。"[1]万物生于火,而又复归于火,这种变化是通过土死生水、水死生气、气死生火的上升运动和火死生气、气死生水、水死生土的下降运动实现的。这也表明自然处在不断地生灭变化中。赫拉克利特认为,"一切皆流,无物常往","人不能两次踏进同一条河流","太阳每天都是新的"。他认为物质运动变化是有其客观规律的。他还看到了对立面斗争在事物变化中的作用,认为:"一切都是通过斗争和必然性而产生的。"因此,赫拉克利特以朴素、生动的方式,完整地表达了辩证法与唯物主义相结合的思想。列宁称他为"辩证法的奠基人之一"。[2]

---

[1] 列宁:《哲学笔记》,北京:人民出版社,1960 年,第 395 页。
[2] 列宁:《哲学笔记》,北京:人民出版社,1960 年,第 390 页。

5.阿那克萨哥拉(公元前 500—公元前 428 年)的"种子说"

他认为万物的本原是种类、性质、数目无限多的,体积无限小的"种子"。自然界的事物都是由不同性质的"种子"构成的。"种子"是可以无限分割、永恒存在的,无生无灭,并且一切事物的种子都蕴含在每一种事物之中,而事物之间的区别则是由同种性质的"种子"在事物中占有优势的不同决定的。

6.恩培多克勒(公元前 495—公元前 435 年)的"四根说"

他认为万物本原不是一种,而是四种,即自然界的事物都是由水、火、土、气四种元素构成的。他通过观察树枝的燃烧和烟囱顶部冒出的烟,推断出世界上所有物体用燃烧来分析,都会得到这四种元素。这四种元素没有生灭,但可以按不同的比例混合和分离。恩培多克勒借此来解释万物的生灭和变化,他认为"爱"和"恨"两种力量是这四种元素结合和分离的动力。

7.德谟克利特(公元前 460—公元前 370 年)的"原子论"

他认为万物的本原是原子和虚空。原子是不可分割的最小的物质微粒,其最基本的特性就是"不可入性"。原子的性质是相同的,只有形状和大小的不同。原子是在虚空中运动的,它们在组合时,排列次序和位置不同,以及它们在虚空中彼此吸引和排斥,而向各个方向做凌乱的直线运动,相互碰撞而形成漩涡,从而形成万物。

8.亚里士多德(公元前 384—公元前 322 年)的"四因说"

亚里士多德是古希腊最渊博的学者,在哲学、政治、历史、逻辑、动植物学以及其他自然科学领域都有很深的造诣,被称为百科全书式的人物。他提出"四因说",认为世间万物的运动、变化都是由质料因、形式因、动力因、目的因所决定的。"质料"和"形式"是最基本的,他又把"形式因"、"动力因"和"目的因"统称为"形式因"。他认为质料是消极的、被动的,是可能性的东西,而形式是积极的、能动的,是现实性的东西。没有无形式的质料,也不存在无质料的形式,形式和质料的结合就形成了具体的事物,事物的运动就是质料向形式的转化。亚里士多德还认为属性决定事物,事物的性质比物质本身更重要。他把火、气、水、土等自然物质归结为热、冷、湿、干四种不同性质两两结合的产物,即干和热结合为火,湿和热结合为气,冷和湿结合为水,冷和干结合为土。火、气、水、土再构成地上万物,这四种元素和"以太"一起构成了完美的天体。

（三）古代朴素自然观的特点

古代唯物主义自发辩证法的自然观的创立,标志着人类对自然的认识已经打破了原始神话和宗教的桎梏,开始用理性思维方式去探索自然界的本质和规律。但由于当时生产力水平还比较低,科学技术还没有近代意义上的科学实验作为基础,当时的人们还没有条件对自然界的物质进行分门别类的研究,无法形成对各个局部的深入认识。因此,人们只能凭着直观经验,在缺少充分的科学根据的情况下,运用创造性思维的力量进行概括和推理,这就使得古代朴素自然观具有明显的直观性、思辨性和猜测性的特点。

1. 直观性

这种自然观从人们的日常生活出发,去探讨世界的本原,被视为万物本原的东西往往都是与日常生活密切相关的,同人们的直观经验基本上是一致的。譬如,泰勒斯认为万物源自于水,是从当时的一些直观的意义上说的:水是一切生物所必需的,一切生物看起来都是产生于水或来源于某种水状。人也是来源于这种水状物,因为胎儿是在羊水中发育的。水本身具有流动性和可塑性,因此,这种自然观也容易为人们的经验所接受。但由于它把万物的本原归结为某一种或几种具体物质,不能对自然界进行分解,因而不能科学地说明自然界多样性的统一。

2. 思辨性

由于当时科学技术水平的低下,人们无法正确说明自然界各个部分的联系,对于组成自然界总画面的部分细节和环节必然存在空白,人们只好用简单的类比和推理思辨进行填补。通过思辨,古人把自然界看作是变化发展的。这种思辨缺乏科学的验证,把宇宙万物的运动变化看成是周而复始的循环,因而无法深刻地揭示自然界辩证发展的本质及其规律。

3.猜测性

这种自然观,虽然包含了一些天才的预见,如古希腊的阿那克西曼德提出的"人是由鱼变来的",包含了生物进化的思想,但缺乏足够的事实根据。因此,这种自然观往往带有神秘主义色彩,甚至还存在一些荒谬的见解。

总之,古代朴素自然观"虽然正确地把握了现象的总画面的一般性质,却不足以说明构成这幅总画面的各个细节,而我们要是不知道这些细节,就看不清总画面"。① 这种古代自然观把自然界视为相互联系、运动变化着的物质组成的整体。这在本质上是正确的,但由于古代对自然界的研究还没有进步到科学实验分析的阶段,对自然界的细节还不能做出科学的说明。因而,对自然界的认识是笼统的、模糊的。由于这种缺陷,古代朴素自然观经不起唯心主义的冲击,进入封建社会,它不得不让位于另一种自然观。

三、中世纪宗教神学自然观

公元 5 世纪到公元 15 世纪,大约 1000 年的时间,是欧洲的中世纪时期。宗教权力与世俗权力结合成二位一体的强大势力,在思想领域实行愚昧统治。科学成了神学的奴婢,宗教所奉行的是罗马主教奥古斯汀(公元 354—430 年)的遗训:"从《圣经》以外获得的任何知识,如果它是有害的,理应加以排斥;如果它是有益的,那它是会包含在《圣经》里的。"神学从根本上否定了学习科学和研

---

① 《马克思恩格斯选集》卷 3,北京:人民出版社,1995 年,第 355～366页。

究自然的必要性。在这种情况下,宗教神学自然观产生了。

宗教神学自然观极力宣扬"上帝创世说":水、火、土、气、原子乃至宇宙万物,是上帝从虚无中创造出来的。上帝是全能的、终极的造物主。宇宙万物都是上帝按一定的目的创造出来的,物质运动也是源于上帝的推动,自然界的一切运动和变化都合乎造物主的意志。

宗教神学自然观还建构了"天堂—地狱"的宇宙图景。在这幅图景里,地球位于宇宙中心,静止不动,围绕它运动的有太阳、月亮和金、木、水、火、土五大行星。宇宙的边界由不动的恒星构成,神居住的天堂是恒星层之外的最高天,即原动天。人类居住在地球上,脚下是地狱。

宗教神学自然观无视自然界本身,把一切物质运动归结为上帝的意志,人只需要被动地接受和服从命运安排,没必要认识自然。这种自然观抑制了人的创造性,束缚了科学的发展。

四、近代形而上学自然观

16、17世纪,世界市场的开拓、社会变革、生产的发展给科学和哲学的发展提供了机遇和挑战。以理性方法和实验方法相结合的近代自然科学迅速发展,特别是牛顿建立的经典力学体系正确地反映了宏观物体的机械运动规律,为形而上学自然观的形成提供了科学基础。

（一）近代自然科学的诞生:天文学革命

1543年,波兰天文学家哥白尼（公元1473—1543年）发表了天文学巨著《天体运行论》,标志着"日心说"的创立,揭开了近代自然科学的序幕,引发了自然观的革命性变革。哥白尼认为,地球并非静止不动,也不是宇宙的中心,它只是一颗普通的行星,太阳才是宇宙的中心。地球既绕自转轴自转,也与其他行星一起绕太阳旋转。

日心说的创立推翻了一千多年来占统治地位的地心说,恢复了地球是普通行星的本来面貌,是科学史上的一件具有划时代意义的大事,为近代天文学的发展奠定了基础。

从哲学上说,哥白尼的日心说摒弃了神学宇宙观,而且从根本上动摇了宗教神学的上帝创世说,实现了自然观的根本变革。恩格斯评论说:"哥白尼用他那本不朽的著作来向自然事物方面的教会权威挑战,从此自然研究便开始从神学中解放出来。"①

哥白尼提出"日心说",但并没有解决天体运动的问题,也没有对"日心说"与"地心说"一致的常识(如太阳东升西落等)中相矛盾的问题给出合理的回答。开普勒(公元 1571—1630 年)和伽利略(公元 1564—1642 年)对此作出了各自的贡献。

开普勒在第谷·布拉赫(公元 1564—1601 年)的大量天文观测资料的基础上进一步论证,提出了行星运行三定律,即轨道定律、面积定律以及周期定律。开普勒也因此被誉为"天空的立法者"。

伽利略是在科学实践中建立实验加数学的科学方法,打开科学大门的第一人。在《关于托勒密与哥白尼两种宇宙体系的对话》一书中,他对哥白尼学说作了进一步的科学证明。伽利略还成功地建立了关于运动的数理科学基础。

伽利略和开普勒不仅共同确认并完成了哥白尼革命,还揭示了未来的问题。伽利略揭开了地上动力学问题,开普勒揭开了天上动力学问题,推动了近代科学的发展。

(二)形而上学自然观的科学基础:牛顿力学

牛顿(公元 1643—1727 年)借鉴伽利略、开普勒等人的研究成果,并总结自己的科学成就,建立了经典力学体系,以牛顿的巨著《自然哲学的数学原理》(1687 年)出版为标志。牛顿在著作中阐

---

① 《马克思恩格斯选集》卷 4,北京:人民出版社,1995 年,第 263 页。

明了涉及运动的质量、动量、惯性、时空等基本概念，提出了力学三大定律和万有引力定律，把太阳系内行星的运动和地面上物体的运动统一在相同的物理定律之中，从而实现了人类历史上第一次自然科学的大综合。爱因斯坦评价说："在牛顿以前和以后，都还没有人能像他那样决定着西方的思想、研究和实践的方向。"①牛顿的经典力学体系正确地反映了宏观物体的机械运动规律，是形而上学自然观的自然科学基础。

（三）近代形而上学自然观的形成及其基本观点

所谓的"形而上学自然观"，是一种把一切自然现象单纯地用牛顿力学来解释的观点，也是一种机械唯物主义自然观。它的形成主要是由于当时科学技术水平低下，自然科学还处于分门别类地收集经验材料、对事物进行解剖分析的阶段。人们在运用分门别类和解剖分析的研究方法研究自然现象的过程中，逐渐形成了一种将事物看成孤立的、静止的习惯。当时，在所有的自然科学成就中，只有机械力学比较成熟，人们对简单机械运动形式研究得比较清楚，于是用机械运动来解释一切自然现象。

形而上学自然观的基本观点：第一，自然界的物质性。形而上学自然观力图对物理世界进行还原论说明，认为整个自然界是由物质组成的，一切物质都可以被还原为最小的微粒——原子，物质的性质由组成它的原子数量和空间结构决定。第二，严格的机械决定论。因果决定性的毕达哥拉斯传统在近代机械唯物主义那里得到坚决贯彻，在拉普拉斯决定论中表现得最为突出。拉普拉斯（公元 1749—1827 年）在《概率论的解析理论》（1812 年）中提出，关于宇宙的过程可以用一个简单的数学方程式表现出来。他认为，宇宙中所有目前状态都可以看成是过去状态的结果，同时又可以把它看作是今后发生事件的原因。宇宙中全部未来事件都严格

---

① 《爱因斯坦文集》卷 1，北京：商务印书馆，1976 年，第 222 页。

地取决于过去的事件,事件的出现是必然的。到 18 世纪末,法国哲学家将这种机械决定论推向顶峰。霍尔巴赫断言:"一切现象都是必然的",指出"必然性就是原因和结果之间的固定不移、恒常不变的联系"。① 第三,机械的自然图景。这种自然观将一切运动形式看作机械运动形式,把一切运动的原因归结为外力作用。于是,自然界、宇宙被设想成一架庞大的机器,这架机器被自然之外的神所操纵。16 世纪末,法国作家亨利·德芒纳蒂尔认为世界是一部机器,它是最美妙和最有意义的一部机械装置;开普勒也把天体比作一座时钟;笛卡尔则指出:"自然图景是一种受着精确的数学法则支配的完善的机器。"并且,他还试图证明动物是纯粹的机器。拉美特利在《人是机器》的著作中,推进了笛卡尔的思想,作出"人是机器"的论断,把人简化为没有灵魂的自动机。霍布斯也认为:所谓生命,无非是肢体的一种运动,由其中的某些主要部件发动,犹如钟表中的法条和齿轮一样。心脏无非是发条,关节无非是一些齿轮,而神经不外是游丝,把动作传递给整个躯体。

(四)形而上学自然观的贡献和局限性

形而上学自然观,一方面,与当时最发达的自然科学相结合,摒弃了古代朴素自然观的局限性,强调自然的外在独立性,坚持从自然本身说明自然,从而否定了"上帝创世说",有力地抨击了神学自然观。另一方面,强调经验和实证的方法,反对抽象的思辨,主张用分析、还原的方法去研究自然。这些方法在自然科学研究中发挥了十分重要的作用。

这种形而上学的自然观是建立在 16、17 世纪自然科学水平基础上的,当时的科学已开始对自然界事物和现象分门别类地收集经验材料和进行解剖分析。但由于多门自然科学还处于起步阶

---

① 北京大学哲学系外国哲学史教研室编:《十八世纪法国哲学》,北京:商务印书馆,1963 年,第 595 页。

段,人们所获得的经验材料还不充分,因此,各种自然现象和事物之间的联系及其发展过程只能用机械力学的理论来解释,这就造成了形而上学自然观不可避免的局限性。

第一,机械性。它承认自然界是物质的,物质是运动着的,但它用纯粹力学的观点来考察和解释自然事物和现象,认为自然界是一部机器,机械运动是自然界各种运动的统一形式。这种观点抹杀了物质运动形式的多样性和各种运动形式之间性质上的差别,不是把自然界理解为一个过程,而是把自然界视为某种机械构成,运动只有数量的增减和场所的变更,外力的推动是其变化的原因。因此,恩格斯认为:"18世纪上半叶的自然科学在知识上,甚至在材料的整理上,大大超过了希腊时代,但是在掌握这些材料的观念上,在一般的自然观上却大大低于古代希腊。"①

第二,形而上学性。还原分析法是近代自然科学研究运用的基本方法,即把复杂的事物和复杂的关系还原为简单的事物和简单的关系,把统一的整体分割成若干孤立的部分(要素),分别研究各个部分(要素)的属性、特征、结构和功能,然后再把这些部分合为一体。尽管这种方法对于当时的自然科学发展而言是必要的,但是,把这种研究方法移植到哲学中以后,形成了形而上学的思维方法,就造成了最近几个世纪所特有的观点的局限性。恩格斯认为:"形而上学的思维方式虽然在相当广泛的、依对象的性质而大小不同的领域中是正当的,甚至是必要的,但是会使人们陷入不可解决的矛盾之中。因为它看到一个个的事物,忘了它们的相互联系;看到它们的存在,忘了它们的产生和消失;看到它们的静止,忘了它们的运动。因为它只见树木,不见森林。"②

第三,不彻底性。长期以来,人们相信用力学的观点去描绘整

---

① 《马克思恩格斯选集》卷4,北京:人民出版社,1995年,第265页。

② 《马克思恩格斯选集》卷3,北京:人民出版社,1995年,第360页。

个物质结构图景是唯一正确的方法,这就严重束缚了人们的思想,尤其是科学家的思想,阻碍了自然科学的发展。当面对一些新的研究问题,科学家引进了许多"力"和适应经典力学的虚假物质,以便用机械观去理解自然现象,这就造成了许多困难。譬如,地球绕太阳运动,一开始是怎样形成的?地球上无限多样的物种是如何产生的?人类最初又是怎样出现的?科学家们最终只能求助于上帝的智慧,用超自然的原因来解释。以至于牛顿也不得不用神的"第一推动力"来说明行星的初始运动。由此可见,这一时期的自然科学还未能彻底摆脱神学的束缚。此外,形而上学自然观认为自然界是存在于人类实践领域之外的,割裂了自然界与人类社会历史发展的关系,直接导致了自然观与历史观的割裂,造成唯物主义的不彻底性。因此,恩格斯指出:"哥白尼在这一时期的开端向神学写了挑战书,牛顿却以神的第一推动的假设结束了这一时代。"①

五、辩证唯物主义自然观

18 世纪中叶,欧洲发生的第一次科学技术革命,以及随之而来的产业革命,促进了资本主义的迅猛发展,也有力地推动了自然科学的全面发展。它们不仅拓宽了自然科学的研究领域,而且为自然科学研究提供了新的事实材料和工具。到 19 世纪,自然科学由分门别类的收集材料阶段过渡到对收集的材料进行综合整理和理论概括的阶段。恩格斯指出:"在自然科学中,由于它本身的发展,形而上学的观点已经成为不可能的了。"②

(一)辩证唯物主义自然观确立的自然科学基础

1.天文学

---

① 恩格斯:《自然辩证法》,北京:人民出版社,1984 年,第 10 页。
② 恩格斯:《自然辩证法》,北京:人民出版社,1971 年,第 3 页。

康德和拉普拉斯先后提出关于太阳系起源的星云假说,批判了当时占统治地位的宇宙不变论和形而上学自然观。德国古典哲学的创始人康德(公元 1724—1804 年)于 1755 年出版了《自然通史与天体论》(又译作《宇宙发展史概论》)一书,提出了系统的太阳系天体起源与演化理论——星云假说,认为宇宙是自身作用的结果,太阳系是通过漫布于宇宙中的弥漫星云的相互吸引和排斥,逐渐形成的有秩序的天体系统,阐明了整个太阳系在时间进程中逐渐生成的历史。1796 年,法国科学家拉普拉斯(公元 1749—1827 年)发表了《宇宙体系论》,提出了类似的星云说,认为宇宙最初弥漫的星云物质,在离心力和引力的共同作用下,形成太阳系。后人把这两个类似的假说合称为"康德—拉普拉斯星云假说"。

2. 地质学

英国地质学家赖尔(公元 1797—1875 年)发表的《地质学原理》一书,提出了地球缓慢渐进变化的思想。这种"渐进论"有力地批评了居维叶(公元 1769—1832 年)的"灾变说"。赖尔认为,地壳的变化是在风、雨、温度、水流、潮汐、地震和火山等自然力的作用下逐渐发生的,并不是突然的"灾变"形成的。

3. 物理学

19 世纪 40 年代,迈尔和焦耳通过各自的途径分别发现了热运动、机械运动、电磁运动之间可以相互转化。与此同时,詹姆斯和赫尔姆霍茨等分别发现了能量守恒与转化规律,即自然界中的各种能量形式在一定条件下可以相互转化,在转化过程中,能量既不会增加,也不会减少。他们的发现打破了无机物之间没有联系的形而上学的观念。

4. 化学

这一时期,化学上的主要成就包括原子论、元素周期律以及人工合成尿素等。19 世纪初,化学家道尔顿提出原子论,开创了"化学中的新时代";19 世纪中叶,门捷列夫发现的元素周期律,揭示了各化学元素之间的内在联系;1828年,化学家维勒(公元1800—1882年)发表了《论尿素的人工合成》一文,他以普通的化学方法,用无机原料合成人工尿素,证明了无机界和有机界之间的联系,打破了无机界只能产生无机物,有机物只能产生于生命体的形而上学的观点。

5.生物学

1838年和1839年,德国生物学家施莱登(1804—1881年)和施旺(1810—1882年)分别发表文章,指出植物和动物都是由细胞组成的,从而揭示了生命现象,尤其是植物和动物之间本质的同一性。1859年,英国生物学家达尔文出版《物种起源》一书,以大量的事实论证了以自然选择为基础的生物界进化的历程,第一次赋予了生物学以完全的科学性,揭示了物种的变异性和遗传性。

近代自然科学的一系列重大发现,描绘了一幅普遍联系和发展的宇宙图景。"新的自然观的基本点是完备了:一切僵硬的东西溶化了,一切固定的东西消散了,一切被当作永久存在的特殊东西变成了转瞬即逝的东西,整个自然界被证明是在永恒的流动和循环中运动着"。① 随之,辩证唯物主义自然观应运而生。

(二)辩证唯物主义自然观的内容及特征

18世纪后期至19世纪中叶,自然科学的成就有力地冲击了形而上学自然观。马克思、恩格斯基于对当时自然科学成就的科学总结,继承了古代朴素自然观的辩证法思想,摒弃了机械唯物主义自然观的形而上学性,扬弃了德国古典哲学思想,特别是黑格尔的辩证法思想,创立了辩证唯物主义自然观。

这种辩证唯物主义自然观的基本思想集中于马克思的《德意志意识形态》和恩格斯的《反杜林论》、《路德维希·费尔巴哈和德国古典哲学的终结》以及《自然辩证法》等著作中。其基本内容是:

---

① 恩格斯:《自然辩证法》,北京:人民出版社,1971年,第15~16页。

自然界是物质的,物质是万物的本原和基础;意识是人脑的属性和机能,意识是物质世界长期发展的产物;物质决定意识,意识反作用于物质,物质第一性,意识第二性;运动是物质的根本属性,物质和运动不可分割,世界上除了运动着的物质及其表现形式之外,什么也没有;时间和空间是物质的固有属性和存在方式,物质在时空中产生联系和演化发展;在坚持物质运动的绝对性、永恒性的同时,承认相对静止的存在,主张"任何静止、任何平衡都只是相对的,只有对这种或那种确定的运动形式来说才是有意义的";①自然界中的一切事物都处于普遍联系和相互作用之中,它们既是对立的,又是统一的,且在一定条件下可以相互转化;坚持人在实践基础上的能动性与受动性的统一,人可以发挥主观能动性,改造自然,但不应把自然当作可以征服的对象来控制和统治。

马克思、恩格斯创立的辩证唯物主义自然观的总体特征是:全面的、辩证联系的、发展的和唯物的。它最鲜明的特征是强调万物皆变和自然的永恒发展。

(三)辩证唯物主义自然观创立的意义

辩证唯物主义自然观的创立,是自然观发展史上的一次重大革命。辩证唯物主义自然观的创立,是对古代朴素辩证法自然观和近代形而上学自然观的扬弃。一方面,它克服了古代朴素自然观的直观性和思辨性,克服了近代形而上学自然观的形而上学性;另一方面,它也吸收了古代朴素自然观关于自然界是整体的和联系的观点,在一个新的起点上继承和发扬了唯物论和辩证法的思想。因此,可以认为辩证唯物主义自然观的产生和发展过程是从古代朴素辩证法到近代形而上学,再复归到唯物辩证法的否定之否定的过程。

首先,辩证唯物主义自然观坚持自然界的客观实在性的唯物

---

① 《马克思恩格斯选集》卷 3,北京:人民出版社,1972 年,第 99 页。

主义一元论。它认为自然界是客观存在的物质世界,而物质世界又是无限发展的。在宏观上,它认为物质世界是无限广大的;在微观上,它打破"原子论"的局限,认为物质结构是无限可分的。

其次,突出了物质世界的整体联系性和矛盾性。辩证唯物主义自然观反对把自然界看成是外在于人类社会的独立存在,而主张自然与人类社会的相互联系,强调自然史与人类史的统一,坚持物质世界的整体联系性,从而坚持彻底的唯物主义。它认为自然界的一切事物和现象都是矛盾统一体,其内在的矛盾性推动自然界的运动和发展,从而揭示了矛盾是自然界变化、发展的动力,科学地解决了自然界运动变化的动力问题。

最后,辩证唯物主义自然观的创立,为自然科学的发展和研究提供了世界观、认识论和方法论。辩证唯物主义自然观是以近代后期自然科学为基础的,它将唯物论和辩证法统一于科学基础之上,从而更全面、更客观地反映了自然界的本来面目。辩证唯物主义自然观的创立为自然科学的研究提供了唯物辩证的理论前提,爱因斯坦也指出:"相信有一个离开知觉主体而独立的外在世界,是一切自然科学的基础。"①事实上,世界观是一切科学研究的出发点,科学认识论和方法论也总是伴随着自然科学的进步而发展的。辩证唯物主义自然观为科学研究提供了唯物辩证的认识论和方法论,它比古代朴素自然观和近代形而上学自然观更能适应自然科学发展的需要,成为推动科学发展强有力的思想武器。

辩证唯物主义自然观,是对马克思主义理论的丰富和发展,对研究科学哲学、促进科学技术发展都具有重要意义。然而,应予说明的是,辩证唯物主义自然观并不是一个孤立、封闭的理论体系,它也必然伴随着科学技术、人类思维以及社会的发展而不断得到完善和发展,现代系统自然观和生态自然观就是它在新的历史时

---

① 《爱因斯坦文集》,北京:商务印书馆,1976年,第292页。

期发展的表现形式。

第二节 辩证唯物主义自然观的发展：系统自然观

系统自然观是对辩证唯物主义自然观的发展，它是建立在相对论、量子力学、分子生物学和系统论、控制论、信息论、耗散结构理论、混沌理论等系统科学的基础上的。相对论揭示了空间与时间、空间时间与物质及其运动、质量与能量之间的辩证关系，推翻了牛顿的绝对时空观；量子力学揭示了连续性与间断性、波动性与粒子性的辩证统一，体现了量子现象的整体性，突破了机械决定论的观念；分子生物学在生物大分子层次上揭示了生物界基本结构和生命活动的高度一致性，使生物学研究由细胞水平深入到分子水平；系统论则提出系统的要素、结构与功能等新的范畴，揭示了自然界物质系统的整体性、层次性、动态性与开放性的特点。

一、自然界物质系统的演化过程

宇宙万物都是以系统的方式存在的。我们只有掌握自然界物质系统及其层次结构的基本特点，认识自然界物质系统演化的基本方式，理解自然界演化的自组织机制和发展的无限性，才能深刻地领会系统自然观的基本思想。

（一）宇宙起源和演化

近代科学发展中，牛顿提出了无限静态的宇宙系统模型，认为宇宙空间像一个无限伸展着的、三维的"容器"，包容着无数天体。空间结构是稳定的，宇宙系统没有大尺度的运动行为，空间的几何特征与其包容的物体没有关系。但随着科学技术的发展，这种静态宇宙模型的问题逐渐暴露出来。其一表现为"光度佯谬"：1820年，德国天文学家奥尔勃斯按照牛顿的宇宙模型计算，宇宙处处应该具有相同的亮度,天空应无白天和黑夜的区分,这显然与事实不符。其二表现为"引力佯谬":1894年,另一位德国天文学家西利格尔根据牛顿引力理论和经典宇宙观,得出宇宙中的任何一个天体都会受到无限大的引力的结论。

1917年,爱因斯坦给出了一种静态的、有限无边的宇宙模型,成为全面探讨宇宙系统结构、起源和演化的现代宇宙学先声。亚历山大·费里德曼于1922年,乔治·勒梅特于1927年在宇宙结构上重新讨论了爱因斯坦引力方程的应用问题,分别得出了非静态的宇宙模型。1932年,勒梅特根据宇宙膨胀理论,提出了一种作为宇宙大爆炸理论先声的宇宙演化学说。1948年,伽莫夫等人把宇宙膨胀模型与核物理理论结合起来,提出了宇宙大爆炸学说。该学说指出,宇宙起源于温度极高、密度极大的"原始火球"。在"原始火球"里,物质以基本粒子形态出现,在基本粒子相互作用下,"火球"发生大爆炸,并且向四面八方均匀膨胀。"原始火球"的基本粒子由于宇宙膨胀而温度下降,中子按照放射性衰变过程自由地转化为质子、电子等。随着整个宇宙的温度逐渐下降,各种粒子进一步形成恒星、星系等宇宙中的天体。现代宇宙学理论揭示了宇宙系统不仅是存在着的,而且还是生成和演化着的。这种演化,从简单到复杂,从无序到有序,大体上分为三个阶段。

1. 基本粒子形成阶段

现代宇宙学理论认为,宇宙大爆炸产生于一个如同花生米一样大小的原始胡核。它在120亿～200亿年前发生爆炸,在大爆炸后的第一秒内,主要是强子和粒子的生成和湮灭,并产生大量粒子。这一阶段宇宙具有极高的温度和密度。在大爆炸后到10^{-44}秒之间,发生超统一相变,夸克和粒子产生并相互转变,引力作用首先分化出来,但电磁相互作用、强相互作用以及弱相互作用尚不可区分。在10^{-36}秒时,大一统相变发生,强相互作用与弱相互作用和电磁相互作用相分离,出现了粒子与反粒子的不对称(如电子多于正电子,质子多于反质子等);10^{-10}秒后,电磁相互作用与弱相互作用完全分离,此时,四种相互作用方式完全分开,强子形成,并且逐渐占据统治地位,随着温度和密度的进一步降低,新产生出来的强子减少,由已有的强子分裂成或成对湮灭成高能光子等轻子的过程便占据了主导地位;到 10^{-2} 秒时,宇宙进入轻子时代,此时宇宙物质以电子、中微子等为主,在这一阶段,宇宙中不断产生处于变化之中的介子和重子(如质子、中子等)以及轻子等基本粒子。

2. 元素形成阶段

在大爆炸后 1~3 分钟时间内,宇宙温度与密度进一步下降。宇宙爆炸后 1 秒,正反粒子湮灭,形成大量光子和中微子,导致辐射占据优势,宇宙进入光辐射时代。爆炸后 3 分钟,宇宙温度继续下降到 10^9 开尔文,进入核合成时代。这一时期,质子和中子很容易成对地结合,形成的主要有 2 个中子和 2 个质子组成的氦以及大量的氘(重氢)等核元素。计算表明,大约有四分之一质量的物质聚合成氦,中子在这一过程中被全部利用完,余下的没有聚合的质子便成为氢原子核。现代天文观察已证实,大约有 75% 的氢和 25% 的氦组成了我们今天的宇宙,二者的丰度之和约为 99%,其他元素的丰度之和约为 1%。实物密度比辐射密度下降得慢,随着温度进一步降低,宇宙不断膨胀,当到某一时刻,实物密度占优势时,宇宙演化为以实物为主的阶段。

3. 实物形成阶段

宇宙大爆炸 3 分钟以后,随着温度的下降和膨胀的继续,自由电子开始被原子核俘获,结合成稳定的原子。自由电子在宇宙中逐渐消失,实物粒子的密度大于辐射的密度,辐射压力减小,万有引力占据优势。此时宇宙间的实物粒子从等离子体变为气状物质,随后在万有引力的作用之下,气状物质被拉开,形成原始星系,原始星系聚集在一起,形成星系团。然后星系再从星系团中分化出来,逐渐分裂成千千万万颗恒星,并且一直延续至今,成为我们今天可以观察到的宇宙。我们今天的宇宙还在膨胀着,宇宙系统处于不断演化之中,演化过程中不断出现的生成物形成了物质系统的多样性。

(二)天体的起源和演化

1. 星系的形成和演化

星系是巨大的恒星集团,它是由几十亿甚至几千亿颗恒星以及星际气体和尘埃物质构成的庞大天体系统,其大小从数千到数十万光年。现代望远镜所能观测到的星系估计有数十亿个,我们所在的星系称为"银河系",银河系以外的其他星系被称为"河外星系"。星系是在宇宙大爆炸后的膨胀过程中,由星系前物质收缩而成的天体系统。按照现代星系学说,星系的形成主要有三个阶段:星系前物质、原星系、星系。随着宇宙温度的下降,宇宙中的引力变得不均匀,在引力与辐射的相互作用下,密度极低的星系际弥漫物质逐渐聚集成巨大的星系际云。这种星系际云各部分冷热不均、密度各异,导致漩涡运动,从而分裂成大小不同的原始星系云。原始星系云快速收缩,继续分裂成更小的气体云,进而产生第一代原星系。原星系的中心区域收缩快、密度高、恒星形成率较高。原始星系云在收缩过程中形成了第一代恒星。星系形成以后,由于其初始条件不同,演化过程也有所不同。其中,椭圆星系由于初始密度和速度弥散度较大,恒星形成率较高,星云几乎都形成了恒星;漩涡星系的第一代恒星诞生率较低,有些星云被保留下来;而不规则星系的恒星诞生率更低,至今尚有大量气体遗存下来。关于星系的形成和演化问题的研究尚处在初级阶段,存在很多争论,许多看法也不是十分成熟,对相同的问题还存在着不同的观点,但在星系是逐渐形成并不断演化这点上,学术界已经达成共识。

2. 恒星的起源和演化

恒星是由炽热气体组成,能自己发光、发热的天体,其密度、温度、压力从外向内增加。恒星的主要能源来自于它们内部的热核反应。根据现代天文学弥漫说的观点,恒星的演化一般经历四个时期。

第一,引力收缩时期。一般认为恒星是由低密度的星际物质通过引力收缩凝聚而成的。引力收缩时,引力势能转化为动能和热能,使温度上升。然而由于内部的温度还不够高,所以只发射可见的红光以及不可见的红外线。由星际物质凝聚成恒星经过两个阶段:前一个阶段是快速收缩过程,这一过程,由于热运动产生的斥力作用远小于引力集聚作用,物质表现为急剧内聚,而最终形成密度大、体积小的内核和外围星云;后一个阶段是慢速收缩过程,在这一过程中,星云所受到的内引力与外斥力势均力敌,当发生氢氦聚变反应所产生的热量与向外辐射的热量相对平衡时,星云达到流体平衡态,不再收缩,就形成了恒星。这一时期的长短主要与星体的质量有关。因为质量大引力也大,收缩就快,温度上升也快,所以质量大的所需时间短,质量小的所需时间长。太阳的引力收缩期为 3000 万～5000 万年。质量小于太阳的,其引力收缩期在几亿年以上,质量太小的星云则不能形成恒星。

第二,主序星时期。由于引力收缩,恒星温度不断升高。当恒星中心温度上升到 1000 万℃时,氢聚变为氦的热核反应发生,并释放出巨大的能量,这一时期恒星排斥(由内向外的压力)与吸引(重力)大体相当,恒星相对稳定。恒星一生大约 90％的时间都处于主序星阶段。它在主序星时期停留的时间与恒星的质量以及氦的质量有关:质量越大,停留时间越短。当氦的质量大约为恒星总质量的 12％时,恒星结构发生明显变化,主序星阶段就大致结束了。这主要因为恒星质量大,则引力大,收缩快,升温快,核聚变反应强烈,氢转化为氦的速度就快。太阳在主序星阶段停留的时间为 10^{10} 年。目前,它在这一时期已经停留了 46 亿多年。

第三,红巨星时期。主序星内部的氢"燃烧"完以后,其中心形成一个等温氦核。氢的不断聚变使等温氦核不断增大,由于此时温度不足以产生氦核聚变,所以氦核暂不产生能量,平衡难以维持,引力作用大于排斥作用,致使氦核开始收缩且温度升高。当温度高达 1 亿℃时,氦核聚变发生,恒星进入红巨星时期。此时,恒星的外壳急剧膨胀,变成密度很稀、体积很大、表面温度很低的红巨星。太阳如果进入红巨星时期,其直径将扩大为现在的 250 倍,将把地球的轨道包括在内。当核心的温度进一步升高,碳、氧等核子也先后参与热核反应,合成的重元素种类也越来越多,星体结构也变得更复杂。当恒星内部的各种核能耗尽时,红巨星便向高密度恒星时期过渡。

第四,高密星时期。这一时期,恒星的演化主要与其自身质量有关:小于太阳质量 1.44 倍的恒星成为发白光的白矮星,再经过几亿年甚至几十亿年,热能耗尽,成为不发光的黑矮星;等于太阳质量 1.44～2 倍的则演变为中子星;大于太阳质量 2 倍的形成封闭的边界,界外的物质和辐射可以进入,界内的物质和辐射却不可以逸出天体。

3. 地球的起源和演化

据科学测定,地球起源于原始太阳星云,已经有大约 46 亿年的历史。原始地球是一个均质的球体,无圈层之分,碳、铁、镁等元素混杂在一起。由于引力势能和陨石物质撞击的能量不断转化为热能,特别是地球内部放射性元素衰变释放的热能不断积聚,使地球温度不断升高,地球内部出现熔融和分化。在重力作用下,地球内部硅酸盐等较轻物质上升形成地幔,地球外部的铁、镍等重元素组成的物质下沉形成地核,地壳则由地幔进一步分化而成。由于地球的升温,被禁锢在地幔中的二氧化碳、甲烷、氢、氨等气体,因引力对它们束缚作用的减弱而逸出地表,形成原始的大气圈。早期的大气中含有大量的水汽,后来由于地表温度下降,水汽便凝结成雨降落到地面,形成原始的水圈。大气圈和水圈为生物的生存和演化提供了基础条件。

（三）生命的起源及系统演化

生命的起源是指从非生命物演变成原始生命的过程。关于生命的起源，宗教持有神创论的观点。除此之外，历史上关于生命的起源还有两种主要的说法：一种是"自然发生说"；另一种是"天外胚种说"。但这些说法都无法经受科学的推理和验证。那么，生命的本质究竟是什么？它又是怎样演化的？恩格斯指出："生命是蛋白体的存在方式，这种存在方式本质上就在于这些蛋白体的化学组成部分的不断自我更新。"[①]1859 年，达尔文发表了《物种起源》一书，用自然选择的生物进化学说，探讨了两个相互关联的问题：生物是不是进化而来的？它又是怎样进化的？此外，米勒等人也做了许多研究工作，揭示了生命起源的化学演化过程。生命起源的化学演化阶段，一般被认为是在地球诞生后的 10 多亿年间。这一化学演化过程大致包括四个阶段：（1）无机小分子合成有机小分子；（2）有机小分子合成生物大分子；（3）生物大分子组成多分子体系；（4）多分子体系演变成原始生命。

综上所述，宇宙形成、天体演化、地球变迁、生命起源都是从无序到有序，从简单到复杂的自然界物质系统的演化过程，都经历着从无组织状态到有组织状态的演变。

二、自然界物质系统的演化方向和机制

（一）系统：自然界物质的普遍存在形式

1.系统的内涵

一般系统论的创始人贝塔朗菲将"系统"定义为"处于一定的

---

① 《马克思恩格斯选集》卷 3，北京：人民出版社，1972 年，第 120 页。

相互关系中,并与环境发生关系的各组成部分(要素)的总体(集合)"。① 我国科学家钱学森将"系统"表述为"由相互作用和相互依赖的若干组成部分结合成的,具有特定功能的有机整体"。② 概而言之,系统就是"由若干相互联系、相互作用的要素组成的,具有特定结构与功能的有机整体"。这一概念包含四个方面要义,即系统是由若干要素组成的,要素是系统的最基本成分;系统各要素之间有机关联,形成一定结构;系统要素之间联系成为具有特定功能的有机整体;功能是在系统与外部环境的相互作用中表现出来的。要素、结构、功能与环境四者相互联系,对于构成一个完整的有机整体都是不可或缺的。

2.系统是自然界物质存在的普遍形式

恩格斯明确指出,系统是自然界物质的存在方式,他说:"我们所面对着的整个自然界形成一个体系,即各种物体相互联系的总体,而我们在这里所说的物体,是指所有的物质存在……只要认识到宇宙是一个体系,是各种物体相互联系的总体,那就不能不得出这个结论来。"③这可以从两个方面来理解:第一,无论从微观粒子到宇宙天体,还是从无机界到有机界,自然界所有物质客体都自成系统;第二,自然界物质客体互成系统,大系统中包含小系统,小系统中又包含更小的系统,小系统相互联系组成大系统,大系统相互联系组成更大的系统,整个自然界就是一个由无数子系统组成的大系统。

---

① L. V. 贝塔朗菲:《普通系统论的历史和现状》,中国社会科学院情报研究所编译:《科学学译文集》,北京:科学出版社,1981 年,第 315 页。

② 钱学森:《论系统工程》,长沙:湖南科学技术出版社,1988 年,第 10页。

③ 恩格斯:《自然辩证法》,北京:人民出版社,1971 年,第 54 页。

（二）自然界物质系统的基本特点

1. 开放性

根据系统与外界环境之间是否存在物质、能量与信息交换关系，系统可以分为孤立系统、封闭系统与开放系统。孤立系统指的是与环境不存在任何物质、能量与信息交换的系统。真正的孤立系统只是一种近似状态或理想状态，实际上并不存在。封闭系统是指与环境仅有能量交换而没有物质交换的系统。理论上说，与外界没有物质交换的系统也不可能有能量交换，但可以说如果能量交换中所涉及的物质交换数量极少，则可以忽略不计。开放系统是指与环境既有物质和能量交换，又有信息交换的系统，从根本上说，自然界物质系统都是开放系统，只是开放程度不同而已。

2. 动态性

自然界是物质的，没有不运动的物质，而自然界物质又总是以系统的方式存在的。因此，自然界物质系统是动态的，经历着孕育、产生、发展、成熟到衰退、灭亡。

3. 整体性

整体性是自然界物质系统最突出、最显著的特征。所谓"整体性"，指的是系统的各要素按一定的方式组成的具有特定功能的有机整体。一方面，系统不是各组成要素的简单机械加和，即表现为"非加和性"。因此，系统的整体性往往又被表述为"整体大于它的各部分总和"。另一方面，处于系统整体中的各构成要素的性质、功能和规律与它们在孤立状态下的性质、功能和规律不完全相同。

4. 层次性

一方面，系统自身是更高层次系统的组成要素；另一方面，系统由若干要素构成，而这些要素又由更低层次的要素构成。层次性是自然界的基本属性。自然界中，层次性无处不在，如生物界存在着生物大分子、细胞、组织、器官、个体、种群、生态系统和生物圈等不同层次。

（三）自然演化的方向

19世纪下半叶，关于自然界演化的方向问题，存在两种相互对立的观点，即根据热力学第二定律得出的退化断言和根据生物进化论得出的进化断言。所谓的"进化"，是指从无序到有序、从简单到复杂、从低序到高序不断向前进步的方向；"退化"指的是从有序到无序、从复杂到简单、从高序到低序的不断退步的方向。对于进化与退化，只有在对立统一之中才能真正把握。自然界是充满矛盾的，进化和退化都存在，并且互为前提。进化为退化奠定基础，退化又为进化准备材料。进化论、热力学、耗散结构理论以及系统论等科学成果已经揭示：自然界不可能单纯地走向复杂化，也不可能单纯地走向简单化。绝对的进化或绝对的退化在理论上都是片面的，而且也是没有实践根据的。进化和退化是相互渗透的，进化中有退化，退化中有进化。在恒星生生不灭的演化中，有上升的过程，也有下降的过程。生物进化中灭绝的物种不可能再出现，具有不可逆性，但生物结构和功能的某些进化，意味着另一些结构和功能的退化。

（四）自然界演化的自组织机制

自组织是相对于组织而言的。一般而言，组织是指系统要素按照特定指令形成特定结构和功能的过程。而自组织是系统自发地或自主地有序化、组织化和系统化的过程，是系统要素按照彼此相干性和协同性自发形成特定结构与功能的过程。自然界物质系统不仅是存在的，而且是演化着的。20世纪70年代产生的自组织理论揭示了自然界物质系统演化的自组织机制。开放性、远离平衡态和非线性相互作用以及涨落都是自然系统演化的自组织机制。

1. 开放性、远离平衡态

普里高津将自然界的自组织系统分为两种类型：平衡的有序结构和耗散的有序结构。平衡的有序结构是一种"死"的结构，它是分子水平上的有序,必须保持在孤立的环境里,以保持系统的有序性免遭破坏。耗散结构是一种"活"的结构,只有通过与外界环境进行物质、能量的交换才能维持。从系统进化的角度讲,只有形成耗散结构的行为才是自组织行为。系统的开放性和远离平衡态是形成耗散结构的必要条件。根据热力学第二定律,一个封闭系统随着内部的熵增,终究是要达到热力学平衡态,即系统内部物质与能量均一分布的无序状态。而耗散结构理论指出,一个远离平衡态的开放系统,通过与外界环境交换物质、能量与信息,引进负熵,抵消甚至超过系统内的熵增,就能够从无序状态转变为有序结构。"非平衡是有序之源",只有离开甚至远离平衡态才能形成稳定有序的结构。如果近乎平衡态,即使系统开放,它也会返回平衡态。

2. 非线性相互作用

"相互作用是事物的真正的终极原因"。[①] 根据系统相互作用的特点,相互作用可以分为线性相互作用和非线性相互作用。所谓的"非线性相互作用"是复杂的作用方式,是多种作用相互制约、耦合而形成的整体效应,它也是形成耗散结构的必备条件。当代非平衡系统自组织理论,进一步揭示了非线性相互作用是系统发生自组织并发生质变的内在依据。然而,自然系统怎样才能实现非线性相互作用呢?这主要取决于系统是否远离平衡态。在远离平衡态时,系统内部产生非线性机制的相互作用,在这种作用下,系统表现出对各种扰动的高度敏感性,一个轻微的扰动都可能被放大而波及整个系统,从而使系统朝着新的结构演化。因此,普里高津认为:"只有在系统保持'远离平衡'和在系统的不同要素之间

---

① 《马克思恩格斯选集》卷4,北京:人民出版社,1995年,第244页。

存在着'非线性'的机制条件下,耗散结构才可能出现。"①

3. 涨落

系统在什么时候,出现什么样的有序结构,都不是由其内部的非线性相互作用单一决定的,而是非线性作用与系统内的涨落共同作用的结果。因此,普里高津认为:"在非平衡过程中,涨落决定全局的结果","通过涨落达到有序"。②

自然界物质系统总是经常受到来自系统内部和外部环境的扰动。这种扰动就会使系统在某个时刻、某个局部的空间范围内产生对宏观状态的微小偏离,这种微小偏离就称为"涨落"。涨落是系统外部环境不可控的微观变动以及系统中大量微观元素的无规则运动引起的,是一种不可预见的随机事件。当系统远离平衡态,系统内部存在着非线性的相互作用时,某种微小的涨落就可能使系统的状态发生微小的变化。这种微小的变化将通过非线性作用机制而被放大,从而使系统从不稳定状态跃迁到一个新的稳定有序状态。

三、系统自然观的基本思想和确立的意义

(一)系统自然观的基本思想

以相对论、量子力学以及系统论、控制论、信息论、耗散结构理论等为代表的现代自然科学理论是形成系统自然观的理论基础。系统自然观认为"'系统'是总的自然界的模型",③为人们描述了

① 湛垦华、沈小峰等编:《普里高津与耗散结构理论》,西安:陕西科学技术出版社,1982年,第156页。

② 普里高津,伊·斯唐热:《从混沌到有序》,上海:上海译文出版社,1987年,第225页。

③ L. V. 贝塔朗菲:《一般系统论(基础·应用·发展)》,北京:社会科学文献出版社,1987年,第213页。

从微观领域直到宇宙天体系统的自组织演化发展的自然图景,深入地探究了自然界的本质和演化规律,揭示了自然系统不仅存在着,而且演化着的事实。自然系统不仅是确定的,而且会自发产生不可预测的随机性。自然系统不仅是简单的、线性的,而且是复杂的、非线性的,它表达了自然界是确定性与随机性、简单性与复杂性、线性与非线性的辩证统一思想。

(二)系统自然观确立的重大意义

1. 丰富和发展了辩证唯物主义自然观

首先,系统自然观揭示了自然界的系统性、整体性和层次性。自然界是以物质系统方式存在的有机整体,整体性是自然界的本质属性;自然界是由不同层次结构组成的,这种层次结构是无限的;自然界的统一性表现为物质、能量、信息三个基本要素的统一。系统自然观丰富和深化了辩证唯物主义的物质观。

其次,系统自然观揭示了自然系统的开放性、动态性和自组织性。严格地说,自然界物质系统是不断进行物质、能量和信息交换的动态开放系统,并且能够在一定条件下自组织演化,即具有自组织性。这极大地丰富了辩证唯物主义的运动观。

再次,系统自然观揭示了演化过程中时间的不可逆性,富有创意地阐明了时间和空间是物质存在的基本形式以及时间、空间与物质相互联系、不可分割的思想,进一步深化了辩证唯物主义的时空观。

最后,系统自然观揭示了自然系统演化中进化与退化的辩证统一,进一步论证了辩证唯物主义关于运动、发展的思想。

2. 确立了系统的思维方式

所谓"系统的思维方式",就是把对象当作一个系统的整体加以思考的思维方式。这种思维方式的基本思路是:首先,它把研究对象作为由若干要素构成的,具有一定结构和功能的有机整体来考察,揭示了对象的整体性质和运动变化的规律;其次,系统思维方式认为,由若干要素构成的有机整体具有系统的"非加和性";再次,它把研究对象看成是与外界环境不断发生物质、能量与信息交换的动态开放系统;最后,它把研究的重点归于系统的无序、不稳定性、不平衡性以及非线性等方面。

传统的还原论、形而上学的思维方式立足于分析,侧重于部分,并且把分析和综合视为两个截然不同阶段的单向性思维,而系统思维方式则把分析和综合通过反馈耦合成双向性思维,为人们探索复杂性系统提供了一种新的思维方式。

第三节 辩证唯物主义自然观的发展: 生态自然观

生态自然观是系统自然观在人类生态领域的具体体现,是当代人对生态危机进行反思的必然结果。它继承了马克思、恩格斯的生态思想,是对辩证唯物主义自然观的进一步发展。生态自然观的核心是强调人与自然的和谐,关注人类生态系统的稳定和发展,揭示了人类对环境的开发必须持谨慎态度,必须尊重生态规律。生态自然观对于走可持续发展道路具有重要意义,并能从根本上解决生态环境、自然资源和经济社会发展日益突出的矛盾。

一、生态自然观的确立和基本内涵

(一)生态危机是生态自然观确立的现实根源

1. 当代生态危机的主要表现

所谓"生态危机"主要是指由于人类的不合理活动,导致全球规模的或区域性的生态系统结构和功能的损害,引起生态环境恶化,从而危害人类的利益、威胁人类生存和发展。当代生态危机主要表现为人口、资源和环境问题。

(1)人口问题:当今社会的人口问题主要是由于人口增长过快所带来的人口数量与生态承载力的矛盾。在历史上,人口增长缓慢,真正的高速增长出现于第二次世界大战以后。1830年全世界人口达到第一个10亿,1930年世界人口总数为20亿,1960年达到30亿,1974年为40亿,1987年为50亿,1999年达到60亿。世界上每增加10亿人口的速度越来越快。世界上第一个10亿人口诞生于1830年,用了1万余年;1930年第二个10亿人口出现,仅用了100年;而人口突破60亿,也只用了不到70年的时间。人口过快增长,带来了一系列问题。首先,人口增长使资源供应更加紧张,土地、水、森林、能源等急剧减少,人均占有率大幅度下降;其次,人口增长过快使教育资源相对严重不足,对人口质量的提高也造成了严重影响;最后,人口城市化的压力增大,人口老龄化问题凸显,对社会发展造成了严重的负面影响。

(2)资源问题:自然资源可分为可再生资源与非可再生资源两类。可再生资源是指在人类开发利用后,在短期内可以更新、再生和循环的自然资源;非可再生资源是指在现阶段不可更新、不可再生的资源。无论是可再生资源,还是非可再生资源,都是人类社会存在和发展的物质基础,它们是人类生产资料和生活资料的来源,也是构成人类生存环境的基本要素。然而,地球上的自然资源并非取之不尽、用之不竭,随着人口的迅速增长以及人类对资源的不合理开发,人类日益面临"资源危机",可再生资源退化、锐减,非可再生资源短缺、枯竭。目前,全球因沙漠化和土壤退化导致丧失生产力的土地每年就有2000万公顷,全世界大约有30%的陆地沙漠化,平均每年有600万公顷的土地沦为沙漠,土壤流失量也已经增加到每年600亿吨。目前,人类对森林资源乱砍滥伐,造成森林资源大量减少,世界森林的面积也正以每年2000万公顷的速度从地球上消失。对地下水的超量开采和围湖造田,减少了水资源的总储量;工业废水的大量排放污染了水资源,这些都使得水资源的短缺成为不争的事实,对人类的生产、生活造成了严重的影响。矿产资源属非可再生资源,人口和生产呈指数增长的同时也使得矿产资源的消耗也会剧烈增长。整个 20 世纪,人类消耗了 1420 亿吨石油、2650 亿吨煤、380 亿吨铁。占全球人口 15% 的工业发达国家,消费了世界 60% 以上的天然气、56% 的石油以及 50% 以上的重要矿产资源。如此庞大的消费是以透支地球矿产资源存量取得的,这不仅造成了人类赖以生存的矿产资源的危机,而且破坏了人类赖以生存的自然环境的基础。

(3)环境问题:近代以来,工业生产大量排放"三废",导致全球生态环境严重污染。所谓的"环境污染",指的是由于人类的活动而引入环境的物质和能量,造成危害人类和其他生物生存以及生态系统稳定的现象。首先是大气污染,每年以 5 亿吨速度递增的、含有 100 多种有毒化学气体的排放,严重污染了大气,导致许多损害。如燃烧石油和煤排放出的氮氧化物和二氧化硫等形成的酸雨,不仅会影响森林和其他植物的正常生长,造成河流、湖泊酸化,引起鱼类等水生生物数量减少甚至灭绝,还会对建筑物、文物以及金属物品有腐蚀作用。工业生产和居民生活中排放出大量的二氧化碳,据统计,在过去的 100 年里,大气中二氧化碳的浓度增加了 25%,使得全球平均气温升高 0.3~0.6℃,这将使海平面升高,威胁岛国和一些低洼地区生物的生存。氯氟烃等气体还会消耗大气中的臭氧,而臭氧具有"保护伞"的作用,能减少到达地面的太阳紫外线辐射,从而降低皮肤癌、白内障等疾病的发病率。1985 年,英国科学家发现了南极上空的臭氧空洞,1989 年,又发现北极上空臭氧层被严重破坏。其次是水污染,水污染使严重不足的淡水资源更加匮乏。据统计,当前全球约有 1/3 的淡水受到工业废水和生活废水的污染,60% 的地区淡水资源供应不足,由于水资源短缺和饮水不卫生而死亡的人数,每天竟达 2.5 万人。人类把海洋当成填不满的垃圾场,引起全球性的海洋污染,导致大量海洋生物死亡。最后是土壤污染。由于大量使用的化肥、农药以及工业废水等有害物质的渗透，土壤结构遭到破坏，土质恶化，土壤肥力丧失。渗透在土壤中的有害物质经过植物的吸收进入食物链，直接或间接地危害人类和其他动物的生命健康。

2.对生态危机的反思

生态危机是人与自然关系对立冲突的必然结果，是人类中心主义者思维方式的危机。人类中心主义者认为非人类存在物只具有工具价值，只有人才具有内在价值。在人与自然的关系上，人类中心主义者主张人是自然界的中心，认为人是自然的主宰和支配者，强调从人的利益和需要出发来处理人与自然的关系。"人是万物的尺度"，自然界中其他事物的存在归根结底都是为了人的生存和发展服务的，植物之所以存在，是为了给动物提供食物，动物的存在则是为了给人类提供食物。随着科学技术的发展，人类改造自然的能力不断增强，人类中心主义的思想也在膨胀和蔓延，人类无视自然界的承受能力，在利益驱使下，对自然进行掠夺式的开发，其结果导致作为人类生存环境的自然状态不断恶化，人与自然关系的不协调日益加剧。

生态危机也是传统的线性经济增长导致的必然结果。传统的工业生产是一种高消耗、高污染、低效率的粗放式生产。传统工业无限度地向自然索取，使得人类以超乎想象的巨大力量砍伐、燃烧、挖掘、移动和改变物质，从而严重地损害了生态系统。这种传统的观点把经济增长的具体标准看成是衡量社会发展的尺度，在处理发展与资源环境的关系上，无视环境的承受能力，把发展置于资源的高消耗和环境的高污染之上，片面追求经济增长，忽视了人与自然的平衡。这种"资金高投入、资源高消耗、环境高污染"的粗放型、外延式的增长方式虽然实现了经济快速增长，但同时也给生态环境造成了严重的伤害，更会导致以后的经济增长因资源的缺乏而难以为继，损害子孙后代的利益。

生态危机也是社会异化的产物,它与许多社会问题息息相关。当代人类面临的环境污染问题,其部分原因在于发达国家借助于旧的国际经济政治秩序,置国际公法与全人类的长远利益于不顾,肆意向发展中国家倾倒废物,把重污染的企业转移到发展中国家,从而造成发展中国家的严重环境问题,而发展中国家的贫困和债务危机也加剧了对自然资源的开发,从而引起严重的生态危机。

(二)生态自然观确立的现代科学基础

系统科学、环境科学和生态科学是生态自然观确立的现代科学基础。

系统科学是以系统为研究和应用对象的一个新的综合性学科门类,它着重考察各类系统的关系和属性,揭示它们的活动规律。系统科学将自然界视为系统与系统的集合,认为研究自然界的任何部分就是研究相应的系统与环境的关系。它把研究对象作为一个整体即系统来对待。自然界的物质都是以系统的方式存在的,人类社会和自然界都是各自独立的系统,人和自然系统之间又密切联系,构成更大的生态系统。生态系统中,人、生物系统和环境系统按照一定的规律相互作用,在结构和功能上形成一个有机整体。

环境科学是研究人类活动与环境演化规律之间的相互关系,探讨人类社会与环境协同演化的途径与方法的科学。它是跨专业的一门综合性很强的学科领域,其研究范围涉及自然科学、工程技术以及经济学、社会学等社会科学领域。它既有对环境中物质的迁移、转化和蓄积过程和其运动规律的微观研究,也有对人类与环境之间相互作用、相互促进的对立统一关系,以及揭示社会经济发展与环境保护协调发展的基本规律的宏观研究。

生态科学是一门研究动植物与其生活环境相互关系的科学,是生物学的分支学科。20世纪中叶以来,世界人口、资源和环境问题日益突出,随着系统科学、环境科学的发展,生态学已经扩展到人类社会生活的各个方面，人类也被列入生态系统，来研究人与环境相互作用的规律。人作为大自然链条上的重要一环，处于杂食性消费者的生态位上。人还是生态系统的调控者和协同进化者。作为生态系统的调控者，人调控的是人与自然的相互关系；所谓人与自然的协同进化，是指在人与自然的相互作用中，二者都发生特定的进化，也就是说，人类在创造社会历史的同时，也在不断提高生态系统维护生命的能力，维持生态系统的稳定。

生态科学强调整体观念，认为包括人在内的生物与其环境构成了一个不可分割的整体。它主张生态系统是由植物、动物以及微生物三者之间相互耦合形成的无废弃物的物质循环系统，这种物质循环系统是处于动态平衡之中的，生物物种多样性的丧失会威胁生态系统的稳定，强调要维护生物多样性。生态学还进一步揭示了生态系统的"物物相关"、"相生相克"、"负载定额"、"时空有宜"以及"协调稳定"的规律，这些构成了生态自然观的重要理念和科学基础。

（三）生态自然观的基本内涵

生态危机已引起全世界的普遍关注，特别是发达国家，其较早进行工业化，环境问题也出现的较早，而且比较严重，因此，环境保护的呼声也最为强烈。1962年，美国生物学家莱切尔·卡逊的《寂静的春天》的发表在全球引起了巨大震撼，标志着人们生态意识、环保意识的觉醒，生态保护已经不只是一种思潮，而逐渐成为了一种运动。许多国家将环境权作为一项基本人权写入宪法，并通过相关法律对此项基本权利进行保护。在政治生活中，环保组织已经介入，出现了"绿党"等政治组织。经济政策的制定也要兼顾环境后果。在文化领域，动物解放、生态中心等一系列伦理观点把道德关系扩大到动植物和整个自然界，保护环境已经成为人们的新道德规范。生态自然观就是人类在反思生态危机的过程中，继承和发展马克思、恩格斯的生态思想，在现代系统科学、环境科学、生态科学发展的基础上形成的,其内涵大体上可以概括为以下几个方面。

1. 生态系统是生命系统

生态系统是由包括人在内的生物系统和非生命的环境系统组成的自然整体。生态系统本身是一个活的系统,可以看做一个巨大的生命体,在其中各种生命得以维持、生长和演替。生物圈之所以被称为生态圈,就是因为它普遍存在着生命。在生物圈中,草原、森林、海洋等地带都存在着大量生物,即使在沙漠和高寒地带,也有生命存在。

2. 生态系统是具有一定结构和功能的整体

生态系统中各要素的结构层次分明,有个体、群体、种群等。各个具有特定功能的部分构成一张生命之网,无论哪个部分、环节出现问题,都会对整个系统产生重大影响。生态系统的整体性突出表现在:(1)生物和非生命体环境之间构成了一个有机整体,离开环境,生物就不能生存,也就不存在生态系统本身;(2)生态系统中的每一种生物都占据一定的生态位,这种生物之间因食物关系而相互依赖,其中任何一个环节出现问题都会对整个生态系统造成破坏。

3. 生态系统是开放的自组织系统

生态系统中的生物与非生物之间相互联系、相互作用,其能量是从这个系统外部摄入的(主要是太阳能)。外来能量的输入及其在系统内的流动、转化使系统要素形成复杂的反馈联系,形成各要素的自组织,促使生态系统更新、演化,产生新的生命形态。

4. 生态系统是动态平衡系统

生态系统是自组织的开放系统,而开放系统的特点就是动态性。生态系统的动态性是由其内部物质运动和外部能量输入共同决定的。系统内的物质和外部输入的能量经过植物光合作用,使无机元素转化为有机物,从而在食草动物、食肉动物之间,通过食物链逐级循环、转化,最后被微生物分解为简单的化合物和元素,再回到自然界。这种循环和转化使生态系统始终处于平衡—不平衡—新的平衡的动态平衡过程中。

5.人类是生态系统的协同进化者和调控者

生态自然观主张将人的角色由大地的征服者转变为生态共同体的协同进化者,使人成为共同体中的平等一员。人类与生态共同体的其他构成要素在生态系统中是平等的,但人类又要积极发挥其能动性,从而影响自然界的生态平衡。因此,人类不仅要尊重生态共同体的其他成员,而且有维护共同体安全和稳定的责任。人要与自然协调发展、共同进化。当然,维护生态平衡不是单纯地、消极地保持原来的稳定状态,而是在遵循生态规律前提下,自觉地、积极地保护自然,维护自然的动态平衡。

二、生态自然观与可持续发展

生态自然观强调人与自然相互作用的整体性,把人与自然看成密切相关的统一整体,是对人与自然关系更为深刻的理解。生态自然观已成为可持续发展战略的重要哲学依据。从可持续发展战略的提出、基本原则的形成到可持续发展的生态文明途径的探寻都贯穿着生态自然观的基本思想。因此,"只有一个地球"和"可持续发展"就是生态自然观最简洁的表述。

(一)可持续发展的由来

可持续发展思想是在 20 世纪 70 年代后,关于经济增长的讨论中逐渐萌发和形成的。

1972 年 6 月,在斯德哥尔摩举行的人类环境会议上发表了《只有一个地球》的人类环境宣言。宣言强调保护环境已经成为与人类经济、社会发展同样迫切的目标,呼吁各国政府为改善环境、拯救地球、造福子孙后代而共同努力。此宣言为可持续发展奠定了初步的思想基础。1980 年,《世界自然资源保护大纲》首次提出

"可持续发展"一词。1981年,美国著名学者莱斯特.R.布朗在《建设一个可持续发展的社会》一书中,阐述了可持续发展的观点,认为控制人口增长、保护自然资源和开发再生能源是实现可持续发展的三大途径。1983年,联合国成立了环境与发展委员会(WECD),并把可持续发展作为该组织的基本纲领。1987年,世界环境与发展委员会把《我们共同的未来》的长篇报告提交给联合国大会,这个报告明确提出了可持续发展的定义:可持续发展是指既能满足当代人的需要,又不危害后代人满足其需求能力的发展。报告还指出,当代社会的能源危机、生态危机都不是孤立发生的,而是传统发展模式造成的,要解决人类面临的危机,必须改变传统的发展模式,实施可持续发展战略。1992年,联合国在巴西里约热内卢召开环境与发展大会。这次会议全面阐述了可持续发展思想,否定了工业社会以来"三高"的传统发展模式及"先污染、后治理"的道路。这次会议上通过了《21世纪议程》,把可持续发展列为全球发展战略,这一战略思想被世界各国所接受。

(二)可持续发展的基本原则

可持续发展接受了生态自然观的理论,把维护生态平衡作为发展的必要条件。可持续发展作为一种新的发展观,是社会发展观的重大进步,它既坚持了人类社会应当发展这一前提,又保证了发展的持续性原则。它的基本内涵是,既要满足当代人发展的需要,又要考虑未来发展的需要,不能以牺牲后代人的利益为代价来满足当代人的利益。可持续发展应当遵循以下基本原则。

第一,发展性原则。发展并不等同于经济增长,它是集社会、科技、经济、文化、环境等多项因素于一体的完整现象。可持续发展强调发展的必要性,认为发展是可持续发展的前提,其最终目的是改善人类生活质量,创造美好的生活环境。发展是人类共同的权利,无论国家发达与否都享有平等的不容剥夺的发展权利。目前,发展中国家正面临贫穷和生态恶化的双重压力,贫穷导致了生态恶化,生态恶化又导致了贫穷。因此,对于发展中国家来说,发展尤为重要。

第二,公平原则。可持续发展观认为,经济、技术和资源的分配不公平是导致环境恶化和社会不能可持续发展的重要原因,只有解决人与人之间的不公平才有可能达到人与自然之间的和谐。公平性主要包括两层含义:一是代内公平,即同代人中一部分人的发展不应当损害另一部分人的利益。贫富悬殊和两极分化不可能实现可持续发展,它一方面使富裕者为追求奢侈享受和更大的利润而滥用资源,另一方面又导致贫困地区和国家为求温饱而不得不掠夺性地开发资源。二是代际公平。自然资源是有限的,可持续发展强调当代人的发展不能以损害后代人的发展为代价。当代人要为后代人提供至少和自己从前辈人那里继承下来一样多的或更多的资源,当代人对后代人的发展具有不可推卸的责任,不能因为后代人的不在场而滥用资源,牺牲后代人的幸福。

第三,可持续性原则。可持续发展是从人类长远利益出发,追求发展的可持续性。可持续发展最主要的限制因素是自然资源和生态环境。发展必须以生态系统的承载能力为限度,而不能吃祖宗的饭,断子孙的路。可持续发展必须是在保护自然资源和生态平衡的前提下发展的。

第四,共同性原则。可持续发展强调全世界共同发展,地球是一个相互依存的整体,只有全世界范围的发展才是真正的发展。可持续发展是针对危及人类生存的全球性问题提出的,这些全球性问题的解决需要人们超越社会制度的差异和民族国家的界限,采取联合的共同行动。鼓励为解决全球性问题而开展的各种形式的合作,制止那些把重污染的技术和企业向不发达国家和地区输出的卑劣行径。各国政府只有真诚合作和采取共同行动,才能在全球实现可持续发展。

三、科学发展观与生态文明

（一）科学发展观的基本内涵

改革开放以来，我国经济社会发展取得了举世瞩目的成就，但传统发展观的影响依然存在，它不仅造成了资源和环境问题的严重恶化，而且也导致了其他严重的社会问题。党中央科学总结了我国社会主义现代化建设中的经验教训，针对我国当前经济社会发展过程中的突出问题，在推进可持续发展战略的基础上，提出了科学发展观。2003年10月，中共中央十六届三中全会通过了《中共中央关于完善社会主义市场经济体制的若干问题的决定》，第一次明确提出坚持以人为本，树立全面、协调、可持续的发展观，促进经济、社会和人的全面发展。2004年1月，胡锦涛同志把科学发展观完整地表述为："坚持以人为本，树立全面、协调、可持续的发展观，统筹城乡发展，统筹区域发展，统筹经济社会发展，统筹人与自然和谐发展，统筹国内发展和对外开放，继续发展社会主义市场经济、社会主义民主政治和社会主义先进文化，促进经济社会和人的全面发展。"2004年3月，胡锦涛同志在中央人口、资源、环境工作座谈会上对科学发展观的内涵作了深入的阐述："坚持以人为本，就是要以实现人的全面发展为目标，从人民群众的根本利益出发谋发展、促发展，不断满足人民群众日益增长的物质文化需要，切实保障人民群众的经济、政治和文化权益，让发展的成果惠及全体人民。全面发展，就是要以经济建设为中心，全面推进经济、政治、文化建设，实现经济发展和社会全面进步。协调发展，就是要统筹城乡发展，统筹区域发展，统筹经济社会发展，统筹人与自然和谐发展，统筹国内发展和对外开放，推进生产力和生产关系、经济基础和上层建筑相协调，推进经济、政治、文化建设的各个环节、各个方面相协调。可持续发展，就是要促进人与自然的和谐，实现经济发展和人口、资源、环境相协调，坚持走生产发展、生活富裕、生态良好的文明发展道路,保证一代接一代地永续发展。"2007 年 10 月,胡锦涛同志在党的十七大上,对科学发展观做了全面系统阐述:"科学发展观,第一要义是发展,核心是以人为本,基本要求是全面协调可持续,根本方法是统筹兼顾。"2012 年 11 月,党的十八大进一步强调:"科学发展观是马克思主义同当代中国实际和时代特征相结合的产物,是马克思主义关于发展的世界观和方法论的集中体现,对新形势下实现什么样的发展、怎样发展等重大问题做出了新的科学回答,把我们对中国特色社会主义规律的认识提高到新的水平,开辟了当代中国马克思主义发展新境界。"

(二)建设社会主义生态文明

我国是一个人口众多、资源相对不足、生态环境形势十分严峻的国家。我们必须坚持经济社会发展和环境保护、生态建设相统一,既要追求经济效益,也要重视社会效益和生态效益。在全社会进一步树立节约资源、保护环境的意识,建设资源节约型和环境友好型社会。2007 年,党的十七大首次提出了建设社会主义生态文明的理论,这是一项解决我国经济发展与资源环境矛盾的重大战略举措,对于全面落实科学发展观,推进我国的可持续发展战略,具有十分重要的意义。党的十八大也指出:"建设生态文明,是关系人民福祉、关系民族未来的长远大计。"要建设美丽中国,实现中华民族的持续发展,就必须把生态文明建设放在突出的位置,融入经济、政治、文化和社会建设的各方面和全过程。

生态文明是在生态自然观的指导下,以实现人与自然和谐的发展为宗旨,强调人类与自然环境的共同发展,在维持自然再生产的基础上,进行经济再生产。生态文明是一种新的文明,它同物质文明、政治文明、精神文明交互作用,共同推动社会发展。生态文明不仅包括人类的环境保护和生态安全意识、社会科学、法律、政策和制度,还包括维护生态平衡和可持续发展的科学技术、组织机构和实际行动,主要包括三个相互联系、相互区别的层面。

1. 物质层面

党的十八大报告指出："国土是生态文明建设的空间载体，必须珍惜每一寸国土。"要以实现人口、资源、环境的和谐关系为目标，合理开发国土资源，调整空间结构，给自然留下更多可修复的空间。发展生态产业，大力推进循环发展、绿色发展、低碳发展，调整产业结构、生产方式、生活方式，从源头上扭转生态环境恶化的趋势，为人民创造良好的生活环境。生态产业是生态文明的主导产业，其核心是生态农业，它的生产是由自然生产力和社会生产力交织在一起进行的。全面促进资源节约，改进资源利用方式，提高资源利用效率。加强自然生态系统和环境的保护力度，推进国土资源的综合治理，保护生物多样性。

2. 社会制度层面

生态文明是在物质生产基础上建立起来的新兴社会制度。保护生态环境必须依靠制度建设。党的十八大报告指出："要把资源消耗、环境损害、生态效益纳入经济社会发展评价体系，建立体现生态文明要求的目标体系、考核办法、奖惩机制。"建立维护生态环境的法规和机构，从经济、政治、法律、教育、伦理等方面规范和约束人们的行为。加强生态文明宣传教育，增强人们的环保意识、生态意识。

3. 思想观念层面

在思想观念层面上，思维方式与价值观念的生态化思想是生态文明思想观念的核心要素。在思维方式上要打破工业化的思维方式，考虑生态化问题。在价值观念上，破除把经济价值凌驾于社会价值与生态价值之上的工业价值观。

生态文明的提出为科学发展观及其在实践中的贯彻落实提供了强大的理论基础和现实依据。建设社会主义生态文明是科学发展观的内在要求，也是我国工业文明自身演进的必然要求。

思考题

1.何谓自然观？在人类历史上，唯物主义自然观经历了哪几种形态？

2.试论述辩证唯物主义自然观的基本思想和历史意义。

3.什么是系统？自然界物质系统的基本特点有哪些？

4.自然界物质系统演化的自组织机制如何？

5.建设社会主义生态文明有何重要意义？

6.可持续发展的内涵是什么？你认为应该怎样实现可持续发展？

第二章 马克思主义科学观

第一节 科学的本质

对科学本质的探讨主要包括探讨科学的含义、性质和特征等，目的是回答"科学是什么"的问题。正确认识科学的本质及其在社会发展中的重要作用，把握科学发展的规律，在实现科学为人类服务方面具有重要的现实意义。

一、科学的涵义及性质

（一）科学的涵义

科学，就其内涵而言，是指对客观世界的认识，是反映客观事实和客观规律的知识体系及其相关的活动。科学主要分为自然科学、社会科学和思维科学。这里所谈的科学则主要是指自然科学。关于什么是科学，马克思主义经典作家站在辩证唯物主义和历史唯物主义的立场上，对科学的本质作了深入的探讨。

第一，科学和工业是"人对自然界的理论关系和实践关系"的能动认识和改造关系。① 科学的发生和发展一开始就是由人与自然的关系和人的物质生产所决定的。不同的生产方式产生不同的科学基础：游牧民族和农业民族在生产实践中产生了天文学的需求，而天文学的发展又需要以数学为基础，从而推动数学的发展。

① 《马克思恩格斯全集》卷2，北京：人民出版社，1957年，第191页。

人类正是在改造自然界的过程中获得了对自然界的认识,并随着实践的发展而不断地使认识从初级形态发展到高级理论形态,从而出现了作为认识活动最终成果的科学。随着实践活动的进一步深化,科学逐渐成为人类进一步认识和改造自然界的锐利武器。

第二,科学是一种精神领域的生产劳动。马克思明确指出科学活动是一种社会活动,是社会总劳动中的一个重要组成部分。科学劳动的特点在于它属于"精神生产"领域的一般劳动,它是一种有目的、有计划的精神生产劳动。

第三,科学是一种社会生产力。科学作为一种资本,在社会发展过程中,其作用体现为一种社会生产力。在资本主义制度下,社会的生产力是用"资本"来衡量的,而固定资本既包括科学的力量,也包括生产过程中社会力量的结合,还包括从直接劳动转移到机器上,即死的生产力上的技巧。

第四,科学既是观念的财富又是实际的财富。马克思、恩格斯明确指出,科学的社会作用表现在物质生产和精神生产两个方面。一方面,科学知识作为人类知识体系的一部分,已成为人类推动社会发展的重要力量。另一方面,科学作为社会生产力的要素,已成为世界各国发展的重要物质基础,对推动社会生产力的发展具有重要的影响。

随着科学逐渐深入到社会生活的各个领域,科学对社会的影响越来越广泛。人们也开始从不同视角对科学与社会、文化、科学方法论等关系进行探索,并提出相应的观点。

第一,科学是一种文化。从人类文明史的视角看,科学是一种特殊的创造精神财富的方式,是人类文化史中最活跃的一个组成部分。科学文化具有不同于人文文化的性质和价值。

第二,科学是一种社会建制。从社会学的视角看,科学作为一种特殊的社会活动,已发展成为一个相对独立且具有特殊意义的社会事业,有自己的社会建制。科学技术的社会建制主要是指科学技术的社会组织制度,包括科学技术的价值观念、行为规范、组织系统、物质支撑四大要素。作为社会建制的科学技术体制是在一定的社会价值观念的支配下,依赖于一定的物资设备条件而形成的一种旨在规范人类对自然力量进行探索和利用的社会组织制度。科学技术组织制度及其对科学技术活动的社会规范是一个逐渐发展和完善的过程,这一过程就是科学技术的社会体制化。

第三,科学是一种方法。从认识论的视角看,科学方法就是以观察、实验为基础,运用经验方法与理性方法,形成科学概念和科学理论,然后经过多次、反复的实验,证明其客观真理性的一种独特的认识方法。经验认识方法主要包括观察法和实验法;理性方法主要包括归纳法、演绎法、分析法、综合法等。在科学活动中,这两种方法并不是孤立存在、独立使用的,而是经常交织在一起综合使用。

(二)科学的性质

这里所谈的科学,主要是指自然科学。自然科学是一门研究自然界某种物质的结构、性质、发生、发展及其运动变化规律的学科。自然科学作为社会意识形态,具有不同于其他社会意识形态的特点,具体表现在科学是知识形态的生产力和科学是特殊的社会意识两方面。

首先,科学是知识形态的生产力。马克思曾经提出"科学是生产力"的著名论断。该论断揭示了科学的两个方面的性质:其一,科学在尚未进入生产过程中时是知识形态的生产力,其主要形态主要通过劳动资料的形式存在于机器体系中,体现为社会的一般生产力;其二,科学进入生产过程,通过与生产力中劳动资料、劳动对象、劳动者相结合,并通过管理者在生产中发挥作用,直接转化为社会现实生产力,推动社会的发展。

其次,科学是一种特殊的社会意识形态。这种社会意识的特殊性具体表现在如下几个方面:第一,科学作为社会意识形态,需要一定的经济基础,但不依赖于特定的经济基础。第二,科学本身没有阶级性。自然科学所揭示的自然规律能够被社会各阶级、阶层的人所发现和利用,充分体现出自然科学是没有阶级性的特征。第三,自然科学没有民族性。主要指自然科学能为世界各民族人民所使用,没有哪一个民族有其特定的科学理论。自然科学既无国界,也没有阶级、民族的界限,是人类共同创造的财富。但不同阶级的世界观和不同民族的社会条件、政治制度、经济基础、文化传统对科学的发展所产生的影响不同,或能促进科学的发展,或阻碍科学的发展。

二、科学的本质属性

科学作为一种认识活动,具有客观真理性、可检验性、系统性和主体际性四个方面的本质属性。

(一)客观真理性

科学的客观真理性主要是指科学知识的客观真理性,具体表现为科学知识含有不以人的意志为转移的客观内容。所有的科学知识都坚持用物质自身来解释物质世界,不承认任何超自然的、神秘的东西。而作为科学理论的科学事实、科学假说、科学定律、科学理论都是以科学实践为基础,能接受科学实践的检验,并在科学实践检验中不断丰富和完善自身。科学具有内容上的客观真理性,这是科学知识最根本的属性。

(二)可检验性

科学实践活动得出的结论不是模棱两可、含糊不清的,而是具有确定性、具体性,它们在可控的条件下可以重复接受实验室的检验。可检验性要求对科学知识所涉及的内容给予明确的解释,并推导出特定的可以检验的论断,还应当预言今后可能得出的实验事实。在解释和预言中,通过将理论推导出的数据与实验得出的结果相比较,淘汰经不住检验的理论。而科学的真理性就是由科学所具备的可检验性加以保证的。在科学知识中不承认任何超自然的、神秘的东西。

（三）系统性

科学的系统性主要是指科学是有结构的知识体系。具体表现在两方面：一方面，科学是系统化的知识，科学知识是通过概念、判断、推理等严密的逻辑思维形式准确表达出来的严密的逻辑系统，科学理论、科学结论都经过了严密的逻辑论证；另一方面，科学知识不仅包含经验知识，也包含理论知识，但不论哪一种知识，都必须有系统而全面的要求，以防止其片面和僵化。

（四）主体际性

科学知识具有客观真理性，它的基本概念反映事物固有的本质属性。基本定律反映客观事物之间的内在联系，因而科学知识是客观的、普遍的，能被不同认识主体所重复、所理解，能接受不同认识主体用实验进行检验，并在相互之间进行讨论、交流，这就是主体际性，它是科学发现获得社会承认的基本条件。

三、关于科学划界的标准

科学划界问题是科学哲学的重要论题。科学划界问题是指区分科学与伪科学、非科学的界限问题。此问题由逻辑实证主义提出，其核心是科学划界的标准。20世纪20年代以来，在科学划界的问题上大致形成以下四种观点，即逻辑经验主义的观点、批判理性主义的观点、科学历史主义的观点以及科学实在论的多元观点。

逻辑经验主义是相对于英国传统经验主义的"新经验主义"。逻辑经验主义的代表人物主要有亨普尔、石里克、卡尔纳普等。逻辑经验主义认为，有意义的命题才是科学的命题，否则便是非科学的命题。如果一个命题能用经验事实加以证实，那么这个命题就有意义，否则就没有意义。由此可以看出，逻辑经验主义以意义作为科学划界的唯一标准，并与证实原则紧密联系在一起。而科学命题或科学理论的经验性证实并不是充分条件。后来逻辑实证主义者以"可检验性"代替可证实性，这是逻辑实证主义者的一大进步，但仍然存在着一定的局限性。

批判理性主义者波普尔认为，科学的理论或命题具有普遍性，不可能被经验证实，而只能被经验证伪，因为经验总是个别的。因此，波普尔指出，可被证伪的理论或者命题才是科学的，否则就是非科学的。由此可以看出，批判理性主义者将可证伪性作为科学划界的标准。可证伪性由于具有可观察的证据与可比较的性质，因而具有可检验性。批判主义者强调对理论的检验应用确凿的证据去反驳它，而不是去证实它。这一点与逻辑经验主义者可以说是殊途同归，他们都强调经验判定（证实或证伪），把理论与经验事实的关系看作是科学划界的唯一标准。

以库恩为代表的历史主义者认为，科学作为一种社会事业，它与社会的其他精神活动形式存在着多方面的联系和相互作用，因此科学与非科学之间并不存在绝对分明的界限。历史主义学派在科学划界问题上存在着两种观点：一种观点认为，在科学、非科学与伪科学之间划界是必要的，他们坚持一种历史的、发展的和相对的科学划界标准，如库恩、拉卡托斯等就持这种观点。另一种观点则否认科学划界的必要性，认为不存在普遍适用的科学研究方法，科学与非科学之间不存在一成不变的界限，如费耶阿本德就持这种观点。

辩证唯物主义认为，可检验性是科学区别于非科学、伪科学的根本标准。伪科学是伪装成科学形式的非科学，是一种社会现象，其内容不具有客观真理性。伪科学的一个显著特点就是不可检验性和伪装性。伪科学主要通过伪造或篡改实验数据，回避或拒绝规范的科学实验和同行专家的科学鉴定，或者用违背科学实验准则和程序的"实验"去取代规范的科学实验，其结果是经不起真正科学实验的检验。典型的伪科学主要打着弘扬传统文化和现代科学的名义,宣传封建迷信等非科学的内容。而非科学是指不满足精确性和可检验性的命题、问题或者理论,无法运用自然科学方法进行检验或评价的领域,如道德、哲学、宗教信仰、神话传说、艺术等。科学与非科学没有好坏、对错之分,它们只是标明了两类不同性质的知识。

总之,在科学划界标准问题上,不同时代、不同科学学派的认识是不断深化和发展的。对科学划界问题的探讨的意义是很深远的,它不仅有利于明确科学知识的特性,而且能够有效地捍卫科学的尊严和社会形象。在科学日益繁荣的今天,各类伪科学也屡见不鲜,而对于科学普及程度低、文化落后的国家和地区,伪科学更容易流行,这时对科学进行正确划界就具有了特别重要的意义。

四、科学精神

科学精神是指从科学研究的过程和成果中所显示出来的科学本身独有的一种精神气质,以及与之相应的科学思想、科学方法。科学精神是科学家在科学研究活动中行为规范的体现。对于科学精神的界定,随着时代的发展、价值观念的转变,科学精神的涵义也在经历着历史的演变,但其基本内涵是不会发生改变的,主要包括以下几个方面。

第一,求真务实的精神。求真务实的精神是指在科学研究活动中应坚持实事求是,勇于探索和捍卫真理。在科学研究活动中,要能不计较个人得失,坚持真理,不唯书、不唯上,不为权贵而献媚,不为金钱而折腰的探求真理、坚持真理的崇高品质。

第二,有条理的怀疑精神。任何科学研究都要求逻辑自洽,要求提供经验证据,要求大胆、理性的怀疑。有条理的怀疑是指提出的问题在逻辑上是自洽的、有证据的,而不是无端怀疑,更不是怀疑一切。

第三,开拓创新精神。科学家在科学研究活动中必须勇于提出目前尚未提出或解决的科学问题,得出他人没能得出的结论、见解或看法,认识结果要有新的经验内容。创新是科学研究活动者的品质,是科学研究活动取得成果的前提。

全面建设小康社会,要求不断发展科学技术。为此,必须大力弘扬科学精神,鼓励创新,坚持科学精神,坚持在实践基础上的理论创新,从而不断推动制度创新、科技创新、文化创新,这对铸造中华民族的生命力、创造力和增强中华民族的凝聚力都具有重要的现实意义。

第二节　科学知识的构成

科学知识是经过实验检验的,是对于自然现象、自然现象之间的关系以及自然现象的原因的正确反映。科学知识主要包括科学事实、科学定律、科学假说和科学理论四种类型。

一、科学事实

(一)科学事实及其类型

科学事实是人们通过观察、实验所获得的经验事实,是经实践检验被证明为正确反映客观事实的真实描述和判断,其逻辑形式是单称命题。科学事实是科学认识的最初成果,属于认识论的范畴,其形式是主观的,但内容是客观的,是客观与主观的统一。

科学事实一般分为两类:一是指对客体与仪器相互作用的结果本身的描述,如观察仪器上所记录的数据——拍摄物体的形状、颜色、物体运动的轨迹等;二是指对实验所得结果的陈述和判断。而被观察的、实验证明了的理论结论被称为理论事实。由此可见,科学事实不仅具有性质,而且具有理论,其内容可以通过判断和推理等抽象的方法获得,如光速、万有引力等科学事实,起初都不是经过观察、实验方法获得的。

(二)科学事实的特点

科学事实作为科学对个别事实的认识,有其自身的特点。这些特点包括可重复性、系统性和相对独立性,科学事实渗透着理论四个方面。科学事实的可重复性是指,同一观察和实验的事实,可以在多次观察与试验中出现。科学事实的这一特点使科学事实成为检验科学认识的重要手段。科学事实的系统性是指科学事实是对个别事实存在的描述,而事物的联系和变化是多样和复杂的,作为科学事实必须比较系统地反映事物的存在,只有如此才能为理性思维提供可靠的事实根据。科学事实的相对独立性是指科学事实的发现和确定虽然依赖于一定的科学理论,但科学事实一旦被确认就具有相对独立性。当一个科学假设被实践检验而否定的时候,假说所依据的事实却没有被推翻,科学事实是科学知识中最稳定和可靠部分。科学事实渗透着理论是指,科学事实作为科学活动中的第一个阶段认识成果,是在一定的科学理论指导下取得的,并为一定的科学研究目的服务,其中必然渗透着理论。

(三)科学事实的作用

科学事实是科学研究的基础和前提,科学事实对于科学概念的形成、科学假说的提出、科学理论的建立都具有重要的作用。但是,科学事实属于经验范畴,我们绝不能简单依据科学事实得出正确的科学结论,探寻事物的本质和规律必须依靠思维和实践检验。

二、科学定律

(一)科学定律及其特征

科学定律是人们对自然现象之间的必然的、实质性的、不断重复着的关系的认识。科学定律以观察和实验为基础,具有不以人的意志为转移的客观性。科学定律作为科学认识的形式,是科学认识主体对客观事物本质和规律的反映。科学定律在自然科学中所表示的是某一类的自然现象之间所具有的一般的、普遍的联系。

科学定律的逻辑表现形式是以全称命题的形式来表示的。

由科学事实到科学定律的发现是科学认识活动中的巨大飞跃。实现这种飞跃的途径主要有两个方面：第一，借助于归纳法，从科学事实中概括出经验定律，该定律反映事物和现象之间的某种内在联系，往往与观察、实验直接相关。第二，借助于想象、直觉与灵感得出理论定律，它是人类智力的自由创造与发明，而不是直接的经验概括。

科学定律的主要特征体现为以下两点：第一，科学定律是绝对真理和相对真理的统一。科学定律作为事物本质与规律的反映，具有绝对真理的成分，同时，科学定律又是对自然规律的近似反映，是在一定条件和范围内的事物本质和规律的反映，而不是绝对无误的反映，因而科学定律所揭示的真理具有相对性。第二，科学定律具有简明性。科学认识活动中所揭示的科学定律必须要能用简洁明了的语言和符号来表述，以便能被更多的人在实践中加以检验，从而促进科学认识活动的发展。

（二）科学定律的作用

科学定律在科学知识构成中具有重要的作用。第一，科学定律揭示了事物的本质和规律。科学定律是在观察和实验的基础上，借助抽象思维对科学事实进行加工的结果，是事物本质或属性的反映。第二，科学定律有助于科学概念和科学理论的形成。科学概念的形成离不开逻辑的抽象与概括，它可以通过经验定律提出或发现来完成。同时，科学概念和科学定律是科学理论构成的基础。科学理论通过一系列的科学概念、科学定律的合乎逻辑的联系和转化来完整地反映某一领域的事物及其过程的本质和规律。在科学理论中，以基本定律为基础的科学定律是整个科学理论的核心。第三，科学定律是科学解释和科学预测的有效工具。科学定律中的经验定律可以用来解释已知的科学事实和预测未知的科学事实，科学中的理论定律可以用来解释已知的经验定律和预测未知的经验定律,这在科学认识活动过程中具有重要的作用。

三、科学假说

(一)科学假说及其特点

科学假说是根据已知的科学事实和科学原理,对未知的自然现象及其规律性所做的一种假定性的推测和说明。科学假说是自然科学理论思维的一种重要形式。科学假说由事实基础、背景理论、对现象和规律的猜测、推导出的预言和预见几个要素构成。对应于科学定律的类型,科学假说也包括两类:一类是实践检验后转化为经验定律的经验定律型假说;另一类是实践检验后转化为原理定律的原理定律型假说。

假说具有科学性与假定性、抽象性与形象性、多样性与易变性的统一的特点。第一,科学假说的科学性与假定性是指科学假说是在一定的科学事实和已有的科学理论的基础上建立的,并需要经过一系列的科学论证。科学假说对问题的看法还只是一种科学假定,没有经过实践的检验,其结论是或然的而不是必然的。第二,科学假说是抽象性与形象性的统一,主要是指科学假说不是事实的简单堆积,而是经过一定程度的科学抽象,而科学假说的提出常常依靠形象思维,所以假说具有某种形象性。第三,科学假说是多样性与变异性的统一,是指对于同一客体的研究,可以提出不同的假说,对同一现象提出的假说会随着实践的发展而改变。而科学假说的这些特点正是人类能动性的体现。

(二)科学假说的作用

科学假说在科学认识活动中具有重要作用,具体表现在如下几个方面:第一,科学假说是取得科学发现的必经环节。在科学研究活动中,如果新发现的事实不能用原有的理论来说明,就需要提出科学假说。提出的假说通过实践检验,或者被证实,或者被证伪,被修正或被新的假说取代。第二,假说是发挥人的能动性的有效方式。假说是对蕴含在科学事实背后的本质和规律性的猜测、假设，它本身就是人类创造性的高度表现，因此，提出假说的能力往往被认为是科学创造性的重要标志。第三，科学假说的争论有利于科学的发展。对于同一研究对象，可以提出多种假说，不同假说之间的争论有利于揭露各种假说中存在的问题，促使人们的认识在实践的基础上不断地深化和精确化。

假说只有在经受实践的检验、具备解释性和预见性后，才可以转化为科学理论，这种理论仍然是相对真理。作为检验标准的实践是一个不断深化的过程，理论随着实践的发展又将接受新的挑战，所以假说和理论之间的转化是不会终止的。

四、科学理论

(一)科学理论及其构成

科学理论是经过实践检验的具有客观真理性的知识体系，是对某种自然现象本质的系统说明，是由科学概念、原理、定律、论证组成的知识体系。科学理论是在观察和实验的基础上，运用比较、分析、归纳、演绎、类比等方法，整理感性材料，从而形成和发展起来的。科学理论由基本概念、联系这些概念的基本原理或定律，以及由这些概念推演出的逻辑结论，即各种具体的规律和预见三部分构成的。这三部分之间以一定的层次、结构形成一个完整的理论体系。

(二)科学理论的特征

科学理论的基本特征包括如下几个方面。

第一，客观真理性。科学理论的客观真理性是指其内容是对客观事物的本质和规律的正确反映。科学理论经过了严密的逻辑论证和反复的实践检验，因此能正确地揭示客观事物的本质和发展规律，属于具有客观真理性的知识体系。

第二，全面系统性。科学理论是从事物的全部现象及其所有联系出发而概括出来的普遍本质与规律,因此它能对事物的一切现象与事实做出统一的、比较精确的解释和说明。同时,科学理论所反映的内容是客观事物的本来面貌构成的一个完整系统。

第三,逻辑完备性。科学理论作为一个完整的理论体系,包含系统化的知识,该体系必须采用一系列明确的概念、准确的判断、正确的推理以及严密的逻辑证明来加以表述,其整个理论体系必须具有内在的逻辑关联性。

第四,科学预见性。科学理论的科学预见性是指科学理论不但能够解释已知的事实和现象,而且还能预见未来,这是因为科学理论揭示的某一领域的本质与规律同样适用于这个领域的所有事物。同时,科学理论也揭示了某一事物发展的一般规律和趋势,因其具有逻辑上的完备性,所以能在一定程度上对未知的事物属性作出符合逻辑的科学预见。

第三节　科学认识的过程

科学认识同其他人类认识一样,有其产生、形成、发展几个基本环节。科学认识过程的不同之处在于,人们在这个认识过程中必须创造并使用科学认识的方法。科学认识过程包括科学问题的提出、科学事实的获取、科学假说的形成以及科学理论的评价与检验等基本环节。

一、科学问题的提出

（一）科学问题是科学研究的起点

科学认识活动是探索自然界奥秘的活动,是从提出科学问题开始的。科学问题是指科学认识过程中需要回答,而以当时的科学理论水平又回答不了的问题。在科学研究活动中,问题的提出就确定了科学认识活动的求解目标、预设了求解范围和求解方法。

所以,提出问题是科学认识形成过程的核心。从认识论的角度看,科学问题的提出实质上是因为经验认识与理性认识之间存在着矛盾。而经验和理性到底谁更重要,经验主义和理性主义却有着相反的观点。

经验主义认为,科学的发展过程就是不断归纳的过程。这种观点强调经验的作用,但"忽略了直觉和演绎思维在精密科学发展中所起的重大作用"。① 波普尔认为,科学应当从问题到问题不断的进步,从提出问题到解决问题再到提出新的问题。因此,科学只能从问题开始,而不是从经验开始。波普尔正确指出问题产生于科学理论中出现的矛盾,指出观察是渗透着理论的,但是他强调科学发展过程是理性选择的过程,忽视了实践是检验任何理论的有效的、必不可少的先决条件。

马克思辩证唯物主义认为,人们在实践的基础上不断提出问题和解决问题,促进科学认识不断发展。在科学研究活动中,如果没有问题提出,科学也就会停滞不前。所以爱因斯坦说:"提出一个问题往往比解决一个问题更重要,因为解决问题也许仅仅是一个数学上或实验上的技术而已,而提出新的问题、新的可能性,从新的角度看待旧的问题,却需要有创造性的想象力,标志着科学的真正革命。"②

科学问题来源于生活实践,这是马克思辩证唯物主义的观点,但问题的提出却是来自于具体生活实践中的矛盾。归纳起来,科学问题主要来自于以下几个方面:第一,来自于寻求事实之间的联系而提出的问题,这是由于科学的本质在于揭示经验事实之间的

---

① 爱因斯坦:《爱因斯坦文集》卷 1,北京:商务印书馆,1976 年,第 115 页。

② 爱因斯坦,英费尔德:《物理学的进化》,上海:上海科学出版社,1962 年,第 66 页。

联系,说明事实之间的共同特征;第二,由于理论与事实之间的矛盾而提出问题,科学问题通常是在如何对科学事实给予理论说明或者解释时提出的,如果发现背景知识不能说明或解释现象,抑或已有的理论和预测不符合观测的事实,也就出现了有待解决的疑难问题;第三,从某一理论内部的矛盾中发现问题,如果一个理论体系内部在逻辑上存在矛盾,那么就会使人们对该理论的真理性和实用性产生怀疑,这样问题就产生了;第四,从不同理论之间的分歧中发现问题,如果不同的科学理论在某些方面各自取得了成功,但是它们之间却存在着矛盾和不一致,那么就会提出问题来;第五,从现实社会需求与已有生产技术手段的差距上发现问题,如果社会现有的生产技术手段满足不了人们的需求,自然就会提出很多问题,其中一些则会转化为科学问题。

(二)科学问题的选择

1.选题的重要意义

自然现象变化多端、丰富多彩,人们能在实践中发现和提出各种各样的科学问题,却会受到各种条件的限制,科学工作者不可能去研究所有的问题,所以就会产生一个科研选题的问题。选题是指科研工作者在对相关科学问题进行分析评价的基础上,根据一定的原则选定其中一个作为研究的对象。选定的科学问题一般也叫做"科研课题",科研选题在科学研究中具有重要意义。通过科研选题可以明确科研的方向、目标、任务以及方法。在科研实践中,当我们申请各类课题的时候,填写的项目申请书一般都要写明研究题目、研究目标、研究任务以及研究方法等。所以我们选题的过程实际上就是把科研的方向、目标、任务以及方法明确下来的过程。

2.科研选题的原则

科研选题必须遵循一定原则才能产生较好的效果。这些原则包括:第一,创新性原则。科研的选题必须是现有的知识背景中没有解决或者没有完全解决的、具有一定创新性的问题。如果一个问题已经是前人研究过，或者提出的没有新意、重复研究的问题，那就很难产生新的研究成果，也不可能得出新的结论。第二，可行性原则。科研选题要根据完成课题的主客体条件，量力而行。如果研究人员能力不够，时间得不到充分保证，资金不足，设备落后，或课题难度太大，这样的课题即使选题再好也可能无法下手，或者因难度过大半途而废。第三，社会需求性原则。科研选题时必须根据社会发展的实际需要，解决现实社会生产、生活之需要，同时还要把握好社会发展、科学技术、文化发展的特点，选择更加符合社会发展需要的科学问题。具体而言，发展研究选题，应将当前社会需要置于首要地位，充分注意新开发技术的经济效益和社会效益；应用研究选题方向应指向加强生产活动的技术基础，弄清技术机理；基础研究选题应立足于本学科的前沿，去研究和发现自然界的新现象和新规律。第四，科研性原则。科研选题必须以相应的科学事实和科学理论为基础，不能把已经得到实践检验的与科学理论相违背的课题作为研究对象。如"上帝"、"永动机"，这些问题已经受过实践检验，无需再进行科学实践证明。

（三）科学问题的转换

科学问题的提出是以一定的科学背景知识为基础，经过认真思考、逻辑推敲之后提出来的。如果对相关背景知识缺乏了解，或者对相关领域知识把握不够而提出的问题，就不是科学问题，可能成为无知问题、伪问题。科学问题根据与背景知识的相关程度，可以分为常规问题和反常规问题、事实问题和理论问题。

解决科学问题有时需要对问题进行有效转换。在科学问题提出后，一些问题经过努力，可以得到有效解决，但一些问题可能长期得不到解决，这就需要对这些问题变化思维视角，转换一种表达方式，引发新的思考，问题就可能得到解决。而问题转换的途径是多种多样的，如从科学方法论角度，常规问题和反常规问题、事实问题和理论问题相互之间就可以经常转换,经过转换后就可能产生新的思路,找到解决问题的新途径。如"以太飘移"问题,洛仑兹把它当作常规问题处理,所以始终得不到解决,而爱因斯坦则转换思维视角,将此问题视作反常规问题,就有了狭义相对论的巨大收获。

二、科学事实的获取

科学问题一旦产生,就需要建立各种科学事实之间的联系,通过探寻科学事实之间的具体联系,从而对现有现象进行有效解释或者对事物的发展进行有效预测。获取科学事实的基本方法是观察和实验。对于观察和实验在科学研究中的地位和作用如何,二者之间的关系如何,我们将在马克思主义科学方法论中进行详细探讨。

三、科学假说的形成

(一)科学假说形成的条件

科学假说的形成与科学问题密切相关。要形成科学假说,必须对科学问题的各层关系进行梳理,对科学问题进行解答。科学假说的提出需要一定的条件:第一,一致性。在常规科学时期,提出的科学假说应当与经过实践检验的理论保持一致,在科学革命时期,新的假说不仅能与现有理论保持一致,而且能够解释现有理论不能解释的现象,它是对传统理论的突破,但不彻底否定传统理论。第二,可解释性。科学假说的提出必须以经验事实为依据,因而要尽可能的解释已有的科学事实。但是,新理论产生往往会出现个别"反例",通过进一步的观察,对假设逐渐修正,最后成为科学定律。第三,可预测性。假说的提出不仅可以解释已知的事实,更重要的是它还可以对未知的事实做出推论。但由于实践检验的历史局限性,假说预测的未知事实需要具备一定条件才能得到实践的最终检验。

(二)科学假说形成的方法

科学假说包括经验定律型假说和原理定律型假说,两种类型的假说形成方法有所区别。

1.经验定律型假说的形成方法

人们对科学事实的描述或记录构成经验知识的内容,而经验知识是单一而杂乱的,只有经验定律才能够使相关的经验知识得以系统化。从此意义上说,经验定律才能够真正为人们提供科学的事实。因此,对于科学研究活动而言,如何实现从经验知识向经验定律过渡就成为了科学研究活动的重要组成部分。

经验定律的特点表现在两个方面:第一,经验定律所描述的内容原则上是可以通过观察和实验程序所获得的经验证据来加以判定的。第二,经验定律是相对稳定的。每个经验定律一旦成为科学的基础,就成为科学理论中比较牢固的组成部分,这就保证了科学在原理定律发生变革的情况下,仍然有坚实的实践基础,理论定律也能得以发展。

经验定律型假说的形成方法是概括。经验定律型假说是对某类现象共同性质和特征的普遍化描述或是对若干现象之间因果关系的普遍化描述,因此它是由特定的、较小范围的认识扩展到对普遍对象和范围的认识,这种方法就是概括,是由个别到一般的思维方法。概括的逻辑基础是归纳。单纯采用归纳法的概括叫经验概括,形成经验定律型假说的概括叫定律概括,它是以经验概括为基础,将归纳与演绎相结合的方法。如果有些经验定律是以大量随机统计为基础,这类经验定律型假说的形成则是用统计概括的方法。

2.原理定律型假说的形成方法

在科学研究活动中,原理定律型假说寻求对经验定律的解释,揭示事物或现象的本质、联系及其发展规律。原理定律型假说的特点是:第一,与经验定律型假说不同,原理定律型假说主要采用非描述性词语,其描述的内容具有确定的性质或意义,不能够直接通过观察和实验程序来测量。第二,原理定律具有变动性大的特点。原理定律是对经验定律的解释,是对事物内部性质与特点的描绘,是人们充分发挥思维能动性的结果。因此,不同的人由于思维特点不同,对事物内部猜测和想象的结果有可能出现较大差异。

形成原理定律型假说主要运用的方法为溯因。溯因是由结果回溯原因,是"把表面的可以看见的运动归结为内部的现实运动"的过程。所以溯因法实际上是根据已知的科学事实或者经验定律,对事物更深层次的本质或者运动规律进行科学猜想的方法。溯因过程的基本模式为:相关的经验定律 L——如果 H(设定的原理定律型假说)为真,则 L 可被解释——所以,有理由认为 H 为真。举例来说,牛顿为了解释开普勒行星运动三定律等经验型定律,猜测万有引力与质量成正比,与距离平方成反比;牛顿经过演绎推导发现,如果万有引力及其计算公式成立,那么开普勒行星运动三定律能够得到合理解释;据此,牛顿相信自己的猜测很可能是真的,所以他提出了我们熟知的万有引力假说,假说后来得到实践检验,上升为原理型定律。更多的例子,如磁本质的分子电流假说、位移电流假说、能量子假说、光量子假说以及相对论的公理等原理定律型假说的形成都符合这个模式。

从溯因过程的基本模式中我们可以看出,溯因法的核心是科学猜想,即猜想出可能的原理定律型假说。科学猜想需要科学家的创造力。科学猜想的方法包括归纳、类比等理性方法,也包括直觉、灵感等非理性方法。当然,在溯因法中,演绎法也起着很重要的作用,即在猜出可能的原理定律型假说之后,采用演绎的方法对已知的经验定律进行解释。

四、科学理论的评价与检验

这里的科学理论是广义的,是指与科学事实等感性知识相对应的理性科学知识,包括科学定律、科学假说以及狭义的科学理论等。任何科学知识,无论它是尚未经过实践检验的科学假说,还是已经通过实践检验的科学定律和科学理论,都需要在新的认识和实践过程中不断接受评价和检验。

(一)科学理论的逻辑评价

科学理论的逻辑评价是通过对科学理论的逻辑结构进行分析来判断科学理论优劣的过程。对科学理论的逻辑评价是一个逻辑检验而不是一个实践检验的过程,所以它不能判断科学理论的真假,而只能判断科学理论的优劣,即某个科学理论更可能真或更可能假。通过逻辑评价被判定为劣质的新理论,科学共同体会认为没有必要对其进行进一步的实践检验。对科学理论进行逻辑评价主要分析理论的逻辑结构,一般包括相容性评价、自洽性评价和简单性评价三个主要方面。

1. 相容性评价

相容性是指新的科学理论同公认的科学理论在逻辑上不矛盾。如果从新理论 T2 可以推出公认的理论 T1,或者从 T2 推不出与 T1 相矛盾的推论,那么,T2 与 T1 就是相容的。新的理论和传统的理论存在矛盾的情况主要有两种:第一,新理论包含错误。比如有物理学家根据 β 衰变出现质量亏损,提出 β 衰变中能量不守恒,这与传统理论矛盾。泡利坚持能量守恒定律,提出中微子假说,后来科学家真的找到了中微子,这就证明了 β 衰变中能量不守恒这种假说是错误的。第二,传统理论包含错误。比如在麦克斯韦之前的传统理论认为,电磁作用是超距瞬时完成的,但是麦克斯韦根据自己建立的电磁理论认为电磁效应应该是以光速传播的。今天人们已经知道,麦克斯韦的理论是正确的,而过去认为电磁作用是超距瞬时完成的观点是错误的。

与传统公认理论不相容的新理论通常会被认为是劣质甚至错误的。因此,新理论的提出者如果希望自己的理论被科学共同体接受就需要尽量排除与传统理论之间的矛盾。排除新理论与传统理论之间的矛盾,可以把传统理论作为一种特例或者在极限情况下进行解释,例如爱因斯坦把牛顿力学解释为相对论在宏观低速条件下的近似情况。当然,如果新旧理论之间的矛盾无法从逻辑上解决,那么就只能等待最终的实验检验。

考察一个理论与公认理论之间是否相容,是科学家们拒斥轻率理论的重要办法,也是经过大量经验证实了的、公认的抵制伪科学的重要手段。

2. 自洽性评价

自洽性评价就是分析科学理论内部是否存在逻辑矛盾。一个理论 T,如果不能从它的逻辑中推导出命题 A 和非 A,那么 T 就没有逻辑矛盾,就是自洽的,反之就不是自洽的。自洽性要求科学理论内部的各个命题相互之间有逻辑联系,不能相互矛盾,或者说,科学理论内部不应该存在悖论或佯谬。

通常来说,存在逻辑矛盾的不自洽的理论都包含错误,只是错误的性质有所不同,可能是根本性错误,也可能是部分性错误。我们熟知的,亚里士多德关于自由落体的观点,包含的是根本性的错误。亚里士多德认为物体下落的速度与物体重量成正比,在《关于两种新科学的对话》中,伽利略曾经使用严密的逻辑推理来揭示亚里士多德这个理论的不自洽性。假设较重物体 A 下落速度为 V_A,较轻物体 B 下落速度为 V_B,现在将物体 A 和 B 紧紧捆绑在一起成为物体 AB,那么当我们试图去比较物体 AB 的下落速度 V_{AB} 与 V_A 的大小的时候就会发现亚里士多德理论自相矛盾。与亚里士多德自由落体观点性质不同的是,门捷列夫最初提出的元素周期律假说虽然也存在不自洽性,但是它包含的是部分错误。

门捷列夫最初提出的元素周期律是按照原子量大小进行排列的，有时就会出现矛盾。比如碘按原子量大小应该排在碲的前面，因为它的原子量是 126.9，而碲的原子量是 127.6，但是碘的性质明显与氯相似，而碲的性质明显与硫相似，所以按性质，碲应该排在碘的前面。之所以存在这样的矛盾，科学家后来发现是因为元素周期律应该按照原子序数即质子数来排列。经过这样一修改，元素周期律的矛盾便因此解决。可见门捷列夫的元素周期律从根本上来说并不存在错误，只是排列的依据存在错误。

　　3. 简单性评价

　　简单性评价是科学共同体依据科学理论包含的逻辑前提、数学变量以及和谐对称等特性来评判一个理论优劣的方法。必要逻辑前提少、数学变量少以及具有和谐对称等美感的理论被称为具有简单性的理论，一般都会被认为是更优秀的理论。

　　具有简单性的理论是否就一定更加真实，对此人们还没有找到确切的证据。不过很多科学家都深信简单的才是最好的。爱因斯坦就坚信，自然规律的简单性也是一种客观事实。科学史上也的确出现过最初是因其简单而不是因其真实才被接受的理论，这就是哥白尼的日心说。在哥白尼提出日心说之前，为了解释行星与地球之间的距离变化以及行星的顺、留、逆现象，托勒密的地心说采用了均轮（围绕地球的偏心圆）和本轮（沿均轮运动的圆）的概念。这样一来，托勒密体系采用的圆就达到 80 个左右，显得非常繁杂，很多人都感叹真不知道上帝为什么要这样做。1543 年，哥白尼在临终前发表了日心说，哥白尼的日心说体系只使用了 48 个圆，比托勒密地心说使用的圆减少了将近一半。实际上，如果论解释天文现象的精确性，哥白尼的日心说体系还比不上当时的托勒密地心说体系。除此之外，哥白尼的日心说体系还有一个在当时看来是致命的缺陷：由于日心说体系必须采用地球自转的概念，但是当时还没有惯性的概念，因此人们还无法解释为什么从塔顶落下的重物总是落在塔基旁边,而不是跟地球自转相反方向的一段距离。尽管哥白尼日心说存在这样一些缺陷,但是它比地心说体系具有很大的简单性优势,因此当一发表,便赢得了不少科学家的赞成。

（二）科学理论的实验检验

科学理论的实验检验是指通过观察或实验的方法来判断科学理论真假的过程。科学理论的实验检验属于实践检验,是判别科学理论真假的唯一标准。对科学理论进行实验检验一般要从科学理论中演绎推导出容易与实验结果观察对照的结论。根据与实验结果观察比对的不同情况,实验检验一般分为确证、否证和判决性检验。

1. 确证

确证是指在科学理论的实验检验中,从科学理论演绎推理得到的结论和观察实验结果相一致的情况。确证的公式是:

如果 T 为真,那么 P 为真

P 为真

所以,T 一定程度为真

公式中,T 为接受实验检验的科学理论,P 为从科学理论 T 演绎推导出的,可以与实验结果观察对照的结论。举例来说,如果说接受实验检验的理论是牛顿力学,那么海王星的发现就是对它的一次极为关键的确证。法国数学家勒维列通过数学推导计算出新行星的轨道,并据此指出在某个时刻的某个方位能够观察到这颗新的行星,结果德国天文学家伽勒在这个时刻的这个方位观察到了这颗新的行星,所以牛顿力学在很大程度上被证明为真理。

确证不等于证实。从上例中可见,虽然牛顿力学曾经得到过无数次类似的确证,但是我们知道,牛顿力学仍然不能说是绝对真理。

在确证检验中,观察实验结果也叫支持理论的证据,比如德国天文学家伽勒观察到海王星这个事实就是支持牛顿力学的一个有力的证据。证据对理论的支持程度取决于证据的数量、种类、精确性和创造性等多方面的综合因素。首先,证据的数量越多对理论的支持越大。但同种类的证据随着数量增加,单个证据支持度减小。比如按照元素周期律预言而发现的元素越多,对元素周期律,的支持就越大,但是越到后面,通过类似途径发现的新元素,就单独一次而言,对元素周期律的支持程度就越来越小。类似地,苹果落地等类似现象对万有引力理论的支持程度就已经可以忽略不计了。其次,证据的种类越多对理论的支持越大。比如元素周期律原来没有给惰性气体留位,后来氦等惰性气体的发现给元素周期表增加了一个元素族,这不仅没有否定元素周期律,反而增加了元素周期律的可信性。再次,证据的精确性越高,对理论的支持越大。实际观测到的海王星轨道与勒维列根据牛顿力学事先计算出的轨道只差一分;根据元素周期律,门捷列夫预言锢的原子量不是当时测量的 75.4,而应该是 113,现在实际测量的数据是 114.9。这些精确的预言都使相应的科学理论得到极大的支持。最后,证据越具有创造性对理论的支持越大。爱因斯坦的质能方程将能量和质量联系起来;麦克斯韦的理论将电磁波和光统一起来。这些科学预言都出乎人们意料,具有极大的创造性,因此当它们得到检验之后,对应的理论也得到了支持。

2. 否证

否证也叫"反驳",是指在科学理论的实验检验中,从科学理论演绎推理得到的结论和观察实验结果不一致的情况。否证的公式是:

$$\frac{\text{如果 T 为真,那么 P 为真}}{\text{P 为假}}$$
$$\text{所以,T 为假}$$

公式中,T 为接受实验检验的科学理论,P 为从科学理论 T 演绎推导出的可以与实验结果观察对照的结论。"P 为假"就是说观察实验结果和从科学理论演绎推理得到的结论不一致。

从逻辑上讲,如果实验结果和从科学理论演绎推理得到的结论不一致,也就是出现否证的情况,那么接受实验检验的科学理论就应该被证明为假了,或者说该理论就被证伪了、推翻了。不过在现实中,一个理论不会被轻易证伪、推翻,尤其其前得到过确证的理论更是如此。拉卡托斯认为原因在于科学理论通常存在保护层,也就是一些相对次要的命题。当属于保护层的命题被推翻之后,科学家会对理论进行一定的修改从而使理论的核心层不受伤害。

在科学认识中,否证检验可以排除一些不必要的假说,从而使科学认识更接近真实。在这方面,科学史上有一个典型的案例。[①]19 世纪 40 年代,维也纳总医院产科病房的分娩产妇中流行一种被称为"产褥热"的致命疾病,但在该医院的第一产科与第二产科之间,产妇因患这种疾病而死亡的比例却相差很大。1844—1846年的 3 年中,第一产科因患这种病而死亡的比率分别为 8.2%、6.8%和 11.4%,而这 3 年第二产科的死亡率则分别是 2.3%、2.0%和 2.7%。为了解释两个产科死亡率的差别,人们提出了类似中国古代"天人感应"的说法,认为是一种"大气—宇宙—土地的变化"引起的,是"疫气的影响"的结果。但是,为什么这种影响对第一产科要强于第二产科,为什么这种影响对维也纳其他医院不起作用呢?"疫气的影响"理论对此无法解释,因为这个理论没有说明宇宙与大气及产褥热的相关性,而且由它也无法推出可检验的命题来。塞麦尔维斯除了排除"疫气的影响"这个不相关的假说之外,实际上还排除或者否证了其他一系列解释。诸如有人认为,

---

① 黄顺基:《自然辩证法概论》,北京:高等教育出版社,2004 年,第 159～160 页。

有些进第一产科的产妇离医院较远,在路上就分娩了,因此引起了高的死亡率;有的认为,是由于第一产科比第二产科拥挤,同时其饮食和接受的照顾不如第二产科;也有人认为,原因在于第一产科的实习医科学生的粗暴检查;还有人认为是心理原因,因为到第二产科对临终产妇作圣礼的教士要摇着铃通过第一产科,增加了第一产科衰弱产妇的恐惧感;还有的认为是分娩姿势引起的,第一产科的产妇仰卧分娩,而第二产科的则是侧卧分娩。在一一否证了这些假说之后,一次偶然的机会,第一产科的一位男医生患了一种与产褥热的病症相同的病后去世了。塞麦尔维斯注意到,这位医生患病前,其手指被一位实习生在解剖尸体时不小心用手术刀刺伤过,而第一产科的医生和实习生在做了尸体解剖后一般只是简单洗一下手就到病房检查产妇。通过一次又一次的否证,塞麦尔维斯就推测,一定是这些医生和实习生把一种"尸体物质"带给了产妇。塞麦尔维斯才得出了这种认识。但是,这种推测也必须像前面的假说一样,接受新的严格检验。于是,他要求所有的实习生给产妇做检查之前必须用漂白液洗手。此后,第一产科的死亡率迅速下降到第二产科的死亡率以下。在这个基础上的进一步比较发现,第二产科的护士不必像第一产科的实习生那样进行尸体解剖,所以没有携带"尸体物质"的机会。从这个事例我们也可以看到,否证与确证是检验科学理论的两种基本形式,二者相辅相成,共同推进科学理论的发展。

3. 判决性检验

确证和否证是对单个理论或者理论命题进行实验检验的两种不同情况。但是在科学发展史上,有时会出现两个甚至多个理论相互竞争的情况。对于相同的对象,两个不同的理论各自都能解释一部分现象,但是它们相互之间看起来并不相容。这时,人们为了决定两个理论的弃舍,往往就会进行判决性检验。所谓判决性检验,具体地说就是,当同一个问题存在两个相互竞争的解释理论时,为了决定两个理论的取舍,首先从两个理论演绎推导出两个相互矛盾的结论,然后与同一个实验的结果加以比较的过程。比如面对一小堆白色粒状物,有人认为是糖,有人认为是盐。如果是糖,则加热变黑;如果是盐,则加热不变黑,所以可以对这一小堆白色粒状物加热,如果变黑则说明不是盐,如果不变黑则说明不是糖。真实的例子是关于光的本质,历史上长期存在"粒子说"和"波动说"的争论,对此,法国科学家傅科曾经做过一个判决性实验:光如果是波,则其在水中的速度比在空气中的速度慢;光如果是粒子,则其在水中的速度比在空气中的速度快。傅科实验的结果表明,光在水中的速度比在空气中的速度慢,所以光不是粒子。

通过判决性检验只能检验出两个相互竞争理论中的某一个理论是假的,但不能同时判定另一个理论是真的。因为两个理论可能同时是假的,但它们不能同时是真的。

思考题

1. 什么是科学?怎样判别科学与非科学?

2. 科学精神主要有哪些?结合自己的实际情况,谈谈你准备怎样弘扬这些科学精神。

3. 科学知识由哪些要素构成?它们各自的特点是什么?

4. 简述科学认识的过程。

第三章 马克思主义科学方法论

第一节 观察和实验

科学是建立在实践基础上的人类活动,我们首先在以感性为主的实践行为中获得建立科学理论所需要的第一手资料,然后再基于这种资料进行推导,进而构建严格的科学理论大厦。因此,对科学方法论的讨论应分为两个部分:其一是对观察和实验的讨论,通过它们我们获得科学的原初经验;其二是讨论理论推导。这一节讨论的是获取科学事实的方法:观察和实验。

一、观察

我们有两种获得科学事实的方式,一种是间接的,另一种是直接的。间接的方式就是对已获得的科学命题进行逻辑推演,或者从直接得到的科学经验开始进行推演,得到新的、更加具有解释力的科学命题。而直接获得科学事实的方式则是实践的,它是科学工作者亲身介入物质世界中的活动,我们也可以将之称为"第一性的获得科学事实的途径",包括观察和实验两种实践者的参与。

获得科学事实的间接方式必须基于直接性的科学事实之上,因为任何推演都是以确然的事实为基础严格进行的。科学不可能离开经验,科学可以说是一种彻底的经验主义活动,科学理论的正确与否都基于它是否符合原初的科学经验。一切理论的真理性都要放到实践中进行检验。科学理论在历史中的变化和发展都是开始于当前的理论愈来愈不能解释被揭示出来的科学事实。

观察是一种实践者介入到世界中的行为，它不是被动的和私人的，而是主动的和公共的行为。通常人们都认为，观察就是睁开眼睛研究，让对象的图像信息刺激眼球，然后再记录下看到的东西，这样观察就是一种被动接受的行为。而且人们也会认为，在观察中对象给予刺激，如何来确认、处理这种刺激完全是私人的事情，比如观察面前的一个立方体，可以在自己的意志控制之下走近些或走远些看，可以从左看到右也可从右看到左，这完全是个人的事情，跟公共性没有丝毫关系。这些看法都是唯心主义的，它们只是抽象地、片面地考察观察活动，将这种活动从具体的实践情景中割裂出来。对观察活动进行更加细致、更加具体的考察，我们会发现，观察是一个既主动又公共的过程。

观察是一个主动的过程，在对对象的观察中我们可以调整自己的位置，让对象更清晰地显现出来，也可以通过比较、观察对象同它的背景之间的差异，来观看它的变化。如果是运用仪器进行观察，那更需要主动地调试仪器，以获得期望获得的观察结果。观察是一个主动的过程，在科学观察中，科学工作者总是带有一定的理论目的，没有谁不带目的而对对象信息全盘接受。通常人们会设想，不带任何偏见地将我们所看到的信息全部记录下来就是最好的观察。人们也会做这样的设想，某个心智足够强大的主体能够准确无误地记录下他所看到的一切事实，之后他又有足够强大的心智将这些被看到的现象全部消化，最后从中得到永远不会错误的客观真理。这种抽象的想象不可能出现在现实中，从这种"全面的"观察中也不可能得出任何理论结果，因为收集理论信息、理论数据原本就需要科学工作者带着理论的眼光去进行。

没有毫无理论动机就发动起来的科学观察，也没有不带主动的、有意识的行为介入就能获得的科学事实。近代以来的科学观察几乎都要以仪器为中介，在运用仪器的观察中更需要科学工作者的主动性。在科学史上我们可以找到很多相关的例子。比如伽利略制造望远镜来观察宇宙。当时望远镜的性能远不如今天,且主流的天体物理学理论是亚里士多德—托勒密的宇宙体系,因此有人拒绝用伽利略的仪器来观察天空,伽利略唯有坚持他的理论。众所周知,伽利略是哥白尼的日心说的支持者,亚里士多德是地心说的反对者,正是他主动设计出来的观察方案验证了日心说的正确性。当时流行的地心说认为地球是整个太阳系的静止的中心,相反,伽利略支持的日心说则认为地球围绕着太阳做周期性的旋转运动。当时有很多反对地球运动的观点,其中一个观点就认为,如果地球是运动的,那么地球就会在做环绕运动的过程中将月球丢在身后,因为当时并不存在卫星会做跟随运动的观点。但伽利略想了个办法来论证这点,他认为我们只要观察到木星拥有卫星,就可以用它来反对卫星不做跟随运动的观点,因为木星是运动着的观点在当时是被广泛承认的。只要能观察到木星拥有卫星,就能够论证运动的星球也可以有卫星,并且还会跟随它运动。运用望远镜在当时是一门高深的技术,很少有人能够像他那样熟练地运用这门技术,人们需要花大量时间来学习才能掌握它,对于伽利略来说,观察并论证木星卫星的存在也是一个需要精巧设计的工作,为此他花了 2 年的时间。伽利略并不是将望远镜直接对准天空就获得了木星存在卫星的观察结果,而是给望远镜加上了一个标尺,通过这个标尺可以计算出木星的卫星相对于木星的距离,这个距离以标尺中木星的直径为基本单位,同时,通过这个标尺我们还可以观察到在地球运动的周期中,木星的视直径会发生变化,也就是说它在对地球做相对远离或靠近的运动。通过测量得到的数据,伽利略便测定了木星卫星的运动,并确定其卫星的存在。我们看到,尽管加入标尺是一个很简单的动作,但它的确是"人为"实行的动作,是科学家凭借自身的灵感主动实施的。所有科学史上能够改变或推进理论形态的重大发现都具有这种主动介入的性质。

观察还是一个公共的过程。第一,进行观察的科学工作者必须遵守一些不以他的意志为转移的前提事实,而这些前提事实处于客观公共的维度之中,比如当时的理论背景、理论共识、科学界试图突破的大问题以及某些客观的物质事实,等等。第二,工作者观察的目的决定了任何观察都必定是公共的,因为任何观察的目的要么是为了检验理论假说,要么是为了更具体、深刻地学习理论,要么是为了应用理论。正如我们已多次指出的那样,没有平白无故的观察,也没有毫无理论装备的观察。在理论中观察,这就表明了科学工作者是在一定的科学史背景中、在某科学理论团体中进行观察,他希望获得的观察结果是指向公共性维度的。主体作为具体的历史主体参与到科学工作之中,其获得第一性科学事实的目的也是受到历史支配的。这就是说,主体的目的性行为使得观察不可能是私人的。最后,科学工作者进行观察的过程和结果将以命题的方式被记载下来,从而其他人可以对之进行核对、批评、指正或补充。严格的科学工作者都会愿意自己的理论或观察数据被科学共同体所接受,也只有进入到公共领域中的观察记录或观察数据才能是真正的第一性科学事实。观察所得的结果,不仅同时代的科学工作者可以对之进行核对、应用或反驳,也可以在文本中记载并在历史中流传、经受修正,通过修正,我们能更加深入地探索宇宙的奥秘。海王星的发现便是观察结果得到修正的最佳案例。在早期的天体物理学体系中,海王星被认为是一颗不运动的恒星。1781 年,天王星被发现,当时的科学家根据牛顿的理论计算出了天王星的运行轨道,但却发现计算出的轨道与实际观察到的天王星运行的轨道有极大差异,天王星在其运行周期中有所谓的"摄动"现象发生,这在当时信仰牛顿天体物理学的科学界是一个不解的难题。一直到了 1845 年,一位年轻的英国科学工作者亚当斯设想有一个行星的存在,影响了天王星运行的轨道,并且他根据牛顿物理学算出了这颗行星的位置。同年,法国的一位科学家勒维耶也得出了相同看法,他们俩计算出的行星位置几乎一样。后来欧洲各国的天文台对他们俩计算的结果进行检验,果然在该位置发现了行星。发现的这颗行星就是海王星,根据当时先进的天文观测工具,天文工作者对海王星进行了重新观察,并最终确定了它是一颗行星,而不是恒星。这个例子可以表明,任何在科学史中的观察结果都可以在后来的科学发展中重新得到检验,它是公开的、可错的、可以有新的理论和新的观察手段对其进行改变的东西。

观察是科学直接获得基础材料的手段,它是观察者主动的和公开的行为,但是单凭观察我们还不能获得完整的第一性的事实,尤其是对于现代科学而言。从伽利略以后,科学家统统自觉地主动投身到自然之中,他们都有意识地使用一些工具,设定和创造一些条件,来迫使自然回答他们的问题。这种能够强迫自然回答他们问题的、获得第一性科学事实的手段就是实验。

二、实验

如果要问近代以来的西方科学活动与古希腊时期、古中国的科学活动有什么标志性的区分,答案就是实验。唯有近代以来的西方科学才让实验成为科学研究的核心要素,对实验以及实验结果的尊重也是近现代西方科学的标志。我们看到,近代以来的物理学、化学、微生物学等能够从亚里士多德的古典自然科学体系中脱颖而出并将之取代,实验在其中发挥着不可替代的作用。伽利略的惯性实验、拉瓦锡的燃烧实验、巴斯德的长颈烧瓶实验等,都是新理论取代旧理论的里程碑似的标志。实验共有三个本质特性。

第一,实验是科学工作的主体主动策划来考察自然的活动,它的目的是尽量纯化自然现象的发生过程。马克思认识到,"物理学家是在自然过程表现得最确实、最少受干扰的地方考察自然过程的,或者,如有可能,是在保证过程以其纯粹形态进行的条件下从事实验的"。[①] 也就是说,实验所设计出来的物理运动场景,是一种理想化的、纯粹的运动场景,即便我们在现实中不可能创造出纯粹理想化的实验过程,但是科学家却以该理念为目标来设计实验。我们可以说实验创造的过程是一种理想化的过程,在现实生活中我们基本看不到这种过程的发生,但是科学家通过发挥自身的主观能动性,主动介入到自然过程之中,将这种过程从自然界中还原出来。这并不意味着实验过程是科学家创造出来的全新的自然过程,它只是在自然运动中保持着纯粹的可能性,科学家的实验工作只是将这种可能性揭示出来。

实验也是科学家能够充分发挥其主观能动性的一种活动,近代以来,以伽利略为先驱的自然科学的兴起伴随着主体的兴起。科学家设计出一套又一套的实验来逼问自然,设计出理想的运动场景来追问自然的答案。科学家绝不只是跟在自然身后收集实事,而是一直走在自然的前面。正如康德在思考近代以来的自然科学是如何建立时所说,"当伽利略把由他自己选定重量的球从斜面上滚下时,或者,当托里拆利让空气去托住一个他预先设想为与他所知道的水柱的重量相等的重量时,抑或在更近的时候,当施塔尔通过在其中抽出和放入某种东西而把金属转变为石灰,又把石灰再转变为金属时,在所有这些科学家面前就升起了一道光明。他们理解到,理性只会看出它自己根据自己的策划所产生的东西,它必须带着自己按照不变的法则进行判断的原理走在前面,强迫自然回答它的问题,却绝不只是仿佛让自然用襻带牵引而行"。[②]

相比于观察,唯有实验才能够最终向科学工作者提供构建科

---

① 《马克思恩格斯选集》卷 2,北京:人民出版社,1972 年,第 206 页。

② 康德:《纯粹理性批判》,邓晓芒译,杨祖陶校,北京:人民出版社,2004 年,第 13 页。

学理论的最切近、最相关的事实，即一种理想化的自然场景。科学家在实验中的工作便是让自然过程在受到尽可能少的干扰的情况显现出来。

第二，实验结果一定是可重复产生的，并且会在历史中被反复更新，它的产生受制于当下历史的各种条件，尤其是技术条件。

科学工作者都知道，得到一个实验的结果需要付出很大的努力，特别是在一些新兴的领域中，或试图求证一种新理论时，得到某种实验的结果往往需要科学工作人员付出几年甚至几十年的辛勤劳动。这不仅是因为设计实验程序和创造实验条件是艰难的事情，还因为一个实验结果往往需要科学工作者的反复确认。只经过一次成功得到的实验数据原则上并不能支持相应理论。科学工作者在宣布他的某种理论以及与之相关的数据时，必须也要将与实验相关的初始条件等一并发布，也就是说，能让别的工作者拥有重复得到相应数据的可能性。因为科学理论从根本上讲是以重复发生的现象为基础而归纳得到的命题，缺少了重复性的现象只是一种特殊的而不是普遍的现象。不过，在某个特定的科学史时期，我们确实能在实验中观察某种重复发生的自然过程，并基于这种自然过程得出一定的科学结论，但这并不意味着这种重复发生的现象就是普遍、必然的自然过程本身。在科学史中经常会发生对实验结果进行重新更改，或对实验结果进行重新判断、得出新理论的情况。

在19世纪80年代，放电管现象引起了科学界的极大兴趣，在对放电管现象的观察中，科学家发现了阴极射线。当把金属板分别插入一个封闭的玻璃管两端，并让强电压通过金属板时，金属板就会放电，从而产生不同的光。如果玻璃管中的空气被抽成很稀薄的情况，且通过的电压足够高（需要几千伏）时，阴极对面的玻璃壁就会产生辉光。在阴极和玻璃管之间放置障碍物，就会在玻璃壁上投下相应的阴影，若放上小叶轮，小轮就会转动。于是，当时的科学家断定,在金属板通电过程中从阴极放出了一种射线,由于他们搞不清楚这种射线的性质,就将之称为阴极射线。德国物理学家赫兹做了一系列相关实验,旨在解释该射线的本质。他得出的结论是,阴极射线不是一束带电的粒子。他得出这个结论的原因在于,当他在两个金属板间加入一个电场,使阴极射线通过时,没有发生任何带电粒子的偏转。但今天我们知道,赫兹的理论被证明是错误的,他的实验也被认为是有问题的。19世纪末,汤姆孙重复了放电管的实验,由于技术的进步,他成功地证明了阴极射线就是带电粒子,即让该射线通过电场时发现了偏转现象。汤姆孙成功的原因在于他利用了更加先进的真空管技术,将更多余的气体排出了玻璃管外,让自然过程能够以更为纯粹的形态发生。当玻璃管内空气不够稀薄时,存在的多余气体将会使偏转现象的发生受到阻碍,这就是赫兹得到错误实验结果的原因。

赫兹绝对是一位出色的实验家,他的许多实验结果在今天仍然有效,人们也运用着以他的名字命名的物理单位符号。实际上,赫兹在放电管的实验中也重复进行了该实验,但这并不能决定实验的结果。他认为:"只有在更加有利的条件下完成实验,才能得出明确的结果。在此,更加有利的条件是指更大的空间,而这不是由我决定的。"[1]因此,赫兹的失误原因既不在于观察的不恰当,也不在于没有重复实验,而是因为技术条件不能给出理想化的实验条件。这种情况在历史中常有,它不以科学工作者的主观意志为转移,就算他细心的把一切细节都关注到了,随着科学的发展,他的实验结果还是会得到修正或彻底更改。

通常我们会认为科学是建立在一个永恒的、牢固的基础之上的学问,但现在我们发现,科学的基础却是可变的实验结果,这是因为实验结果的产生会受到客观的人类历史条件的限制。不过这

---

① Hertz, *Electric Wave*, New York, Dover, 1962, P.14.

种可变性并不意味着科学的基础是不稳固的,只意味着它被人类主观的努力和当时的历史条件限制着。

第三,实验虽然要有理论前提才能被设计,但实验与理论相对独立,实验是理论的基础,且实验结果最终表现的是自然现象。

导致实验结果产生差异的原因,从根本上讲,不是人类的理论而是物质世界,实验的结果由物质世界决定。当规定任何实验都要以理论为前提时,我们要避免实验和理论相互论证的循环。在实验中,我们总是假定了某种理论的正确性,但同时,实验结果又是可错的。在这里深入分析会发现,我们将遇到一个循环。如果说作为基础的实验结果是可错的,那么相应地在它之上建立的科学知识也是可错的,而正是知识的错误才导致了实验结果的错误,同样实验的错误又将导致知识的错误,于是我们永远得不到关于这个世界的客观真理。这种看法对科学真理产生威胁的根源是:将实验错误的根源归结到理论上面,也就是说将实验中产生的差异解释为理论上的。如果承认了这一点,我们将发现,当持不同理论的科学团体之间产生争议时,他们会以理论上的差异来进行争辩,而不诉诸客观的维度。这样一来,也许科学史上的纷争就永远得不到一个明确的答案。但这与科学史是不符的,哥白尼对亚里士多德的胜利不是因为他的理论更加完美,爱因斯坦对牛顿的胜利也不是因为他的理论更有逻辑说服力,理论顶多能使科学工作者去尝试信服它,正确性的最终决定权还在世界。科学史上的纷争仍然由实验来断定,但是上面的循环问题怎么解决呢?

我们可以合理地断定,在实验中,虽然科学工作者将持一系列理论假定来展开他的实验,但是他需要通过实验来验证的理论却不是他假定是正确的理论。这就是说,保持的理论和检验的理论不是同一个理论。只要区分了这一点,我们就能够理解,理论确实可以依赖于实验得到更新。我们并不是用实验来验证原来的理论,而是在实验中向着另外的理论前进,实验就是这种理论的基础。在历史的发展中,实验结果被更新时,导致实验被更新的力量不是相应的理论假设,而是在实验中被揭开的自然过程。

从上面的例子中我们看到,实际上赫兹和汤姆孙之间所持的物理学理论都是相同的,是实验装置的差异导致了实验结果的差异。实验装置和实验过程的设计都是为了更好地还原自然世界,让某个自然过程在不受外部因素干扰的情况下正常进行。当现象被还原出来时,相应的理论就应该得到检验。当相关实验间的结果出现不一致时,我们不应该诉诸理论来解释不一致,否则会导致科学永远停滞不前。解决之道应该在于寻找实验装置所创造的初始条件有什么不同,它们中哪个能更加接近纯粹的自然过程。在赫兹和汤姆孙之间,后者创造了更加纯粹的自然过程发生环境。判定他们俩的实验谁对谁错的标准是外部自然,而不是他们持有的物理理论。

实验相对于理论是独立的,任何科学理论的进步都是从发现实验结果和期待的理论结果的不一致开始的。如果说在一个历史时期有大量的全新的实验结果被产生出来,那么人们将被迫放弃原有的理论,并试图创造新的理论来解释这些被发现的新现象。20世纪初期,在对布朗运动的观察实验中,佩林对这种运动做了详细的、富有独创性的观察和总结,最终断定粒子运动是随机的,是违背热力学第二定律的。又如在对黑体辐射、放射衰变以及光电效应等的实验研究中,人们被迫放弃了经典物理学理论,而构造了新的量子力学理论。

我们可以总结说,科学史就是沿着这样一条轨迹发展的:科学家们相信某种理论,持有这些理论来观察自然事实,并创造出各种观察和实验的技术,技术成熟到一定程度后,它将使自然过程更纯粹地被揭示出来,这时就会产生新的理论来解释被揭示的新现象。无论是在实验还是在观察中,我们都必须要记得这种活动拥有主观和客观两个维度,前者是指科学家的理性、他持有的理论假定,它是使自然可能向科学家显现的必要条件,而后者则是指实验所依赖的自然,它是科学构建的充分条件。当科学家在实践的、第一性的科学活动中获得了足够的经验材料后,他下一步的任务就是通过科学的理论方法去构建新的科学知识。

第二节　创立科学理论的思维方法

在整个科学认识过程中,最具有创造性的环节是科学假说的提出。提出科学假说,特别是提出原理定律型假说的关键是科学猜想。一般的观点可能会认为科学猜想并无规律可循,但实际上科学猜想也遵循一定的方法。总的说来,创立科学理论的思维方法包括理性方法和非理性方法。

一、理性方法

创立科学理论的理性方法是指能够比较明显分析出逻辑规律的思维方法,主要包括演绎法、归纳法、类比方法、思想模型法以及理想化实验法等。

（一）演绎法

演绎法主要指演绎推理以及以演绎推理为基础的证明和公理化方法等。

演绎推理简单地讲就是从一般到特殊的逻辑推理。演绎推理的形式有很多,常用到的有三段论、假言推理和二难推理等。三段论推理,如亚里士多德曾经举过,后人也经常援用的一个例子:所有人都会死,苏格拉底是人,所以苏格拉底会死。这个例子反映的其实只是三段论推理有效格式的一种,不过通过这个例子我们基本上能够了解什么是三段论推理。假言推理中有一种有效格式是我们在检验科学理论的时候常用到的,用逻辑语言来表述就是:如果 P,那么 Q;非 Q,所以非 P。P 和 Q 都是命题,而非 P 和非 Q 则是对应的否命题。举例来说明：如果面前的白色粉末是糖，那么对它加热它应该变黑，现在加热它不变黑，所以它不是糖。二难推理经常让人觉得有趣，比如中世纪有哲学家利用二难推理反驳上帝是万能的：请问上帝能不能造出一块连他自己也举不起来的石头？如果上帝能造出来，那么他不是万能的，因为他有举不起的石头；如果上帝不能造出来，那么他也不是万能的，因为他也有做不到的事情。所以，不管上帝能不能造出这块石头，他都不是万能的。

演绎推理的根本特点是，它是一种必然性推理，即前提和结论之间具有蕴含关系，或者说前提和结论之间具有必然联系。在演绎推理中，从真实的前提出发，运用有效的推理形式就必然得出真实的结论。用简练的语言概括就是：前提真，结论必真；结论假，前提必假。特别要注意的是，在演绎推理中并不存在结论真，前提就必真这样的联系。比如对亚里士多德那个三段论做些修改：所有人都会死，植物是人，所以植物会死。植物会死，这个结论是对的，但是前提却不全对，因为植物不是人。

证明和公理化方法都以演绎推理为基础。公理化方法是从一些不需加以证明的公理出发，根据演绎规则，推导出一系列定理，从而构成演绎体系，这个体系称为公理系统，欧几里得几何就是几何学中的一个公理系统。公理化方法可以用来整理已知的科学知识，构造理论体系。数学、力学等学科已经普遍使用公理化方法，并因此获得了巨大的成就。其他比较成熟的学科也在朝着应用公理化方法的方向前进。

演绎方法的作用首先体现在科学假说以及科学理论的检验过程之中。科学理论检验过程的第一步就是从科学理论演绎推导出可以和科学观察或实验事实进行比较的结论。对科学理论的否证也是一个演绎推理的过程。比如在奥地利医生塞麦尔维斯发现产褥热的真正病因之前，人们曾认为是所谓的疫气导致了产褥热。如果产褥热是疫气所导致的，那么疫气应该对维也纳总医院两个产科病房产生相同影响,两个产科病房的产妇死亡率应该大致一样。但实际观察到的结果却是第一产科的产妇死亡率明显高于第二产科的产妇死亡率。据此,塞麦尔维斯首先否定了产褥热的疫气成因说。这里,塞麦尔维斯使用的就是否定后件的假言推理。

通过演绎方法也同样可以作出科学发现。爱因斯坦的质能方程 $E=mc^2$ 就是根据狭义相对论演绎推导出来的。海王星首先是法国年轻的数学家勒维列根据牛顿力学计算出来,之后才由德国天文学家伽勒观察到的。门捷列夫提出元素周期律之后,根据自己排列的元素周期表指出,一些空白的地方应该存在人类尚未发现的元素,比如他预言类铝和类硅的存在,后来科学家果然发现了镓(类铝)和锗(类硅)两种新的元素。上述这些都是运用演绎方法做出的科学发现的典型。

(二)归纳法

归纳法主要指归纳推理。归纳推理是一种从特殊到一般的逻辑推理,比如从铝、铁、铜等金属具有导电属性的特殊事实推导出所有金属都具有导电属性的一般事实。归纳推理,即归纳法分为完全归纳法和不完全归纳法。完全归纳法是把研究对象全都考查到了而推出结论的归纳法,又叫"简单枚举法",比如开普勒对当时已经发现的太阳系行星都做了考察之后得出,所有行星轨道都是椭圆的。不完全归纳法是从一类对象的部分对象中都具有某种性质,推出这类对象全体都具有这种性质的归纳推理方法,不完全归纳法又叫做"普通归纳法",是比完全归纳法使用更加普遍的方法。

除了完全归纳是一种必然性推理之外,归纳推理的一个基本特点就是具有或然性。也就是说,在归纳推理中,就算前提是真的,结论也只能在一定程度上是真的,而不必然是真的。最简单的例子就是对"所有天鹅都是白的"这个命题的证实。在发现黑天鹅之前,我们可能已经观察到很多天鹅都是白的,我们之前的观察都没错,但是我们仍然不能确保"所有天鹅都是白的"这个命题的绝对真实性,实际的情况是人们已经发现了黑天鹅。还有一个更有说服力的例子是恩格斯提到的哺乳动物与胎生的关系问题。在人们发现鸭嘴兽之前,人们观察到的哺乳动物几乎都是胎生的,然而这仍不足以证明所有哺乳动物都是胎生的。果然,人们发现了鸭嘴兽,它是哺乳动物,却是卵生的。

由于归纳法具有推理的或然性,通常也成为归纳法的不完全性,所以为了提高归纳推理的可靠性,一些哲学家和科学家对归纳法进行了研究和改进。培根创立了更具可靠性和可操作性的"三表法(排除归纳法)";穆勒制定了专门探究事物因果联系的"穆勒五法"。但是无论如何,归纳法都不具有演绎推理的必然性。在科学研究当中,归纳法通常也必须和演绎法结合起来使用。

通常所说的概括法实际上也就是归纳法。在科学认识中,概括有经验概括和定律概括的区分。经验概括指单纯的不完全归纳法;定律概括则是在经验概括的基础上,通过与理论的演绎结果相结合而得出结论的一种思维方法。

归纳方法的作用主要体现在经验定律的形成过程中。经验定律型假说形成的主要方法是概括法,科学家对科学事实进行分析,发现其中的共性,然后总结出经验定律,这个过程实际上也是一种归纳。原理定律型假说的形成和经验定律型假说的形成不同,它的核心环节是科学猜想,科学猜想主要运用的思维方法不是归纳推理,但有时也会用到归纳法。也就是说,科学家的猜想也可能是依据对少数科学事实甚至经验事实进行归纳之后做出的。

(三)类比法

演绎是从一般到特殊的逻辑推理,归纳是从特殊到一般的逻辑推理,类比简单地讲就是从特殊到特殊或者从一般到一般的逻辑推理。更具体地说,类比是这样一种思维方法,根据两个(或两类)对象在一系列性质、关系或功能方面的相似性,从其中一个(或一类)对象具有的性质、关系或功能,推出另一个(或另一类)对象也具有同样的性质、关系或功能。用公式来表示就是：

$$甲对象具有 a,b,c,d 等属性$$
$$乙对象具有 a',b',c'等属性$$
$$所以，乙对象可能也是有 d'属性$$

公式中甲对象一般是我们已经熟知的研究对象，而乙对象是我们要研究的对象。比如，在人类的认识史上，我们对声音的了解要更早更熟悉于对光的了解，科学家因此就将光和声音进行类比：声音具有直线传播、反射和折射等性质，并且声音是一种波；光线也具有直线传播、反射和折射等性质，但对于光的本质我们当时还不了解，科学家运用类比的方法得出光也是一种波的结论。光的波动说就是这样提出来的，它运用的是类比的方法。

类比推理和归纳推理一样，也是一种或然性推理，也就是说，在类比推理中，前提真，结论也不必定真，而只有一定程度的真。在两个类比对象没有相反性质的情况下，它们之间的相似性质越多，两者越具有可比性。也就是说，结论真的可能性就越大。

类比是一种常见的创造性方法，科学猜想经常使用类比法。康德曾经说过："每当理智缺乏可靠的思路时，类比这个方法往往能指引我们前进"，"我始终以类比的方法和合理的可信性为指导，尽可能地把我的理论体系大胆发展下去"。在科学技术史上，在很多发现和发明的过程中都运用了类比的方法，在过去的临床上，医生常用叩诊的方法给病人看病，即用手指叩击病人身体表面某一部位，被叩击部位的组织或器官因为致密度、弹性、含气量、积液量等不同会产生不同的震动音响，医生根据震动和音响的特点来判断脏器的病因。叩诊法就是18世纪一个叫奥恩布鲁格的奥地利医生通过运用类比的方法发明的。奥恩布鲁格的父亲是一个啤酒商，小时候，奥恩布鲁格经常看到自己的父亲在黑暗的酒窖里用手指叩击啤酒桶，然后靠听声音来判断啤酒桶里是否装满啤酒。长大后，奥恩布鲁格成为了一名医生，在自己的临床中，奥恩布鲁格联想到人的胸腔和腹腔等和啤酒桶具有相似性,于是他尝试着用他父亲判断啤酒多少的方法来诊断病人胸腔和腹腔是否有积水。后来经过对这种方法进行改进,奥恩布鲁格发明了医学临床上的叩诊法。卡介苗的发现也是两次类比的结果。肺结核是一种传染病,也是一种顽疾。在 20 世纪以前,对于治疗和预防肺结核人类没有太好的办法。20 世纪初,两位年轻的法国细菌学家——卡尔美和介林决心研制预防肺结核的疫苗。卡尔美和介林首先想到的是琴纳制作天花疫苗的方法。18 世纪末,英国的乡村医生琴纳将人体的天花病毒注入牛犊体内,成功地制作了减毒的天花疫苗。卡尔美和介林根据结核杆菌和天花病毒的相似性,认为肺结核的疫苗也能通过采用与琴纳法类似的方法获得,这是两位年轻科学家进行的第一次类比,然而这次类比却失败了。卡尔美和介林将结核杆菌注入公羊体内,经过一段时间后再将公羊的体液注入人体,人却依然会得肺结核病。经过多次的改进,得到的都是同样的结果,卡尔美和介林非常郁闷。有一天,两位年轻的科学家散步来到一处农场,农场里种满了玉米,玉米的长势看起来很不好,叶子枯黄,玉米穗很小。"是不是缺少肥料?"卡尔美和介林问正在干活的农场主。"不是",农场主告诉他们说,"这种玉米引种到这里已经十几代了,有些退化,一代不如一代。""退化!"一听到这两个字,两位科学家马上联想到他们正在进行的研究工作,如果毒性很强的结核杆菌也一代接一代定向培养下去,它的毒性是否也会退化,然后制成安全的疫苗呢?回去之后,两位科学家马上开始实施他们的这个想法。想法虽然是对的,但是要把它实现却并不容易。卡尔美和介林为实现他们的第二次类比(和玉米进行的类比)得来的想法,整整坚持了 13 年,当他们将结核杆菌定向培养到第 230 代的时候,他们终于制成了能够安全注射给人体的肺结核疫苗。为了纪念两位科学家的这一伟大发现,后人把肺结核疫苗取名为"卡介苗"。

（四）思想模型法

思想模型法也叫"理论模型法"，是首先根据经验在思想中构建一个与研究对象类似的思想模型，然后通过研究这个思想模型来间接研究实际研究对象的方法。思想模型法在科学猜想中得到广泛应用。对于科学家来说，他们如何能够猜想出理论假说，这不仅跟他们的个人素质及其所属科学共同体的团体因素，以及他们所处时代的背景知识有关，而且也与他们怎样猜想有关。因为现象背后的实体和运动看不见、感觉不到，对欲求的因果机制知之甚少，所以猜想经常从人们已经比较熟悉的相似物出发，在思想中摹写或描述研究对象的性质、结构、功能或运行规律，这样猜想出来的摹本、蓝图就是思想模型。思想模型是科学家用来推断现象背后实体和运动的中介或工具。通过思想模型，猜想找到了纵横驰骋的大方向而不会无所适从、漫无边际，不至于成为想入非非的主观臆断或不切实际的幻想；通过模型，对相关经验定律进行解释的因果机制得到了表述；通过模型的修改、完善或更替，科学家对因果机制的认识不断精确、深化和扩展。

按照研究对象与已知相似物之间的性质、结构、功能或运行规律相似的不同特点，可以将思想模型划分为不同类型：有性质相似模型，如卢瑟福研究原子结构时提出的行星模型；有结构相似模型，如沃森和克里克研究 DNA 时用到的鲍林提出的蛋白质 α —螺旋结构模型；有功能相似模型，如哈维研究血液循环时构建的水泵模型；也有形式相似模型，如麦克斯韦研究电磁理论时借用的流体力学模型，等等。

（五）理想化实验法

理想化实验法是指在思想中将实验条件理想化，从而完全排除干扰因素，然后对实验结果进行推断的方法。科学研究中，进行实验必须满足一定的现实条件。但是有时会出现这样一些情况，那就是现实根本无法满足我们的实验条件，比如实验需要在无限的时间或空间内进行。出现这种情况,我们就只能在思想中将实验条件理想化,然后仿佛在思想中进行实验,并且对最后的实验结果进行推断。由此可见,理想化实验实际上是一种抽象思维活动,是一个逻辑推理的过程,而不是一个真正的实验。尽管如此,理想化实验法却是一种极其重要的创造性方法。科学史上,伽利略和爱因斯坦都曾经成功地运用过这种方法。伽利略用这种方法发现了惯性原理,而爱因斯坦在创立相对论的过程中受到过理想列车实验和理想升降机实验的启迪。

二、非理性方法

创立科学理论的非理性方法是指相对理性方法而言,难以分析出其中的逻辑思路的思维方法。非理性方法主要有直觉、灵感以及想象等几种。

(一)直觉

直觉是未经充分的逻辑推理而直接对事物的本质或规律的领悟或洞察。在直觉发生时,思维犹如"飞流直下三千尺",跳过某些中间环节,一下抓住事物的本质或规律。例如,英国的查德威克因为 1932 年发现中子而获得 1935 年的诺贝尔物理学奖。1927 年,有科学家发现用 a 射线轰击金属铍会产生一种穿透力很强的射线,但在查德威克以前,包括约里奥·居里和艾伦娜·居里在内的科学家都以为是 γ 射线。1931 年,约里奥·居里和艾伦娜·居里发表了他们的实验报告,报告内容是他们关于铍射线照射石蜡会产生大量质子的新发现。查德威克看到实验报告,直觉到这不是 γ 射线而是中子流后,马上投入研究,还不到一个月,就发现了中子。

(二)灵感

灵感,是指在苦思冥想却百思不得其解时出现的对事物本质或规律的顿悟。思维好比在"山重水复疑无路"的困难境地,忽然

"柳暗花明又一村",认识上升到一个新的境界。直觉和灵感的区别在于,前者是研究过程中思维跳跃式直行,后者是思维在困惑中顿悟。灵感又可分为"冥想型灵感"和"诱发型灵感",前者是指思维在冥思苦想时突然产生并抓住了真理的火花,问题得到了正确的解释,后者是指科学家受某个偶然因素或事件的触发,出现了独创性的构想,激发了灵感的出现。

在科学研究过程中,灵感的作用是非常重要的。德国化学家凯库勒发现苯分子环状结构的过程就是一个典型的事例。1864年冬天,凯库勒在比利时的根特大学任教,这段时间他正在研究苯分子的结构问题,但是一直进展缓慢,甚至陷入了困境。一天晚上,他在书房中打盹,迷糊中眼前出现了旋转的碳原子,碳原子组成的长链像蛇一样盘绕弯曲,忽然一条蛇抓住了自己的尾巴,并旋转不停。凯库勒猛然从睡梦中惊醒,并由此联想到苯分子的结构,提出了苯环假说。对于这件事,凯库勒后来说:"我们应该会做梦!……那么我们就可以发现真理……但不要在清醒的理智检验之前就宣布我们的梦。"

达尔文创立进化论的过程也有灵感的参与。有一天休息时,达尔文阅读英国人口学家马尔萨斯的著作,著作中论述了影响人口数量增加的各种制约因素,并指出首先被淘汰的是生存能力最差的弱者。读到这里,达尔文引起了共鸣,他说:"当时马上在我头脑中出现一个想法,就是在这些(自然)环境条件下,有利的变异应该有被保存的趋势,而无利的变异则应该有被消灭的趋势,这样的结果应该会引起新种的形成。因此,最后我终于获得了一个用来指导工作的理论。"[①]受此启发,达尔文提出了进化论的中心思想:物竞天择,适者生存。

灵感激发出重大科学发现的例子是很多的,较为典型的还有

---

① 《达尔文回忆录》,北京:商务印书馆,1982年,第77页。

美籍奥地利生物学家洛伊发现神经搏动的化学媒介作用,法籍俄国生物学家梅契尼柯夫发现免疫学的吞食作用理论,阿基米德在洗澡时发现浮力定律,海森堡发现测不准关系等等,这里面都有灵感的作用。

(三)想象

想象是在大脑里对已储存的表象进行加工改造形成新形象的心理过程。想象是一种特殊的思维形式,属于高级的认知过程,它是在有问题时的特殊情景下产生的,由个体的需要所推动,并能在观念中突破时间和空间的限制,达到"思接千载"、"神通万里"的境域。列宁曾高度评价想象对于科学研究的作用,认为"幻想是极其可贵的品质"。

从普通心理学的角度来看,想象可分为无意想象和有意想象。无意想象是指在外界刺激的作用下,不由自主地产生的、没有预定目的的想象,例如做梦就是一种无意想象。有意想象是指事先有预定目的的想象。根据想象内容的新颖性、独立性和创造程度,有意想象又可分为再造想象和创造想象。再造想象是指根据特定的描述或式样,在头脑中形成新形象的过程。创造想象是指不根据现成的描述而在大脑中独立地产生新形象的过程。

丰富独特的想象力不仅是艺术家和诗人的必备素质,科学创新也需要丰富的想象。我国航天事业的杰出奠基人钱学森晚年在一次谈话中说道:"科学上的创新光靠严密的逻辑思维不行,创新的思想往往开始于形象思维,从大跨度的联想中得到启迪,然后再用严密的逻辑加以验证。"想象是类比的前提,只有通过想象才能把两个不同事物联系起来加以对照,并在异中求同、同中寻异的过程中,打开想象的广阔空间。想象也是建立思想模型的必要前提,例如卢瑟福提出原子结构的行星模型,哈维提出血液循环的水泵模型,都离不开想象的作用。

（四）非理性方法中的逻辑规律性

在看到非理性方法对科学创新的重要作用时,也要避免对非理性方法做出唯心主义和神秘主义的夸张理解。实质上,非理性方法并非完全没有逻辑规律,非理性思维和理性思维并非截然对立、完全排斥。在科学研究时往往会遇到这样的情况,在研究某一事物的时候,百思不得其解,感到困难重重,可能转瞬就会茅塞顿开、豁然开朗,思维一下子跃过很多中间环节,抓住事物的症结,找到问题的答案。非理性方法看似神秘,其实任何直觉和灵感都不是凭空产生的,都是以对所研究问题的透彻了解为前提的。直觉、灵感并不是什么神秘莫测的力量,它们是以科学家长期以来积累的理论储备和实践经验为基础的,与科学家的知识、经验、思维水平和想象力的丰富程度密不可分,只不过是以纯粹的、简化的、浓缩的形式表现出思维过程的跳跃性和飞跃性。

而且,直觉、灵感和想象等非理性方法也不能完全脱离正常的逻辑思维活动而独立发挥作用,必须以一定的逻辑为基础。完全排斥逻辑的作用,非理性思维就会走上邪路,不可能取得对世界的正确认识。例如,爱因斯坦在谈到当年发现相对论时说:"在那些年里,有一种方向感,一种直接到达某个事物的感觉。……当然,这种方向感的背后,通常有某种逻辑的东西,不过在我来说,这种逻辑的东西是以一种视觉方式的通盘审视而出现的。"[①]这里"方向感"背后的"逻辑的东西"实际上就是非理性与理性思维方法的关系。

三、理性方法与非理性方法的互补

科学创新不仅仅是靠理性思维方法,也不仅仅是靠非理性方

---

① M. Wertheimer, *Productive Thinking* (Chicago, The University of Chicago Press, 1982), p. 228.

法就能够完成任务的。在科学创新过程中,逻辑思维的渐进过程和非逻辑的飞跃过程是认识过程的两个不同方面,它们相互补充、相互作用,共同促进认识由感性向理性的飞跃。非理性思维方法是科学理论中最具有创造性的方法,但是它的缺点是不易掌握、难以训练。直觉、灵感甚至想象的能力至今都没有有效的培育途径。理性思维方法虽然创造性不及非理性方法,但是它可以通过训练而熟练掌握。演绎、归纳和类比都是逻辑学的内容,思想模型方法和理想化实验方法也可以通过专业学习而掌握。一个创造性极强但难以学习;另一个容易学习但创造性稍差。理性方法和非理性方法因此正好相互补充,都是创立科学理论不可或缺的方法。对于科学家来说,既要在平时勤于训练自己运用演绎、归纳和类比等理性方法的能力,也要善于捕捉非理性思维创造的机会。

思考题:

1. 获取科学事实的主要方法是什么?

2. 创立科学理论的理性方法有哪些?

3. 理性化实验是不是一种实验?为什么?两者之间有什么区别和联系?

4. 创立科学理论的非理性方法有哪些?对于直觉和灵感,我们是不是只能消极地等待它们的出现?

第四章 马克思主义技术观

马克思主义技术观是以马克思、恩格斯对技术、工业和以技术为基础的现代生产活动的深刻认识为前提的，从整体上揭示技术的本质及其发展规律而形成的总的看法和基本观点。它是建立在辩证唯物主义和历史唯物主义的基本原理的基础之上的，与马克思主义自然观、科学观一起，构成马克思主义世界观的整个理论体系。本章主要从马克思主义技术观出发，揭示技术的本质、结构和演化发展规律。

第一节 技术的本质和特征

古往今来的漫长历史过程中，人们对于技术的探索在广度和深度上都在不断地拓展，关于技术本质和特征的讨论也引起越来越多人的兴趣。

一、技术的概念

技术是一个涉及整个技术哲学理论体系的关键性问题，也是技术哲学研究的逻辑起点。从历史上看，技术和人类社会几乎同时产生，技术一直陪伴着人类的发展。20世纪伊始，"技术"已经成为人们广泛使用的概念。技术与人们的社会生活联系十分密切，如果要给它下一个公认而确切的定义，似乎困难重重。人们只能从不同的角度对技术进行解释和分析。于是，许多科学家、工程技术专家、管理学家、哲学家从不同的视角给"技术"下过上百种定义,而且这些定义似乎没有完全相同的。这种情况一方面说明了技术定义并不只是一个理论问题,它还会对人们的技术实践活动产生重要影响,因而受到各方面人士的广泛关注;另一方面也反映了技术涉及领域的广泛,不同的人对技术的理解会有不同的侧重点。

尽管任何一个定义都不能概括"技术"的全部本质,但都在一定程度上揭示了技术的某些特征。"技术"一词源自古希腊语 techne,表示技艺、技能、本领。在我国古代,最接近于"技术"概念的是"工"和"巧",如"天有时,地有气,材有美,工有巧,合此四者然后可以为良"(《考工记》),指出精美器物的形成离不开天时、地利、材料和工巧各种因素的结合。"工"除了指官名、工具,也常指制作、加工技术,如"天工开物"。"巧"泛指技巧、灵敏,如"工巧过人"。近代以降,技术对自然科学理论的应用导致了技术的理论化倾向,出现了技术科学,技能、经验等主观因素在技术构成要素中已不再占主导地位,"技术"一词也转变成 technology,其后缀－ology 有"学问"、"学说"的意思。事实上,目前并存的对于技术的上百种定义之间相互融通,存在着某些相似性。这些定义可以简并、归约为狭义的"技术"定义与广义的"技术"定义两种基本类型。正如美国技术哲学家米切姆所言,"在通常的流行语言中,技术一词有狭义、广义之分——它们取决于工程技术人员和社会科学工作者运用这个词的不同方式。一开始就注意到这一点是很重要的,因为这两种用法之间的不同引出了一系列的概念之争,很容易由此造成分析上的混乱"。① 广义上的"技术"概念,是一个极其宽泛的定义。有的学者认为,一切讲究技能、方法的有效活动都可以称为"技术活动"。如陈昌曙先生指出:"所谓的广义技术,大体上指人类改造自然、改造社会和改造人本身的全部活动中所应用的

---

① 邹珊刚:《技术与技术哲学》,北京:知识出版社,1987 年,第 244 页。

一切手段和方法的总和,简言之,一切有效用的手段和方法都是技术(technique)。"①德国技术哲学家卡普在《技术与社会》一书中,把"技术"定义为"在一切人类活动领域中通过理性得到的(就特定发展状况来说)具有绝对有效性的各种方法的整体"。② 日本学者三木清指出,人类的一切有效行为形式都是技术,它既包括与自然科学密切关联的生产技术,也包括与社会科学相关联的社会技术,以及把人类客观化的人类技术。马克思·韦伯也形象地说:"技术就是这样被包含在每一项活动之中,人们可以说祈祷的技术、禁欲的技术、思考与研究的技术、记忆的技术、教学法的技术、政治与神权统治的技术、战争的技术、音乐的技术(比如某位名家的)、某位雕塑家或画家的技术、诉讼的技术等等,而且,所有这些技术都可以有一个极其不稳定的合理性阶段。"③按照广义的"技术"定义,一切人们称之为"术"的东西,如管理技术、宣传技术、医疗技术、军事技术,甚至魔术、巫术等都可以囊括进来。因此,我们还是主要讨论"技术"的狭义定义,即针对人与自然关系的技术,指那些应用于自然,并使天然自然改造成人工自然的技术。狭义的"技术"定义认为,技术是"人类为了满足社会需要而依靠自然规律和自然界的物质、能量和信息来创造、控制、应用和改进人工自然系统的手段和方法"。④ 狭义的"技术"界定给出的技术边界比较明确,即把技术限定于人与自然关系的领域,不超出人工自然的范围。这种"技术"的狭义定义有多种表现形式,具有代表性的观点主要有:方法技能说、劳动手段说和知识应用说。

---

① 陈昌曙:《技术哲学引论》,北京:科学出版社,1999年,第95页。

② 远德玉等:《论技术》,沈阳:辽宁科技出版社,1986年,第48页。

③ [法]让一伊夫·戈菲:《技术哲学》,北京:商务印书馆,2000年,第22页。

④ 陈昌曙:《技术哲学引论》,北京:科学出版社,1999年,第95页。

第一,方法技能说。这种观点将技术理解为人类的一种能力。有的学者认为,"技术"是人类用以改变环境的各种技能的总称。日本学者村田富二郎则指出,技术是"在生产现场中,直接或间接被充分利用的,只有经过特定训练的人所具备的能力"。① 这种对"技术"定义的观点重视技术活动中人的精神因素和经验积累,较为忽视技术作为物质手段和科学理论的作用,反映了人类社会早期对技术构成和技术本质的理解。

第二,劳动手段说。20世纪30年代,日本的一批学者最早明确提出这一观点。相川春喜在《技术和技术学的概念》中指出,技术是在生产过程中形成的劳动手段,并把"技术"定义为"劳动手段的体系",这个体系中的劳动手段不仅包括工具、机械、装置、工厂建筑等,还包括手、脚、大脑等人体器官。苏联的许多学者也持有这样观点,如认为"技术是社会生产的劳动手段的总和"(兹沃雷金);"技术是劳动手段、生产工具和一切用以提高劳动生产率的实物"(奥基戈夫)。② 这种观点将技术纳入客观物质的范畴,强调技术的物质因素,相对忽视了科学理论在技术构成中的地位。

第三,知识应用说。这种观点是在二战后批判"劳动手段说"的过程中,由日本学者武谷三男和星野芳郎等人提出的。这种观点主张,技术是人们在物质生产实践中对客观规律的有意识的应用。有的学者则进一步认为,技术是技艺的条理化和知识化,它与科学是等同的,甚至主张把技术作为科学体系中的一个门类。西蒙认为,技术是"关于如何行事,如何实现人类目标的知识";邦格主张技术是"为按照某种有价值的实践目的用来控制,改造和创造自然的事物、社会的事物和过程,并受科学方法制约的知识总

---

① 远德玉等:《论技术》,沈阳:辽宁科技出版社,1986年,第50页。

② 陈昌曙:《技术哲学引论》,北京:科学出版社,1999年,第96页。

和"。①诚然,在技术,特别是现代高技术中需要有坚实的科学理论基础。从事核技术活动的人必须有原子物理学的理论基础,搞遗传工程的必须懂得生物学和 DNA 结构。这种观点看到了近代以来科学知识对技术发展的重要作用,肯定了技术与科学的密切关联,但却相对忽视了技术本身的相对独立性。正如不能仅仅把技术归结为物的因素、实体因素(劳动手段),也不能把技术仅仅归结为知识的应用。在技术的发展过程中,有些技术成果是在已有技术基础上,通过移植、综合产生的,而不完全是科学理论直接应用的结果。

以上三种观点分别定义了"技术"在实践经验、物资设备、科学理论方面的属性,以静止的观点看待技术,未能动态地及多侧面地反映技术的本质属性。综合这三种观点,我们认为,技术是人类为了满足自身的需要,而在实践活动中根据科学原理和实践经验所发明和创造的各种手段和方式方法的总和。

二、技术的本质

关于技术本质的看法众说纷纭,至今学术界也没有形成统一的结论,我们倾向于认为技术在本质上"揭示出人对自然的能动关系,人的生活的直接生产过程,以及人的社会生活条件和由此产生的精神观念的直接生产过程"。② 技术是一种最基本、最重要的人类实践活动,体现了人与自然的能动关系。技术的本质就是人的本质或人的本质的表现,是一种直接生产力。

技术反映人与自然的能动关系,这种能动关系,只有在人的有目的的社会实践活动过程中才能体现出来。人类作为一个物种,要实现生存就必须寻求最基本生活需求的满足,而这种满足只有

---

① 　陈昌曙:《技术哲学引论》,北京:科学出版社,1999 年,第 97 页。
② 　《马克思恩格斯全集》卷 23,北京:人民出版社,1972 年,第 410 页。

在人的物质生产活动即劳动中才能实现。正是人类满足生存需要的劳动实践,以及人对物质生活资料的永无止境的追求,才赋予技术以特别重要的意义,使技术成为不可或缺的东西。人在改造自然以获取生存资料的实践过程中,总是要受到自身条件的诸多限制,很多时候必须借助一定的工具和手段,才能作用于客观物质对象,而技术就是人类实践活动的工具、手段和方法。它在人们改造自然和社会的实践中,起着延长人的自然肢体和活动器官、放大人的感觉器官和思维器官功能的作用。

技术作为人类在改造客观世界过程中,实现人类理性目的的手段,推动着人与自然关系的演化,并改变着人自身的自然。它不仅使人的身体发生改变,尤为重要的是使人的思维能力不断发展。正如恩格斯所言,"人的思维的最本质和最切近的基础正是人所引起的自然界的变化,而不单独是自然界本身;人的智力是按照人如何学会改变自然界而发展的"。①

技术作为实践中介,是人的创造物。技术的本质不过是人的本质力量的对象化。马克思通过对技术史的研究,进一步指出"技术是一种直接生产力"。在《政治经济学的形而上学》中,马克思明确地把技术作为生产力的一个要素,指出"机器如同拖犁的牛一样,不是一个经济范畴,而只是一种生产力"。在《资本论》中,马克思指出,"科学、巨大的自然力、社会的群众性劳动都体现在机器体系中",进一步说明了机器体系作为技术的物质手段也是生产力的思想。②

技术根植于人与自然的能动关系中,不仅作为生产力水平的标志,存在于物质生产过程中,而且也是人类社会生活关系形成、

---

① 恩格斯:《自然辩证法》,北京:人民出版社,1971年,第209页。

② 乔瑞金:《马克思技术哲学纲要》,北京:人民出版社,2002年,第26—27页。

存在和发展的根本力量和度量尺度。马克思把劳动资料同经济时代联系起来，指出"各个经济时代的区别，不在于生产什么，而在于怎样生产，用什么劳动资料生产"，并进一步指明，社会结构的不同经济时期是根据劳动者和生产资料（包括技术）的结合方式来划分的。不仅如此，技术进步还是社会生产关系变革的根本力量。马克思曾经把我国的指南针、火药、印刷术三大发明视为摧毁欧洲封建社会的锐利武器；欧洲封建势力曾把蒸汽机、电力和自动织布机看成比法国大革命的领导人巴尔贝斯、布朗基、拉斯拜尔"更危险万分的革命家"。

三、技术的基本特征

日本学者山胁与平在考察技术特征时，曾列举了技术的 15 种特性，即社会性、经济性、物质性、系统性、生产性、阶级性、革命性、保守性、历史性、选择性、容许性、规则性、手段性、动力性和控制性。我国学者则以动态性、综合性、系统性、整体性、交易性、层次性、保密性、地域性等作为技术的特性。我们认为，动态性、系统性和综合性是技术的基本特性。

（一）动态性

技术作为人类改造自然和社会的工具和手段，是一个历史范畴。它是在社会实践中产生和发展的。技术的发展会产生新的物质手段，人们运用新的物质手段进行生产，又会形成新的知识，获得新的经验和能力。如此循环往复，就会把技术推向前进。技术是知识、经验技能和物质手段等构成的复杂系统，然而，知识、技能和物质手段三者在技术系统中的结合不是静态的线性叠加，而是动态的有机整合的过程。技术整合的目的是发展社会生产，社会生产目标随着社会经济的发展总是处于不断变化之中，技术构成的各个方面也必然要随着社会生产目标的改变而进行动态整合，以适应发展社会生产的需要。因此，无论从技术的发展过程，还是从其构成来看,技术始终处于不断变化和发展的过程之中。此外,技术作用的发挥是由一定的社会主体参与而实现的,技术总是具有时代性和主体性的特征。不同时代的技术主体,或者同一时代的不同技术主体,由于环境不同以及主体性差异,技术的行为方式和实现途径必然不同,技术的内容和形式都是多样的、动态的。

（二）系统性

技术是由诸多相互联系、相互作用的要素或子系统按照内在必然联系而构成的具有确定功能的有机整体,是一个复杂的系统。任何技术系统内部必然是有结构的,且任何技术都是按照特定的方式结合起来的,不同的技术要素,或要素的不同结合方式,都会形成不同的技术系统和技术结构。不同的技术在技术系统中地位不同,所起的作用也不相同,总是会存在一些基础性或全局性的技术要素处于技术系统的核心地位,而其他一般的技术要素则与核心的技术要素按照一定的规范联结起来,形成技术系统的复杂结构。

技术系统是相对独立的,但任何一个技术系统,对高一层次的技术系统而言,又是作为其要素而发挥作用的。如信息技术系统、能源技术系统都是相对独立的,它们又是社会整体技术系统的构成要素。

技术系统具有整体性的功能。技术系统的整体性使社会环境中的任何因素都会引起技术系统的整体反应。

技术系统具有相对稳定性。技术系统一旦形成,就具有相对稳定性,这种稳定性是技术系统得以存在和发展的条件。但技术系统的稳定性有时也会排斥新技术,阻滞技术革新。如19世纪末,美国直流电技术系统对交流电技术的排斥,就阻滞了电力技术革命的进程。

技术系统的结构和功能相互依存、相互制约。技术结构决定其功能,技术功能又反映其结构,技术系统有什么样的结构就有什么样的功能,技术结构的变化会引起技术功能随之发生变化。

(三)综合性

技术是多种要素的综合运用。技术活动就是综合应用知识经验、技能、工具、设备等各种要素的过程。正如仅凭头脑中的经验、知识不能形成改变现实的强大力量一样,仅仅依靠物质性工具也不能自动地改造客观世界。任何一项新技术的产生和应用既不能离开精神性条件,也离不开物质性条件,既要运用已有的知识和经验,也要依靠一定的物质性手段。

四、技术的二重性

技术作为人对自然作用的能动关系范畴,既具有自然属性,又具有社会属性,受到自然和社会两方面的制约。这就是技术的二重性。

所谓技术的自然属性,首先是指技术作为用来延长人的肢体和活动器官的物质手段,都是天然自然或人工自然的产物。无论是在古代,还是现代,从石器、铜器、铁器等简单工具,到人手开动的复合工具,再到现代电子计算机和自动控制技术系统,这些物质手段都离不开自然物质基础。其次,技术活动本身很大程度上是一个自然过程,体现自然的必然性。如煤、石油的燃烧会产生热能,热能又可以转化为机械能和电能,这一过程体现了自然界能量守恒与转化的必然规律。与此同时,煤、石油的燃烧不可避免地会产生一氧化碳、二氧化碳、二氧化硫等气体,对自然环境造成有害影响。因此,人们在利用技术改造自然和社会过程中,必须符合自然界物质运动的规律,违背自然规律的技术是不存在的,即使是古代技术也不自觉地运用了自然规律,如最粗糙的原始石斧也是对尖劈原理的不自觉运用,近现代技术则更是人类自觉运用自然规律的结果,基因工程技术的产生和发展就自觉地遵守了现代遗传学和 DNA 双螺旋结构所揭示的自然界生物遗传的客观规律。

技术是人作用于自然的活动,任何技术活动都离不开自然这个基础,然而,技术又是人为的活动,是人的社会行为,脱离社会就不会存在技术活动。技术的社会属性首先是指,技术作为改造自然和社会的手段,必须服务于人类,且会受到各种社会因素的影响和制约。任何技术都有目的性,这种技术目的就是从事技术活动的人的目的,它是在人类社会中产生并随社会发展而变化的。不同社会的政治、经济、文化会形成不同的技术目的。如在一些人口稠密而粮食又不能自给的国家,提高农作物的单位面积产量成为重要甚至首要的技术目的;而在粮食完全自给的国家,则不会产生同样强烈的社会要求。其次,技术选择也具有社会性,技术只有满足社会需要才能为社会所接受,才能成为现实的生产力。古希腊时期,希罗曾发明历史上最早的蒸汽机原型,但由于当时社会的经济发展水平等社会因素的制约,它很难成为动力机械,只能成为贵族们的玩具,而只有到了工业文明时代,社会产生了对蒸汽动力机的现实需要,蒸汽机技术才能转化为现实的生产力。中国是技术大国,也是技术尤其是产业技术相对落后的国家,我国的技术发展要走自主创新与技术引进相结合的道路。在技术引进时要注意消化、吸收,考虑到我国技术基础薄弱等一系列社会因素,我们不仅要引进国际上先进的技术,还要适当引进中间适用技术。最后,技术的社会属性还表现在技术的运用所产生的社会后果上。蒸汽机技术应用大大提高了社会生产力,加速了西方封建统治的瓦解,导致资产阶级革命的胜利。医疗技术就其社会属性而言,无疑是为善的技术。医疗技术的进步,降低了婴儿的死亡率,延长了人的生命,使人能活得更健康、更长寿。然而,医疗技术的不断发展大大增加了医疗开支,从最初的听诊到 X 光透视,到 CT 及核磁共振检查,费用直线上升,各个家庭的医疗费用支出猛增以至于不堪重负。现代医疗技术使得出生仅 300 多克的早产儿也能成活,但护理费用却是正常婴儿的数十倍。医疗技术的进步导致人口数量的剧增,还会给就业、资源、粮食供应等方面造成压力。

技术的二重性是指技术的外部特性和技术的内部特性。技术的外部特性表示技术受外部条件和环境的制约和影响,内部特性表示技术有自身相对独立的运行过程。技术总是受到自然和社会的双重制约,我们必须看到技术二重性的辩证性质。对技术的认识和技术的应用都必须从技术的二重性出发,不能只强调一方面而忽视另一方面,只有这样,才能全面正确地认识技术本质。

第二节　技术的分类和结构

一、技术的分类

(一)技术的分类原则

技术分类是按照一定的客观原则和自身的不同属性,把众多的技术划分成不同的类别,以把握各种技术类别之间的区别和联系,了解各类技术在整个技术体系中的地位和作用,有助于我们正确认识技术的整体结构和体系,进而预见技术在纵向深度上的发展和横向广度上的交叉与融合。

对技术进行分类,需要遵循以下基本原则:

首先是整体性原则。技术的种类尽管很多,但各类技术并不是以孤立状态存在的,它们相互之间存在一定的联系。整体性就是强调各种形式和类型的技术之间的相互联系、相互作用,要求从总体联系上把握不同表现形式的技术类型。自然界是一个物质系统,具有内在的整体性,因此作为人与自然关系中介的技术,虽然有各种形式和类型,但也必然有着内在的统一性,从而与自然界的整体性相适应。

其次是层次性原则。恩格斯曾经指出:"物质是按质量的相对大小分成一系列较大的、容易分清的组,使每一组的各个组成部互相间在质量方面都具有确定的、有限的比值……可见的恒星系、太阳系、地球上的物体、分子和原子,最后是以太粒子都各自形成这样一组。"①层次性也是自然界物质系统的普遍特性。现代科学知识更揭示出自然界是一个无穷嵌套的多层次的立体网络结构,技术要与自然的多层次特点相适应,就必须具有层次性的特点。

再次是动态性原则。技术发展史告诉我们,人类利用和改造自然界,是一个从简单到复杂、从低级到高级、从无序到有序的动态过程。技术的产生和发展以及技术的分类也随之处于演化过程中。对技术的合理分类也不能墨守成规,既要体现各类技术的历史演变脉络,也要重视已经发生的现实变化。这就要求我们在技术分类中防止思维僵化,遵循开放式的动态性原则。

人的活动与技术密不可分,原则上说,有多少种活动就有多少种技术。从不同的角度出发,会有不尽相同的分类,根据上述的技术分类原则,我们可以确定相应的分类标准。

(二)按照技术的基本属性进行分类

技术具有自然属性和社会属性二重属性,据此可以把技术分为自然技术和社会技术两大类。

所谓的"自然技术",是在人类与自然界的相互作用中形成的一类技术的总称。它是指人们遵循自然规律,运用方法、技能以及物质手段变天然自然为人工自然的技术,也是整个技术领域中出现最早、最为重要的技术。人类生存和发展所必需的生产资料和生活资料都依赖这种技术。自然技术是人类与自然之间相互作用的中介,主要包括自然认识技术、自然改造技术以及一些过渡技术,体现了人对自然的能动作用。自然技术具体可分为实验技术、专业技术、工程技术和生产技术(产业技术)。

"实验技术"是根据现有的科学理论和科研目的,通过实验设

---

① 恩格斯:《自然辩证法》,北京:人民出版社,1971年,第248页。

计，使用科学仪器和设备，在人为条件下，控制或模拟自然现象的技能或方法的总和。一般而言，实验技术既是科学理论得以产生和发展的必要条件，又是检验科学理论的唯一手段。根据其与基础科学理论相联系方式的不同，我们可以将实验技术进一步分为天文观测实验技术、物理实验技术、化学实验技术、力学实验技术、生物实验技术以及地学实验技术等。

"专业技术"是与技术科学相对应的专门技术，是专门领域通用技术的统称，将技术科学理论与一定的物质手段相结合，应用于研究和开发不同对象，就产生了不同类型的专业技术。例如激光技术就是把激光科学应用于激光的研究和开发而产生的。专业技术以科学理论为指导，既是把技术科学理论转化为生产技术的桥梁，又是检验技术科学理论真理性的客观尺度。专业技术复杂多样，例如能源技术、材料技术、原子能技术、空间技术、海洋技术以及计算机技术都可以称得上是专业技术。

"工程技术"是运用一定的技术原理和物质手段，将天然自然转变为人工自然的，与应用科学相对应的关于各种产业部门技术的总称。它的构成包括规划、设计、工艺、制造、施工等阶段。工程技术是多种技术构成的综合体，其形成不仅要运用基础科学和应用科学理论，而且还要以某些经验法则和科学定律为依据。有效性是工程技术的首要特征。工程技术可以分为栽培技术、饲养技术、捕获技术、开采技术、交通技术、机械技术、动力技术和建筑技术等。

"生产技术"是专业技术和工程技术在生产中的进一步具体化，它是直接利用和改造自然的技术。专业技术和工程技术尽管也具有直接可用性，但只有把它们与具体的生产过程结合起来，才能发挥现实的生产力功能。

同自然技术相对应的是社会技术。技术不仅作为一种改造自然的手段，而且也被作为一种改造社会的力量应用于社会各个方面。社会技术是指人类社会为了满足精神和物质的需要而对科学知识和物质手段的应用。人类需求和目的的多样性也就决定了人类为了满足这种需求和目的所运用的社会技术的多样性和复杂性。军事技术、管理技术、医疗技术、教育文化技术、日常生活技术、社会公用技术等都属于社会技术。社会技术与自然技术在技术应用对象上有很大区分,但在技术内容构成上,却有很大的兼容性,绝大部分的社会技术都离不开自然技术的支撑。

（三）按照技术的基本运动形式的分类

恩格斯根据19世纪自然科学的研究成果,把自然界物质的运动形状划分为机械运动、物理运动、化学运动和生物运动等基本运动形式,据此,也形成了力学、物理学、化学、生物学四大学科的科学研究。同样,我们可以认为整个技术是由与基本运动形式相对应的四种基本技术构成的,它们分别是机械技术、物理技术、化学技术和生物技术。这四种基本技术的分化和组合构成了当今体系庞杂、门类繁多的各种类型技术。

机械技术、物理技术和化学技术是指运用自然界机械运动规律的力学方法、物理运动规律的物理学方法、化学运动规律的化学方法,建立人工机械、人工物理和人工化学的过程,从而改变自然界物质存在形式和运动状态的技术;生物技术是指运用自然界生物运动规律的生物学方法,改变生命存在形态与活动过程的技术。

应该说在人类历史的各个时期,都存在上述四种基本技术,只不过在不同历史时期,每种技术的地位和作用并不相同。在以农业为中心的古代社会,生物技术占据主导地位。从近代到现代,机械技术的主导地位逐渐让位于物理技术和化学技术。同时,随着物理技术和化学技术水平的提高,现代生物技术已经不限于生物细胞、个体和群体层面,而是深入到分子水平,实现对生物性质和状态的改变。据估计,未来的生物技术将可能重新成为主导技术。如此,生物技术、机械技术、物理技术、化学技术的主导技术沿革,就能在更高层次上开辟人类技术发展的新纪元。

（四）按照生产劳动划分的技术

生产劳动是指劳动者运用知识、经验和技能，并借助一定的物质手段对自然界进行利用和改造，以改变自然界物质运动形式和状态的劳动。生产劳动对象、过程等多样性决定了技术的多样性。

首先，按照生产劳动对象的不同，可以把技术分为物质材料技术、动力能源技术和信息通讯技术。材料是人类进行生产劳动的物质基础，也是人类文明进步的重要支柱。物质材料技术是这样一种技术：通过对各种原材料进行加工，以改变物质材料的性能、结构，并制成特定材料。它包括机械、冶金、化工等方面的技术。近年来，新材料的研究受到广泛关注，它主要包括高分子合成材料、新型金属材料、新型无机非金属材料等。人类对物质世界认识的深入极大地促进了新型材料技术的研究和开发。动力能源技术指的是开发自然界的各种能源，并转化为人类所需要的各种动力和资源的技术。如对煤、石油、天然气、太阳能、核能、地热能、潮汐能等的开发技术，以及把这些能源转变为煤气、成品油、电力等二次能源的生产技术。蒸汽机、内燃机、发电机、电动机等各种动力机械设备的研发也是动力能源技术的组成部分。信息通讯技术是指对语言、文字、数据资料等信息进行传输与变换，调节和控制各种仪器、设备的技术。如电报、电话等通讯技术，文献信息处理技术，情报技术，广播、电视等传媒技术，电子计算机技术，自动控制技术等。

其次，根据生产劳动过程进行技术分类，可以将技术分为农业生产过程中的技术、工业生产过程中的技术以及信息产业生产过程中的技术。农业生产过程中的技术包括植物栽培技术、动物饲养技术、育种技术等；日本学者星野芳郎将工业生产过程划分为 7 种类型，即采掘、原材料生产、能源生产、机械生产、建设、输送、信息处理，相应就产生了采掘技术、材料技术、能源动力技术、机械技术、建筑技术、交通技术、通讯技术;信息产业过程中的技术包括通讯技术(电话、广播、电视等)、系统技术(信息机械制造与服务业)、控制技术(计测控制产业)。

最后,根据生产劳动中的要素在生产部门的集中程度,又可以将技术划分为劳动密集型技术、资本密集型技术和知识密集型技术。

上述关于技术的分类,在一定程度上是与高新技术产生前的状况相适应的。随着高新技术的迅猛发展,人类的生产劳动发生了一定的变化,能耗、物耗在生产劳动中不断下降,知识、技能在劳动过程中不断提高,传统技术比重下降,高新技术越来越扮演重要角色。因此,我们要继续深入探讨技术的分类,以使对技术的划分更加合理。

二、技术体系和结构

(一)技术要素分析

从微观的单项技术分析,技术要素是技术本质的具体表现形式,是构成一定历史时期现实技术的基本元素。在关于技术本质的分析中,实际上我们已经构建了技术要素的框架,认为理论知识、经验技能、物资设备是构成技术的基本要素。目前,学术界关于技术的要素有许多种不同的看法,有认为技术分为多种要素的,如材料、能源、信息、机器、工具、目的、科学、工艺、经验、控制、能力、劳动对象等。这些要素,通过分析,我们可以将它们概括为:经验形态的技术要素、实体形态的技术要素和知识形态的技术要素,也就是理论知识、经验技能以及物资设备。所谓经验形态的技术要素是指在长期的生产劳动中形成的经验、技能等主观性的技术表现形态。经验是人们在长期的生产劳动中形成的对生产方式和方法等的知觉体验的积累和综合,而技能则是以经验、技术知识和劳动工具为基础,在生产劳动过程中形成的包括技巧、诀窍,体现主体活动能力的实际知识。经验技能可以分为古代以手工操作为基础的经验技能、近代以机器操作为基础的经验技能和现代以技术知识为基础的经验技能。实体形态的技术要素是一种客观性的技术要素，主要以工具、机器等生产工具为代表。它按照被操作和不被操作可分为技术手段（活技术）和技术成果（死技术）；实体形态的技术也可以按不同历史时期分为手工工具、机械装置和自控装置等。知识形态的技术要素是现代技术构成中的主导要素，主要指以科学为基础的技术知识。技术知识是人们在生产劳动过程中所获得的技术经验和理论，它可以分为经验知识和理论知识两种形式。经验知识是描述或记载生产过程和规范化操作方法的知识，而理论知识则是阐述生产过程和操作方法的机制或规律性的知识。一般认为，古代的技术知识是经验知识，现代的技术科学和工程科学则是以技术原理为基础的知识。[①]

通过以上简单分析，把技术要素分为经验形态、实体形态和知识形态较为合理。这三种形态的技术要素可分为两类，即人的因素和物的因素。人的因素体现为科学理论知识和经验技能；物的因素主要指工具、机器等物资设备。通常认为，人是主要的决定因素，物是被人创造的，是非主要的从属因素。实际上这种认识并不全面，技术活动中人的因素和物的因素始终不断地相互作用。人的因素离不开物的因素，并通过与物的因素相互作用而增长人的知识；物的因素也离不开人的因素，并通过与人的因素相互作用而逐渐完善工具、机器等。两种因素相辅相成，缺一不可，至于主要和次要的区分，要视具体情况而定。譬如，当有技术人才而没有足够的机器、设备时，物的因素就成为矛盾的主要方面；当有机器设备而缺乏操作机器设备的人时，人的知识、能力就成为决定因素。

---

①　陈昌曙：《自然科学的发展与认识论》，北京：人民出版社，1983 年，第 25、303～305 页

同样,在人的因素内部,也存在谁更重要的争论,即究竟是科学知识更重要还是经验技能更重要。对此,我们同样不能持简单的肯定一方而否定另一方的态度,在总体的技术活动中,科学知识和经验技能应该并重。

(二)技术体系

1.技术体系的含义

"技术体系"与"技术系统"的英译名都是 technological system,它们之间有着相似的含义,但在实际使用中,差别较大。一般而言,技术系统指的是与同一类自然规律及改造自然的规律有关的、相互联系的技术整体。如水电系统就是由水坝建筑、水轮装置和发电设备三种主要技术相互联系组成的技术系统。技术系统是由技术要素组成的,不同的技术要素之间的不同组合可以形成不同的技术系统。技术要素是多种多样的,其组合构成也是复杂的,这就形成了技术系统的复杂性。然而,如前所述,技术不仅具有自然属性,还有社会属性。因此,从各项技术构成的整体看,各项技术之间根据自然规律、社会规律,以一定的方式相互联结而组成的系统,就是技术体系。也就是说,技术体系是由相互联系、相互作用的各项技术组成的。技术体系是技术在社会中现实存在的方式,它把技术之间的联系同时放到社会条件下考察。一项技术产生后,能否在生产中得以应用,并与已有的技术联系起来,构成新的技术体系,除了该技术自身具有实用性外,还要有一系列的其他技术,如与之相应的新材料、新工艺、新动力技术和新知识等作为物质上和知识上的前提。与此同时,还需要有社会价值观念、文化基础,经济关系等各种条件的配合。

技术体系的形成和确立会受到不同国家、不同民族的价值观念、风俗习惯等具体条件的制约。世界上有共同的科学原理和技术原理,但没有由各种完全相同的技术所组成的技术体系。所有的技术体系都有其赖以生存的土壤。譬如世界各国都有汽车,尽管制造汽车的技术原理基本相同,但各国汽车的设计思想、外观造型以及材料结构都不尽相同。同一项技术在不同国家、民族和地区使用,其使用的效果、程度差别很大。

技术体系的确立也要受到社会经济条件的制约。有的技术已经成熟,完全可以投入应用,但由于在经济上不能产生效益或因为受到经济能力的制约,并不能在现有的技术体系中出现。如对工业生产中废弃物的综合利用,不仅可以减少环境污染,而且可以节约资源、减少浪费。对废弃物的回收利用,虽然技术上已经不是难题,然而需要大量的投资和采取复杂的技术措施,这就导致投入和回收不均衡。当今社会,我们在发展循环经济时,不仅要考虑技术、环境因素,也要考虑经济因素,即发展循环经济产业时,还要在一定程度上考虑经济上能否承受。

技术体系的形成还要受社会文化知识水平的限制。在技术体系中,如果技术主体的文化水平不高,则一些先进的工具、设备不可能得到很好的利用。我国在引进国外技术时,不能一味地追求先进,要考虑到我国国民素质的现状,适当引进中间适用技术,同时必须加强人员培训。

2. 技术体系的演化

技术体系是一个历史范畴,它经历着演化变迁。在技术体系中,存在先导技术、主导技术或主导技术群以及辅助技术之分。随着社会的发展和进步,技术体系中某些技术要素会从主导地位退到次要地位甚至退出技术体系,而另一些技术要素则会加入,并占据技术体系的主要地位。技术体系既具有相对稳定性,又存在自我演变、发展的内在因素。任何一个技术体系满足社会需要的潜力总有极限,当社会需要不断发展,而超过技术体系原有的满足社会需要的潜力时,相对稳定的平衡就会被打破,从而引起技术体系的演化。

日本学者星野芳郎通过对技术史的考察,从社会技术体系的角度提出了在近代技术史上曾经出现过的三次技术体系更迭。18世纪末到 19 世纪末是"第一技术体系"的形成和发展时期。这一时期,资本原始积累推动纺织业迅速发展,而纺织业的发展要求一种能够代替手工劳动的强大的动力能源,这就促成了蒸汽技术的诞生。蒸汽机技术的广泛运用带动了钢铁、采矿、机械加工和制造、交通运输、化学工业等各部门的技术变革。在"第一技术体系"中,蒸汽动力技术是主导技术,然而随着资本主义的发展,社会生产力高速增长,蒸汽动力技术已经不能满足社会需要,社会需要更强大和廉价的动力能源。蒸汽机技术逐渐退出技术体系,而电力和内燃机技术则取而代之,成为主导技术,从而形成了"第二技术体系"。主导技术的更替引起了一系列连锁反应,发电机、电动机的发明以及广泛应用,推动了新型材料技术的出现,一大批导体、绝缘体开始被认识并制造出来,控制技术等新兴技术也开始出现。"第二技术体系"从 19 世纪下半叶持续到 20 世纪上半叶,而从 20世纪 40 年代开始则进入了"第三技术体系"时代,至今仍在延续。这一技术体系发端于第二次世界大战,军事需求刺激了火箭技术、雷达技术、核能技术和电子计算机技术等的产生。20 世纪 60 年代开始出现一些尖端技术群,微电子技术成为主导技术,逐渐取代了"第二技术体系"。

（三）技术结构

从系统论的角度,任何技术系统或技术体系的功能都是由其内部结构决定的,而技术结构就是技术内部各种构成要素的组织形态和彼此之间的联结方式。技术联结方式多种多样,虽然无论何时、何地,技术结构都是由经验形态、实体形态和知识形态的技术要素构成的,但在不同时期、不同形态的技术要素结合方式却不相同。技术的联结方式决定了技术的结构,然而技术之间的联结并不能随意发生,否则将会影响技术结构的合理性。首先,各种技术必须围绕共同的目的结合成一个系统或体系。譬如,航天工业技术体系就是围绕宇宙空间的探索与开发,把火箭技术、人造卫星技术、自动控制技术以及电子、通讯、气象、材料、化工等相关技术进行整合的技术。其次,各种专门技术为达到一定的目的而组成一个技术体系或系统,要按照技术的各自特点,匹配成一个能够实现技术目的的功能整体。任何一个技术系统或体系,如果技术之间功能不匹配,则难以实现既定的目标。最后,各种技术联结成的技术结构还要受到社会的政治、经济、文化等方面的影响,任何技术结构都要与已有的技术基础、价值观念以及技术人员的素质相协调,否则难以发挥应有的功能。

技术结构是一种历史范畴,它是一种动态结构。技术结构总是反映一定历史时期的,一个国家、民族或地区的生产力水平和经济条件。根据技术要素在技术结构中的地位和作用,技术结构可以划分为经验型技术结构、实体型技术结构和知识型技术结构。这三种技术结构分别与农业社会、工业社会以及后工业社会相适应,形成相应历史时期的社会技术基础。

从历史的角度,技术经过了一个从简单到复杂、由低级到高级的发展历程。伴随着科学的兴起和发展,技术世界自下而上逐步形成基础技术、专业技术和工程技术的梯级结构。然而,技术世界的层次结构还不仅仅局限于这三个层次结构,不同技术形态之间的相干性和耦合性还会产生许多亚层次结构。技术世界的层次结构之间还存在着双向互动,沿着基础技术、专业技术和工程技术的阶梯方向上升,低层次技术要素是构成高层次技术系统的基础,也决定着高层次技术系统的性能,同时,高层次技术规范和制约低层次技术的发展。沿着工程技术、专业技术到基础技术的阶梯下降方向,低层次技术往往受到高层次技术发展需求的调控和引导,而且多是从高层次技术系统的建构过程中分化出来的,同时,它也离不开高层次技术发展的支持。

第三节 技术发展的动力与模式

技术作为人类改造自然的工具和手段,是由经验技能、实体、知识等要素构成的系统,前几节讲述技术分类、技术体系结构等,只是对技术进行静态的分析。技术的固有特征是它的过程性、动态性。只有把技术作为动态过程来理解,才能把握技术的本质及其发展的规律性。

一、技术的发展过程及发展动力

(一)关于技术起源的说法

任何技术,包括远古技术,都有其孕育、成长的过程,都是"从无到有"地演化过来的。近百年来,技术史家、技术哲学家对技术起源提出了多种不同看法,如技术起源于巫术,技术起源于劳动,起源于游戏、玩具,起源于好奇心、兴趣,起源于机遇,起源于社会需要,起源于科学知识或经验技能等。这些说法各有其不同程度的缺陷,也都有其理由和根据。

首先,对于技术起源于游戏,美国学者列文森在《玩具、借鉴和艺术》一文中列举了许多发端于好奇心和玩具的技术。如中国古代的火药和印刷术,近代的电话、留声机、照相机、电影、矿石收音机以及现代的电视机等。① 这些技术发明都不是为了生产需要,而是作为玩具,且开始只是个人在玩。作为工业革命强大动力之源的蒸汽机,最初出现也不是为了满足生产需要,而是出于游戏需要。公元前 2 世纪,古希腊人希罗就描述了一种游戏方法,即在锅上装一个有轴的球,锅下烧火,当产生的蒸汽通过轴进入球内并从球上小孔喷出时,球就转动起来。

---

① 陈昌曙:《技术哲学引论》,北京:科学出版社,1999 年,第 114 页。

其次,西班牙技术哲学家奥特加在《人与技术》一文中主张,技术起源于机遇,技术必须靠运气发现。如1608年荷兰眼镜商利贝斯海从孩子玩耍的近视镜片、老化镜片偶然发明了望远镜,并取得专利权;哈格里夫斯因家人无意中打翻了纺纱机,从而发明了纺锤竖装的珍妮机;1839年,美国人古德伊尔不小心将掺了硫黄的生橡胶碰到火炉,发明了硫化橡胶;1867年,瑞典化学家诺贝尔偶然将棉胶倒进硝化甘油里,导致安全烈性炸药的发明;1928年,英国医生弗莱明从培养葡萄球菌的实验中,意外地发现了青霉素。[①]技术起源于机遇,似乎在某种程度上否认了技术产生的规律性。然而,技术发明中运气和机遇确实又大量存在,不存在任何机遇的新技术才是不可理解的。技术起源于机遇与技术起源于游戏的说法都存在很大缺陷,但又有其合理性。

最后,得到公认的正统的说法是技术起源的需求论。生活需求、生产需求和其他各种生存需求决定着技术的产生和发展。如工业革命时期,对棉纱的大量需求推动了纺纱机械的发明,而棉纱大量生产又推动了织布技术的提高;纺织机械和矿井排水以及其他的动力需求促成了蒸汽机技术的发明和改进。某个时代、某个领域,如军事、医学的需求越强烈、越多样,在该时代、该领域的技术发展就越有动力,而且越多样化。然而,技术起源于需求的说法有时也会受到挑战。一些情况下,并没有明确的或强烈的需求,却出现了一些新的技术发明,譬如,电视机并不是因为人们有看电视的需求后才产生的;而在另外一些情况下,人们虽有明确而强烈的需求,但相应的技术却并没有出现,譬如,人们很早就有根治癌症等疾病的需求,但至今并没有令人满意的药物被发明。

(二)技术发展历程

技术作为一个历史范畴,我们还要探讨其发展演变历程。对

---

① 陈昌曙:《技术哲学引论》,北京:科学出版社,1999年,第114～115页。

于技术的发展演变,许多学者做过一系列探索。有的主张将技术史的分期按社会经济形态来划分;有的则认为应按工具到机器的发展来划分技术史;有的学者主张按照当时占统治地位的技术概念作为技术史分期的划分依据等等。虽然众说纷纭、观点不一,但也存在相同之处,即考虑技术发展状况与社会文明的内在关联,从技术发展的内在规律来把握技术发展的历史进程。

1.古代手工时代的技术

这一时期,从远古时代直到公元 15 世纪末,包括中国封建社会和欧洲中世纪的手工技术发展时期,以材料及其加工技术为主导,经过数百年的历史发展,在古代人类文明史上占据了重要地位。

(1)石器时代的技术

石器时代指的是从人造石器的出现到青铜时代开始的这段时期,大约 300 多万年的历史。根据石器的加工方法和特点,石器时代又可以分为旧石器时代、中石器时代和新石器时代。考古发现表明,原始时代第一个重要的技术发明就是石器的制造和使用。

旧石器时代相当于人类文明史从原始群落到母系氏族公社出现的阶段。在旧石器时代,人们主要用打制的方法把石块加工成薄片,制造出石刀、石斧等工具。一般认为制造打制石器的方法有锤击法、压制法等。石器在当时成为原始人改造自然最有力、使用范围最广泛的工具。原始人从利用砍削器到在其上装入木柄或骨柄制成石刀或石斧,表明人类除了懂得利用尖劈原理外,又懂得了利用杠杆原理。到了旧石器时代晚期,人们学会用火,通过撞击或摩擦,获得了把机械能转化为热能的经验,从而使火成为人类征服自然的有力武器。

中石器时代大约距今 15000 多年,是旧石器时代向新石器时代的过渡阶段。此时,打制石器的制作开始采取琢磨技术,按照需要对石器进行磨光、钻孔等。

大约10000年前,人类开始进入新石器时代,磨制石器是主要代表。根据用途不同,用不同的加工方法将石块打制成石器,然后磨光,从而制造出有锋利刀口的石器。原始人已经懂得将石器与其他工具组合成复杂的工具,原始人也从采集、渔猎为主的生活过渡到以农业、畜牧业为主的生产活动。

在石器时代,原始的制陶技术出现,并且经过很长时间的发展,人们先后掌握了淘洗、制坯、装饰、烧制等各道工序。冶金技术也在制陶技术的基础上发展起来。制陶和冶金把古代材料的加工技术引向了新的方向。

(2)铜器时代的技术

考古证明,铜器时代始于公元前5000年左右,其对应的社会形态是奴隶社会。这一时代是以青铜冶铸为核心的各种技术相互联系、相互作用而构成的一个技术时代。最早的冶金技术便是自然铜锻铸技术,自然铜便是纯铜,又称"红铜"。后来,红铜技术发展为铜合金技术,其制造出的产品称为"青铜"。与高度发达的青铜工艺相适应,这一时代的陶瓷、玉石、骨角等材料加工制作技术也有了新的发展。冶铸技术代替打磨技术是材料加工技术的一次质变,它不但奠定了铜器时代的基础,而且为铁器时代的到来做好了技术上的准备。

(3)铁器时代的技术

铁器时代对应的历史时期主要是中国的封建社会时期和欧洲的中世纪,它主要是指以铁的锻铸为核心的各种技术相互影响、相互作用而构成技术体系的历史时期。据考证,最早冶炼出铁的是公元前13世纪两河流域的赫梯人,古埃及和古希腊则是最早进入铁器时代的国家,中国虽然在公元前7世纪才开始炼铁,起步较晚,但起点较高。铁器比铜制品硬度高、刚性好,更适合于制作生产工具。铁器工具的使用,"使更大面积的农田耕作、开垦广阔的森林地区成为可能";同时,铁"给手工业工人提供了一种其坚固和锐利非石头或当时所知道的其他金属所能抵挡的工具"。①

（4）古代动力技术和信息技术

古代社会虽然经历了石器时代、铜器时代和铁器时代，使物质材料及其加工技术成为文明社会中的技术主导，但由这种主导技术发展带来的能源技术和信息技术业还未发展到一定水平。

随着材料加工技术的发展和生产工具的不断改进，人们开始寻求自身体力以外的动力之源。人类最早使用的外在动力是畜力，以牛、马等牲畜作为动力之源。风力、水力也逐渐成为有条件地方的重要动力，风车、水车、风帆等都成为古代动力技术的典型。公元 8 世纪，中国出现的火药技术是古代动力技术的一大创举。火药和火药武器传到西方，为资产阶级掌握，"把骑士阶层炸得粉碎"，是资产阶级登上历史舞台"最强大的杠杆"。② 其他的三大发明——造纸术、印刷术、指南针是古代信息技术的典型代表。它们经阿拉伯人传到西方，对世界产生了重要影响。弗朗西斯·培根爵士明确指出："作为欧洲文艺复兴中巨大变革的原动力的三大发明——印刷术、火药、磁罗盘都是中国文明而非欧洲文明的产物。"③根据这位英国哲学家的说法，文学艺术、军事技术和航海术的革新都要归功于这三大发明。指南针、印刷术和火药也被马克思称为"预告资产阶级社会到来的三大发明"。④

2. 近代工业社会的技术

与古代手工技术相比，近代工业技术发生了重大变化。一方

---

① 恩格斯:《家庭、私有制和国家的起源》,《马克思恩格斯选集》第 4 卷159 页。

② 《马克思恩格斯全集》卷 47,北京:人民出版社,1972 年,第 427 页。

③ ［美］乔治·巴萨拉著,周光发译:《技术发展简史》,复旦大学出版社,2000 年,第 185 页。

④ 《马克思恩格斯全集》卷 47,北京:人民出版社,1972 年,第 427 页。

面,材料加工技术的发展以及大型工具机的出现对动力技术提出了新的要求,技术体系内在矛盾的焦点由材料技术转移到能源动力技术上,能源动力技术成为近代工业技术体系的主导技术;另一方面,中国在这一时期逐渐丧失了技术领域的领先地位,退出技术先进国家的行列,世界技术中心也由东方转移到西方。对整个技术体系乃至社会政治经济结构产生重大影响的第一次科技革命和第二次科技革命都发生在这一时期。

(1)蒸汽动力技术的发展

用蒸汽作为动力的想法在很早以前就出现过。公元前1世纪,古埃及人希罗曾经设计用蒸汽作为反冲力的装置,但由于当时社会缺乏对蒸汽动力的需要,这种发明创造只能作为一种玩具。达·芬奇也曾描述过一种蒸汽炮,他把水滴到一个灼热的表面上,利用水汽化所产生的瞬间膨胀把炮弹射出。近代社会,蒸汽机是作为解决矿井排水问题而出现的,同时,近代科学的发展和工场手工业的进步也为蒸汽机的产生提供了理论和技术上的准备。1690年,制成世界上第一台带活塞的蒸汽机的是法国物理学家巴本,他利用真空让大气压做功的原理制造了这一动力机械。1689年,英国工程师塞维利在巴本蒸汽机的基础上,发明了专门用于矿井抽水的蒸汽泵,解决了矿井抽水的难题,被矿工称为"矿工之友"。1705年,英国工程师纽可门设计制造出蒸汽机。纽可门机是在巴本机和"矿工之友"的基础上设计的,而且其性能更优越。它不是依靠蒸汽压力而是依靠大气压力工作的,锅炉的安全性高,热效率也有所提高,因而广受欢迎。但纽可门机仍然存在能耗大、应用范围有限等诸多缺陷。学徒出生的瓦特对纽可门机做出了革命性的改进。他首先解决了纽可门机的热效率问题,1765年,瓦特为改进纽可门机的设计单独安装冷凝器,解决了纽可门机因汽缸的热冷交替造成热量大量损失的问题。后来,他又改用铁来制造蒸汽机的汽缸和活塞,并提高汽缸的加工精度,解决了蒸汽机的漏气问题。1782年,瓦特把蒸汽机由单向作用改为双向作用,使蒸汽动力得到充分利用。此后,瓦特又着手解决蒸汽机的往复运动问题,1781年,他为解决蒸汽输出功率的平衡调节问题,设计制造了飞轮转动装置。1783年,通过安装曲柄连杆,瓦特制成旋转式蒸汽机。此后,他又发明了离心调节器,实现了蒸汽机的自动控制。瓦特机因其优越性能而很快被广泛应用,机械制造业也因大量制造瓦特机而兴旺发达起来。瓦特机引起了一系列技术革新,把工业革命推向高潮,也逐渐形成了蒸汽—机器技术体系。

(2)电力技术的发展

蒸汽动力技术从根本上改变了人类的生产方式,提升了科学技术在生产中的地位,为资本主义的最终确立奠定了强大的物质技术基础。然而,蒸汽动力由于技术的局限性,如热效率不高、动力传输方式笨重等,并不能满足社会对动力的需求,人类对新动力的探索从未停止过。随着社会生产的发展,原有的以蒸汽动力为中心的技术体系的矛盾也日益表面化,电力技术的产生和发展就十分必要和迫切了。19世纪以来的自然科学在各个领域的全面发展,为技术上的革新提供了科学前提。以电力为中心的技术在原有的技术体系中孕育,并在19世纪中叶以后逐渐运用于社会生产,由此引起以电力为中心的技术革命。

1820年,丹麦物理学家汉斯·克里斯琴·奥斯特发现了电磁现象,他宣布通电流的导体在它的四周产生磁效应,揭示了电、磁转化的内在规律,为电动机的发明奠定了理论基础。英国物理学家迈克尔·法拉第经过10年的艰苦探索,于1831年提出了电磁感应定律,即当闭合电路的磁通量发生变化时,线路里就能产生感应电流,其电动势的大小与穿过闭合线路的磁通量变化率成正比。这一发现提供了发电机的基本原理。1864年,经典电磁理论的集大成者、英国物理学家麦克斯韦把全部电磁学理论概括在一组方程式中,对各种宏观电磁过程进行了统一的解释。

电力技术革命是从电动机的发明开始的,电动机早于发电机出现是由于伏打电池的发明。1800 年,伏打发明了电池,不仅为电学研究提供了稳定的电流,也为电镀、电解、电照明技术提供了能源。1821 年,法拉第制成了带电导体围绕直立磁铁旋转的实验模型,这是世界上第一台用化学电池驱动的电动机雏形。此后,各国科学家先后制造出各种形式的电动机模型,为实用电动机的发明奠定了基础。1822 年,法国人阿拉哥发明了电磁铁;1834 年,德国科学家雅可比使用电磁铁制成了第一台实用电动机。所有这些电动机使用的都是化学电池的能源,然而化学电池由于能量小、成本高,无法满足电动机发展的需要,电动机要想取代蒸汽机作为生产动力,则必须寻找新的电源,因此,在电动机发展的同时,发电机也在研制。最初的发电机使用的是永久磁铁,但它无法提供强大的电力,后来英国物理学家惠斯通将永久磁铁改为电磁铁。1864 年,英国技师威尔德提出了自激式发电机原理,而将这一原理转化为实际应用的则是威尔纳·西门子。1866 年,西门子研制成具有划时代意义的第一台自激式发电机,从而使获得强大电力在技术上成为可能。为适应电力技术发展,输电技术也突飞猛进。1882 年,德国人德普勒建成世界上第一条直流输电线路,尽管全长只有57 公里,但恩格斯对此给予了高度评价:"德普勒的最新发现,在于能够把高压电流在能量损失较小的情况下通过普通电线输送到迄今连想也不敢想的远距离……这一发现使工业彻底摆脱地方条件所规定的一切界限,并且使极遥远的水力利用成为可能,如果在最初它只对城市有利,那么到最后它终将成为消除城乡对立的最强有力的杠杆。"[1]

电力技术最初不是用来做动力,而是用于照明。19 世纪初,英国科学家戴维用伏打电堆产生电弧,开创了电照明的历史。

---

① 《马克思恩格斯选集》卷 4,北京:人民出版社,1972 年,第 533 页。

1878 年,英国化学家斯旺制成了可实际应用的真空白炽灯,但使用寿命很短。最值得一提的是发明家爱迪生在经过无数次实验失败之后,研制成功耐用的白炽灯泡。他一生获得 1300 多项发明专利,被后人誉为"把电的福音传播人间的天使"。

电力技术革命不仅存在于电动机、发电机、电输送和电照明等"强电"领域,还存在于电报、电话、无线电等"弱电"领域。

电报是利用电能作为信息传媒的最早技术。奥斯特、安培、亨利都为电报发明做出过贡献。1837 年,美国人莫尔斯发明了实用电报机,并发明了一套莫尔斯电码。随着电报线路和海底电缆的铺设,电报已经成为重要的通讯工具。美国人贝尔经过多次实验于 1875 年研制成功第一部电话。有线电报和电话的发明是人类通讯方式的一次根本性变革,但这种通讯方式的使用要受到线路的限制。在这种情况下,无线电技术应运而生。1894 年至 1895 年间,俄国的波波夫和意大利人马可尼几乎同时实现了无线电的传播和接收。1901 年,马可尼实现了穿越大西洋的无线电通讯。

蒸汽机技术和电力技术作为近代工业技术体系的先导技术,掀起了两次技术革命狂潮,带动了一大批相关领域技术的革新。蒸汽机技术的发展有力地推动了机器制造技术、金属冶炼技术、化工技术以及交通运输技术的迅猛发展。如果将蒸汽机的技术革命称为"第一次技术革命",则以电力的发明和应用为中心的技术革命可称为"第二次技术革命"。第二次技术革命是在电力为中心的包括钢铁技术、内燃机技术、有机合成技术、无线电通讯技术等一群技术的基础上发生的,这次技术革命使原有的蒸汽—机器技术体系的各方面都发生了变革。材料技术以钢铁材料技术为主,有色金属材料技术、有机合成材料技术产生并有所发展;电力、内燃力技术逐渐代替蒸汽动力技术;出现了有线电与无线电并用的信息传输方式;机器系统以电力为动力,使工作机、传动机、动力机形成一个集中整体,并逐渐产生了专门的控制机。

3. 现代信息社会的技术

19 世纪中叶开始,技术与科学的关系发生根本变化,科学理论逐渐走到技术发展的前面。进入 20 世纪,这种趋势更为明显,许多重大技术发明,如计算机技术、原子能技术、电子技术、生物技术等无不是在自然科学取得突破性进展的情况下取得的。科学技术化和技术科学化使技术与科学之间的联系越来越密切,技术的发展已经离不开科学的指导。现代技术的发展使主导技术和技术群发生了变化,以电子计算机为代表的信息技术居于技术体系的主导地位,起着带头作用。

(1)电子计算机技术

电子计算机技术是现代技术革命,即第三次技术革命的核心技术。1904 年,英国人弗莱明制成第一只二极管;1905 年,美国物理学家德福雷斯特在二极管正负极之间加上一个栅极,制成三极管。二战期间,受到军事需求的强烈刺激,美国宾夕法尼亚大学莫尔学院的莫斯莱组织研制电子计算机。1945 年底,莫尔小组制成世界上第一台电子计算机,被称为"电子数值积分和计算机"(ENIAC),ENIAC 一共有 18000 多个电子管、70000 多个电阻、10000 个电容、15000 个继电器,重达 30 多吨,占地 170 平方米,实际造价约为 48 万美元。ENIAC 的一个最大问题就是预先花费的准备时间过长,几分钟或几小时的计算工作,其准备工作往往需要花费几小时甚至一两天时间。在 ENIAC 研制的同时,出生于匈牙利的美国数学家冯·诺伊曼设计出一个全新的存储程序通用的电子计算机方案——EDVAC 方案。新方案把 10 进位制改为 2 进位制,并且实现了程序内存,对 ENIAC 做了重大改进。1949 年,英国剑桥大学造出第一台按 EDVAC 方案设计的计算机,电子计算机从此进入工业生产阶段。1947 年,美国贝尔实验室研制成晶体管,1950 年又发明了晶体三极管。在微型化晶体管的基础上,又出现了集成电路、大规模集成电路以及超大规模集成电路,促进了电子计算机的升级换代。人们通常把电子管计算机称为"第一代";把1959年诞生的晶体管计算机称为"第二代";把1964年美国IBM公司使用集成电路制成的360系列电子计算机称为"第三代"。20世纪70年代,由于大规模集成电路的问世,电子计算机朝巨型化和微型化方向发展,开始计入第四代。据估算,从第一台电子计算机问世以来,其发展大致为平均5年提高10倍速度,很难预料今后的电子计算机将如何发展,但可以肯定的是,电子计算机技术开辟了一个信息化时代,对人类的生产和生活产生了重大影响,并且还将发挥越来越广泛的作用。

(2)核能技术

核能即原子能,其开发和利用的科学背景是20世纪初的物理学革命。许多科学家都认识到原子核里蕴藏着极大的能量,但很多人对原子能的利用抱悲观态度。卢瑟福认为:"把原子嬗变看作是一种动力源,只不过是纸上谈兵而已。"玻尔更是说:"我们关于核反应的知识越广,离原子能用于人类需要的时间就越远。"然而,1895年、1896年、1897年法国物理学家伦琴、贝克勒尔和英国物理学家汤姆逊分别发现了X射线、天然放射性和电子。这三大发现打破了原子不可再分的神话,为原子能开发提供了理论基础。20世纪初,爱因斯坦创立了狭义相对论,提出质能关系式即$E=mc^2$,这个公式揭示了质量和能量可以相互转化,并且预言了以极小的质量转化为巨大能量的可能性。1934年,意大利物理学家费米用中子轰击铀元素实现了原子核裂变。1939年,奥地利物理学家梅特纳公布与德国物理学家哈恩的实验结果,指出铀裂变后的总质量小于裂变前的质量,减少的质量转变为很大的能量。同年,法国物理学家约里奥等发现裂变过程中铀核会释放2~3个中子,而这些中子又会去轰击别的铀核,引起新的核裂变反应,这就是链式反应理论。链式反应理论指明了核能利用的现实可能性。二战期间的军事需求直接刺激了核能技术的发展,爱因斯坦等科学家给美国总统写信,指出要抢在希特勒之前研制原子弹。美国总统罗斯福最后被说服,专门成立一个机构,由奥本海默领导实施原子武器计划,这就是"曼哈顿工程"。1945年春,美国制造出三颗原子弹,一颗试爆,另外两颗投放到日本的广岛和长崎。战后,原子能的和平利用也被提上日程。利用原子能进行核发电比制造原子弹要复杂和困难得多。核电站的建设要充分保证核裂变反应的安全性,并且要很好地处理核废料。20世纪50年代,美国建成一座试验增殖反应堆发电站,苏联建成世界上第一座实用型原子能发电站。20世纪60年代,核发电逐步进入实用阶段。到1991年底,世界上已有26个国家建成420座核电站,总装机容量3.27亿千瓦,占全世界总发电量的16%。目前,科学家们正在探讨可控热核聚变问题。热核聚变原理已为人们所知,但对于应用它的具体条件,人们尚未找到答案。尽管核聚变能源技术的成功应用困难重重,但它能够解决人类目前面临的能源危机问题,因而有广阔的发展前景。

(3)高新技术群的发展

20世纪50—70年代,以信息技术为主导的新技术革命引起高新技术群体的迅速崛起,对社会的产业结构、经济结构和社会结构产生深远影响。被世界各国认同,并列为21世纪重点开发的高新技术群主要包括信息技术、新材料技术、新能源技术、空间技术、海洋技术和生物技术。

信息技术是以计算机技术为支撑的信息获取、传输、处理和控制技术。现代信息的传输、处理和控制都离不开计算机技术。计算机的广泛运用,不仅推动了以数字传输和数字交换为核心的电话综合数字网的建设,而且大大推进了数据、图像等非语音通讯业务的发展。在电话综合数字网的基础上又建成综合业务数字网(ISDN),综合语音、数据和图像等各种业务进行数字传输、交换和处理。但真正开辟通信网络新纪元的是互联网。1993年,美国政府提出要在全国范围内建立信息高速公路。几乎与此同时，日本和欧洲的一些国家也相继实施信息高速公路计划。在一两年的时间内，信息高速公路建设遍及全球，以技术史上罕见的速度建成国际互联网。

新材料技术是其他各项技术的基础保障，它的发展不仅促进了信息技术和生物技术的革命，而且对制造业和人们的生活方式产生了重大影响。新材料包括金属材料、无机非金属材料、有机高分子材料以及先进复合材料等。目前，美国、日本、欧洲等发达国家和地区高度重视新材料技术的发展，将它列入 21 世纪优先发展的关键技术之一。

新能源技术，如核能技术、太阳能技术、地热能技术、海洋能技术、洁净煤技术等，受到各国的普遍重视。太阳能住宅、太阳能汽车、太阳能电池等都是太阳能利用的技术成果。地热能的用途也非常广泛，目前主要用于发电。世界上第一座地热发电站于 1904 年在意大利建成。20 世纪 60 年代以后，地热能受到普遍重视，目前世界许多国家都在积极探索地热能的开发和使用技术。海洋能包括潮汐能、波浪能、海流能等可再生能源，潮汐能发电是从 20 世纪 50 年代开始的，法国朗斯河口发电站是目前最大的潮汐发电站。

空间技术又称"航天技术"，是探索、开发和利用太空和地球以外天体的综合性工程技术，其中包括喷气技术、电子技术、自动化技术、遥感技术、新材料技术等等。1957 年，苏联成功发射世界上第一颗人造地球卫星，成为人类进入航天时代的标志。此后，航天技术在半个多世纪里获得迅速发展。中国在 21 世纪初也由神州系列飞船实现了载人航天飞行以及外太空漫步的梦想。

现代意义上的生物技术主要包括基因工程技术、细胞工程技术、生物转化工程技术（酶工程技术）以及发酵工程技术。基因工程技术又称"基因拼接技术"和"DNA 重组技术"，它是在分子生物学基础上发展起来的一项新技术。1953年,沃森和克里克发现了生物体遗传的 DNA 分子双螺旋结构,揭开基因工程研究的序幕。1972年,诞生了世界上第一批重组的 DNA 分子。基因工程目前已经广泛渗透入细胞工程、酶工程和发酵工程,有效带动了生物技术的整体发展。

（三）技术发展的动力

技术发展是技术体系内部各种因素相互作用以及社会与技术体系矛盾运动的必然结果,它既包括单项技术以及技术体系的发展与完善,也指更广泛意义上的天然自然向人工自然发展的过程。从技术发展史可以看出,每一次技术革命都使经济加速发展,都给社会带来了巨大变化,都影响着人类的历史进程。对技术发展动力的研究要从多角度、多层面切入,只有将技术内部矛盾因素与外部环境因素有机结合和辩证统一起来,才能真正理解技术发展的现实推动力。

1. 社会需要是技术发展的动力之源

技术作为动态过程,和其他人类实践活动一样,包含活动的主体和客体两个基本方面。技术活动的主体指的是技术活动的发起者、执行者,而技术活动的客体则是技术活动的对象。技术不可能凭借自然本身而产生,它是伴随着人类的产生而产生的。因此,要探寻技术发展的动因不能到技术活动的客体中去寻找,只能到具有意识活动的主体——人自身去寻找。人的一切行为和活动都是来自于自身的需要,技术活动也是由于需要而产生的。技术发展的历史表明,人类为了满足生存的需要,就要认识自然和改造自然。认识自然的活动推动了科学的发展,而改造自然则必须借助于一定的工具和手段,这就导致了技术活动的发生。人类不停地认识自然和改造自然的目的就是为了满足自己的物质和精神生活的需要,而技术恰恰是人们实现生活目的的手段。

人的一切活动和行为都是从人的需要出发的,技术活动也不例外。辩证唯物主义和历史唯物主义主张人和社会是统一的,人的需要要通过社会需要表现出来,社会需要是人的需要的集中体现。因此可以说,技术发展就是满足社会生产活动的需要而产生的必然结果,社会生产活动促使人们创造新的技术手段和技术活动方式。当技术手段达到一定水平,技术活动方式上一个新的台阶时,社会发展又会产生新的需要,而新的社会需要又促使人们创造更新的技术手段和活动方式。社会需要与技术实践活动相互影响、相互促进,构成了技术发展的历史,也促进了人类社会的发展。技术不是孤立的,尽管技术本身有相对独立性,有独立的结构和功能,但是在实际的技术活动中,技术并不能完全脱离社会而独立运行。技术作为一个系统,是存在于社会系统中的,是作为社会系统的一个子系统。可以说,社会是技术存在的基础,技术不能脱离社会而存在,社会需要是技术存在和发展的前提条件。在不同的社会历史条件下,人们对技术有着不同的要求,因此,不同国家、地区以及不同的历史阶段,技术实践活动都会有很大差别。不同的技术条件和技术活动方式对经济、社会推动作用也大相径庭。随着人类社会的发展,人们对生活的追求越来越高,对满足高生活水平的技术手段和技术行为方式的要求也越来越高。而社会对技术活动要求越高,就会越好地推动技术发展。恩格斯在谈到社会需要对技术发展的作用时曾指出:"社会一旦有技术上的需要,则这种需要就会比十所大学更能把科学推向前进。"[①]古希腊人希罗很早以前就制造了蒸汽机的模型,但由于当时缺乏以蒸汽机作为动力的社会需求,这种模型长期以来只能作为玩具。而到了工场手工业迅速发展的工业革命前夕,社会生产的发展产生了以蒸汽机作为动力的迫切需求,蒸汽机不断得到改进,蒸汽动力技术迅速发展。

---

① 《马克思恩格斯选集》卷4,北京:人民出版社,1972年,第505页。

历史唯物主义认为,社会存在决定社会意识,社会的物质需要是技术发展的主要动力。社会物质需要的满足要靠发展经济来实现,而经济的发展则离不开技术创新和发展。在自然经济时代,人们的劳动产品只有在满足自己的直接消费后,才拿去交换,生产的自给自足性使社会对技术的需求并不迫切,导致生产技术设备的更新极其缓慢。而当人类历史进入商品经济时代,工场手工业的生产本质上是商品生产,尤其在资本主义社会,资本家生产的目的就是为了获取最大的利润。商品生产者之间形成激烈的竞争,"两极分化、优胜劣汰"是激烈竞争的残酷现实。在关系到切身利益和生死存亡的竞争压力下,人们会通过各种方式增强竞争实力,开发或引进新技术,加快技术发展越来越成为增强竞争实力的主要途径。这种社会竞争的需要极大地刺激了技术的发展,成为技术发展的外部动力。譬如,商业竞争促进了营销技术创新;军事竞争推动了军事技术的迅速发展;市场竞争推动了产业技术的迅速变革。"谁拥有先进技术,谁就掌握了所属竞争领域的主动权,谁就能赢得竞争的最后胜利"。[①] 激烈的社会竞争,必然会引起人力、物力向技术领域的转移和集中。加大技术开发的投入力度,从而加快技术发展。当然,我们不能一味地强调竞争,而忽视合作在技术发展中的作用。竞争是相对合作而言的,可以说,竞争中有合作,合作中有竞争。事实上,许多重大技术创新都是通过社会合作来实现的。

技术系统作为社会的子系统,它与社会的经济、政治、军事、文化等密不可分,技术的发展要受到社会的经济、政治等条件的直接影响。技术活动既能推动社会的发展,同时,它又离不开社会政治、经济、文化等子系统的支持。良好而稳定的政治环境是技术发

---

① 刘大椿主编:《自然辩证法概论》,北京:中国人民大学出版社,2008年,第325页。

展的外部条件,经济系统的良性运行可为技术发展提供资金支持,文化教育则为技术发展提供智力和人才支持。

2.技术内部矛盾是技术发展的主要动力

辩证唯物主义认为,任何事物发展的动力都来自于事物内部的矛盾。技术作为相对独立的技术体系和系统,总是处于不断的发展变化之中,而引起技术变化的动力主要来自技术内部的各种矛盾,其中技术目的和技术手段就是这样一对基本矛盾。

如上所述,技术发展受到社会需要的推动。社会需要是多方面的,其本质就是人的需要。无论是生产需要还是生活需要,归根结底都要通过改造自然、创造人工自然物来满足,于是作为人与自然关系中介的技术就得以产生。社会需求是推动技术发展的动力之源,但这种社会日益增长的物质文化需要还必须通过设定技术目的才能转化为推动技术发展的现实力量。技术目的是社会需求的技术表达形式,是对技术发展方向和技术系统功能所做的设定。

人类在改造自然的活动中所使用的任何技术手段,在安全性、经济性、适用性、可靠性以及效率等方面都有极限,不可能一劳永逸地满足社会日益增长的生产和生活需要。这样,人类新的、较高的技术目的与现有的技术手段之间就会经常产生矛盾,这种矛盾就构成了技术发展直接的内在动力。当原有的技术手段不能很好地为实现新的技术目的服务时,就必须对原有的技术手段进行更新,或者创建新的技术手段,扩大其功能或提高其效率。在新的技术手段的应用过程中,又可能会与其他相关技术存在不兼容的问题,进而会推动其他相关技术的创新,促进与其相关的一系列新技术的出现,从而推动整个技术体系的发展。如在二战期间,为了满足快速、准确地计算防空弹道的需要,人们发明了计算机;而为了提高计算机的性能,又推动了晶体管和半导体材料的诞生;后来为了进一步扩展计算机的功能和提高计算效率,又促进了集成电路技术、单晶生长技术以及磁性材料技术等的发展。

技术目的根源于人的需要,是经常处于变化之中的,是技术目的与技术手段矛盾的主要方面,而技术手段的结构和功能往往相对稳定,是这一矛盾的次要方面。技术目的与技术手段的矛盾总是不断产生和不断得到解决,这一矛盾总是处于动态的平衡之中。我们要辩证地看待技术目的与技术手段的矛盾关系,不能只强调技术目的的主动性而忽视技术手段的反作用。

技术内部矛盾复杂多样,任何要素之间都存在错综复杂的矛盾。除了技术目的与技术手段这一对基本矛盾,还存在着诸多矛盾,如劳动工具和人的活动之间的矛盾、技术主体的认知能力与技术活动的矛盾,以及技术规范与技术实践的矛盾等。在技术规范与技术实践的矛盾运动过程中,一方面,技术实践是技术规范的基础,技术实践处于不断变化之中,带动技术规范的发展;另一方面,技术规范指导技术实践的设计和运行,合理的技术规范能够有效地组织技术实践活动,提高技术实践的效果,不合理的技术规范则会阻碍技术实践活动。

综上所述,技术内部矛盾因素与外部社会环境因素的有机结合与辩证统一构成了技术发展在真正动力。技术目的与技术手段的矛盾是技术发展的基本矛盾,是推动技术发展的内在动力,而社会需要是技术发展的外部条件。辩证唯物主义认为,外因通过内因起作用,社会需求只有转化为技术目的,才能真正推动技术发展。技术正是在社会需要和技术内部矛盾的"外推内驱"的作用下不断发展的。

二、技术发展模式

关于技术发展模式,国内外学者从不同角度和不同层次对其进行探索。尽管许多观点不尽一致,但却为人们认识和把握技术发展的内在规律提供了有益的启示。技术是在内外矛盾作用下发展起来的,而人们对外部的社会矛盾与技术自身矛盾理解不同,就会提出不同的技术发展模式。

（一）宏观的技术发展模式

日本技术史学家石谷清干提出了新旧技术时代的更替模式。他认为，技术结构决定技术功能，社会需要的满足离不开技术功能。技术会随着社会需要的增加，不断提高原有结构框架内的单位功能，它总是极力维持固有结构以适应新的要求，这就会导致技术发展困难。但随着社会生产力的发展，人们对技术的需要是永无止境的，当原有的技术功能无法满足社会需要时，就会引起旧技术结构的改变，新的、功能更强大的技术就会诞生。新技术因其结构更为完善、功能更为强大，最终取代旧技术。由于技术的社会需求的无限性和技术结构与功能的有限性之间的矛盾，这种新技术代替旧技术的过程就构成了技术永无止境的发展历程：社会需要——技术的开发与发展——新的社会需要——新的技术开发与发展……当蒸汽机技术功能不能满足社会生产的动力需要时，电力及内燃机技术及其结构就得以产生和发展。技术发展的石谷模式指出，技术发展既有量的积累的渐进式更替，也有飞跃式的质变。但这种模式也有明显的缺陷，如没有认识到新技术对旧技术的继承，也没有指出技术发展可以引起新的需求。

另一位日本学者星野芳郎修正和丰富了石谷模式，提出技术发展的阶段论，认为技术发展可分为局部性改良和原理性发展两种形式。技术发展是渐进性和跃迁性的统一，从而改变了某些日本学者提出的"技术无跃迁"的观点。在星野模式中，所谓的原理性发展，就是技术发展中的质变，即是技术原理的更替；所谓局部性改良就是技术在同一个技术原理中的发展，如瓦特改良蒸汽机，只是在细节上有改进，但蒸汽机的核心原理不变。随着社会需求的增长，当原有的技术原理无论怎样进行局部性改良都无法满足技术的社会需求时，新的技术原理便会出现。技术的原理性发展和技术改良是相辅相成的，无论多么优越的原理，如果没有适当的局部性改良，就不可能成为技术；然而如果只进行局部改良，则不可能出现替代旧技术的新技术。当然，技术的局部性改良和原理性发展也是相对的。在某一技术范围内的原理性发展，在更大的技术范围内则成了某种局部性改良。技术的原理性发展和局部性改良是无限延续的关系。一般技术的发展是从局部性改良开始，接着是原理性发展，再到局部性改良和新的原理性发展，这便是技术发展在星野模式。这种模式提出了技术是从量变到质变的发展过程，但没有能够深刻分析技术原理的构思过程。

20世纪80年代，我国学者曾经提出过横向的技术发展的梯度递进和纵向的跃升发展两种模式。所谓的"梯度递进"就是以技术的产生地为中心，按一定的梯度向四周扩散转移，技术总是沿着高技术区域向低技术区域梯度流动。这种技术的梯度流动是技术发展的渐进性和连续性的体现。技术跃升发展的模式是指某些国家和地区技术发展在短时间内的赶超，从而使技术水平跃升到一个新的高度，这种模式是技术发展的突变性和阶段性的表现。

总之，技术发展过程表现为渐进性和突变性、连续性和阶段性的统一。技术发展过程中有渐进性的连续积累，也有表现为连续性中断的阶段性飞跃。

(二)微观的技术发展模式

从技术的内在矛盾看，技术目的与技术手段的矛盾运动是技术发展的微观模式之一。技术目的源自于社会需要，它是对技术发展方向和技术功能的设定。技术目的一旦设定，技术就要努力调整其功能来实现技术目标，这就会出现技术革新或创造出新技术。新技术手段的出现和完善必然会波及其他技术，引起相关技术领域的连锁反应。技术目的和技术手段的矛盾不断产生，又不断解决，推动了技术的发展。这就构成了技术发展的重要微观模式。

就一项具体技术而言，还存在技术生命周期的发展模式。对于每一项特定技术的发展来说,它都有一个从技术孕育、加速发展、成熟完善到稳定发展并趋于衰退的四阶段构成的生命周期。如自然界其他事物的发展一样,技术的发展过程并非只是从低级到高级、无序到有序的进化,也包括从有到无的衰退和消亡。在技术的发展中不仅有上升运动,也有下降运动,技术发展是一种有生灭、兴衰的生命周期。如电子计算机从无到有,经过发展完善、成熟稳定至趋于衰退——尽管我们还不知道是否或何时会由光学计算机或生物计算机来取代。对技术发展来说,我们要避免简单的直线思维,要注意到技术的周期兴衰和螺旋式回复。如在输电技术上就有直流(低压)—交流—直流(高压),在电子探测技术上有超短波雷达(二战前)—微波雷达(二战中)—超短波雷达(二战后)。这些仿佛都是技术的回复和倒退,实际上却是技术螺旋式上升发展的表现。

思考题

1. 技术的本质是什么?
2. 如何理解技术的二重性?
3. 如何认识技术分类?
4. 如何理解技术体系含义?
5. 古代、近代和现代技术发展的各自特点是什么?它们之间有什么联系和区别?
6. 如何理解技术发展的动力?
7. 怎样评价技术发展模式?

第五章 马克思主义技术方法论

第一节 技术创造的方法

任何创造活动都离不开一定的方法。黑格尔给"方法"下的定义是：在探索的认识中，方法就是工具，是主体方面的某个手段，主体方面通过这个手段和客体联系。创造过程的本质是创造方法论的理论基础，创造方法论是创造过程的本质在不同创造技法上的体现。能否科学地揭示创造过程的本质，不仅取决于它自身，还取决于它能否与创造方法论统一起来。如果把对创造过程的本质的探讨，同创造方法论割裂开来，那么创造过程的本质无论得到什么样的刻画，都势必会成为空洞的理论。

纵观创造方法的演变历程，创造方法的发展是从无到有的显性生成过程，先后经历了以下几个阶段：(1)前技法时代(公元4－9世纪)——没有方法的时代；(2)创造技法时代(20世纪初－20世纪70年代)——几百种创造技法诞生的时代；(3)后技法时代(20世纪70年代至今)——TRIZ创新方法广泛应用与传播的时代。

在中国文化背景下，早熟的创造方法论没有产生具体的、实用的创造技法，却对"非法"、"无法而法"有着独到的见解。事物的发展是一个肯定、否定、否定之否定不断向前发展的过程，未来的创造方法必将走向由有到无的隐性转化，走向无法而法的时代。

方法的演变是一种循环，是从方法论到方法论的循环，但是这种循环不是原地不动的,而是螺旋上升的循环。在这个过程中,创造技法以往的成就,并不是要完全舍弃,而是容纳于新的成就之中,每一个新的否定之否定,皆增加了创造方法的丰满程度,这也正是创造的本质所在。

一、前技法时代

(一)偶然发明的世纪

一粒砂中见世界,一朵花中见天堂。

——威廉·布莱克

科学家们怀着一定的目的和计划去探索未知世界,由于种种原因,却在探索过程中得到了意想不到的收获,这种偶然性在科学研究和发明创造中时常遇到。在 19 世纪及以前,大多数发明都是以经验为根据,通过偶然性获得发明构思的机会。人类科学发展史充分证明,许多震惊世界的科学发明、科学发现都产生于偶然的顿悟,如古希腊智者阿基米德从"智破金冠"案中发现了浮力定律;牛顿因苹果落地而发现万有引力;门捷列夫在梦中排定元素周期表,等等。19 世纪及以前的大部分发明皆因偶发事件而成功,19世纪也因而被称为"偶然发明的世纪"。在那个时代,人们主要注重发明的成果,而对发明的过程研究很少,心理学家大都认为,发明是由偶然顿悟产生的——来源于突然产生的思想火花。

由偶然发现而获得发明的最神奇的例子要算石头上污垢清洗法的发明了。意大利保存有许多古代石刻和宫殿,经年累月,这些石刻和宫殿上积满了污垢,并形成了滴水嘴,如何清洗这上面的污垢一直是一大难题。美国物理学家阿思玛斯到意大利给文物拍摄立体照片,当他的激光摄影枪"瞄准"这些滴水嘴准备拍照时,只听一声小小的"爆炸"之后,上面出现了一块洁白的地方。污垢吸收了激光能量,在高温高压下气化了,石头把激光反射回去,无任何损伤。这一偶然发现解决了这个长期未解决的难题。

顿悟可算得上是偶然发明智慧中最精彩的部分。偶然事件通过顿悟、直觉、灵感等导致许多重要的科学发现和技术发明，突然的灵感闪现，有时可以找到解决问题的关键方法，使整个发明难题迎刃而解。

格式塔学派的创始人之一沃尔夫冈·柯勒曾用黑猩猩做实验，用7年时间研究了有关猿猴的学习和智力问题，并且指明了"顿悟"现象在解决问题过程中的作用。顿悟思维方法是创造主体应当具备的理论思维方法，顿悟思维方法在科学发现和技术发明中的确具有重要作用，我们应当认识到研究它的必要性和重要性。但是，顿悟发明依赖偶然性产生想法往往可遇不可求，因为偶然的灵感火花不会突然迸发。

灵感说和直觉说都把创造看作是内心瞬间完成的，由于其具有的突发性、随机性、跳跃性、兴奋性，甚至稍纵即逝等特征，创造的过程性往往会被忽视，因而，也给创造过程蒙上了一层神秘的面纱，导致人们认为创造是少数人的特权，只有少数有创造天赋的人才能从事创造活动。

当然，创造技法绝不是用简单而又不可思议的"灵感"、"顿悟"所能概括的，对于复杂的问题单凭灵感和顿悟是远远不够的。

图 5-1　偶然发明的方法

（二）试错法

我并没有失败过一次，只是发现了一万种行不通的方法。

——爱迪生

18世纪工业革命以后,技术发明的方式已从工匠、农民在生产过程中偶然的"试错"方式,逐步转变为发明家有意识的"试错"实验方式。韦特海默在其《创造性思维》一书中指出,"人们永远无法预测什么时候会出现成效卓著的建议。……在解决问题中,思维者本人仅是对所提出的解决办法做出判断。他的态度和动物的尝试差不多。……不同的是尝试只在想象中进行而不是真正的行动。总之,这是一系列尝试错误的过程,通过联想提供一些建议"。当然,试错的方法在动物的行为中是不自觉应用的,在人的行为中则是自觉的。

哲学家波普尔在科学知识增长四段图式理论的基础上提出了他的试错法,即不断选择各种解决方案,面对问题时,问题解决者尝试采取不同的解决方法,从错误的解答中找出问题的关键,最终获得解决问题的方法。它的本质是排除法,具有试探性、批判性、检验性三大特征。试错法提出了"人在错误中学习"的口号,为科学方法论增添了新的内容。但究其本质,仍是一种没有方法的方法。

对于发明创造而言,试错法的成果在19世纪是非常卓越的,电动机、发电机、电报、电话、收音机、变压器、照相机等的发明都是由试错法产生的。爱迪生发明灯泡便是试错法成功的典范,他的名言"我并没有失败过一万次,只是发现了一万种行不通的方法"也被广为传诵。但这种成功也没什么规律可言。19世纪末,爱迪生改进了试错法。他把一个技术问题分为几项具体课题,即子课题,爱迪生的试验工厂近千人,工人也分组对各项具体课题同时进行各种解决方案的尝试,这就大大地缩短了尝试的时间,增加了尝试的有效性与成功的可能性。

固特异是另一个利用试错法的典范,查尔斯·固特异花了他一生的心血去研究改进橡胶性能的方法。有一天,他买了一个橡胶救生圈,决定改进用来给救生圈打气的充气阀门。当他带着新的阀门来到生产救生圈的公司时,那里的人们告诉他,如果他想发财的话,就应该去寻找改善橡胶性能的方法。当时橡胶仅仅用作布料浸染剂,比如当时非常流行的查尔斯·马金托什发明的防水雨衣(1823 年的专利)。生橡胶存在很多问题:它会从布料上成片剥落,完全用生橡胶制成的制品会在太阳下融化,在寒冷的天气里会失去弹性。查尔斯·固特异对改善橡胶的性能着了迷。他瞎碰运气地开始了自己的试验,身边所有的东西,例如盐、辣椒、糖、沙子、草麻油,甚至菜汤,他都一一倒进橡胶里去做试验,他认为如此下去,他会把世界上的东西都尝试一遍,总能在这里面碰到成功的组合。查尔斯·固特异也因此负债累累,家里只能靠土豆和野菜勉强度日。但是,他仍然奇迹般地成功开了一家小店铺,货架上摆放着成百双光彩夺目的橡胶鞋套。在第一个炎热的天气里,它们就全部融化了,变成了难闻的半液体状混合物。据说,那时如果有人来打听如何才能找到查尔斯·固特异,小城的居民会这样回答:"如果你看见一个人,他穿着橡胶大衣、橡胶皮鞋,戴着橡胶圆筒礼帽,口袋里装着一个没有一分钱的橡胶钱包,那么毫无疑问,这个人就是查尔斯·固特异。"人们都认为他是疯子。但是他顽强地继续着自己的探索,直到有一天,当他不小心把一块橡胶掉进硫酸里,捡起来后发现橡胶的性能得到了很大的改善时,他第一次获得了成功。此后他又做了许多次"无谓"的尝试,最终发现了使树胶完全硬化的第二个条件:加热。当时是 1839 年,硫化橡胶就是在这一年被发明出来的。但是直到 1841 年,查尔斯·固特异才配出获取橡胶的最佳方案。于是人们争先恐后地来购买他的专利,他同意了,但是却毫无经验,以惊人的低价把专利卖给了企业。他逝世于 1860 年,身后留下了 20 万美元的债务。与此同时,世界上已经有 6 万名工人在各大工厂里制造 500 多种橡胶制品,而每年生产的橡胶产品价值达 800 万美元之多。

查尔斯·固特异的一生只解决了一个难题,对于他而言,要获得"发明的技巧",一次生命的时间远远不够。实际上,在解决这个问题的时候他也是非常幸运的,大多数发明家在解决类似的难题时,往往搭上一生的时间也没有任何结果,还不被世人所知晓。

关于发明创造活动,有一些习惯的说法。有人说"一切出于偶然";也有人认为"一切取决于勤奋,应该坚定不移地尝试各种解决方案";还有人断言"一切归功于天赋"。

这些说法都有一定的道理,很多发明创造的成功主要取决于发明家的机遇与个性品质,并非所有的人都敢于做出奇异的尝试,也并非所有的人都勇于承担重任并锲而不舍。当然,一千个掘土工人挖土的数量与质量绝对优于一个掘土工人。但是,无论怎样,掘土方法本身并未改变……回想一下电影和小说里描述的主人公们在解决疑难问题时是如何表现的,"如果这样做呢?……不对,这样行不通,试试另一种方法……也许,可以从另一方面切入问题?……这样也不行。再试一试……"这样的探寻和摸索会一直继续下去,直到灵感乍现。然而这种灵感可能在经过 20 次、100次、10000 次尝试之后才会出现。有时甚至根本不会出现——因为生命毕竟有限。依赖试错法寻求解决问题的方法的时代已经结束了,现在是该采用新的创新技术的时候了。

二、"技法时代"对创造方法的认识

(一)技法时代的诞生

进入 20 世纪后,随着对创造过程和创造方法的不断研究,一个紧迫的现实问题逐渐引起了人们的关注:通过何种方法可以开发大众的创造力,推动各行各业创新发展?能否把那些创造过程中令人感到神秘、原为个人所特有的想法,用来创造对每个人都适用的东西?随着人们对这些实践性问题的探索,创造技法的时代来临了。美国《科学与人》杂志曾指出,"代表本世纪人类进步的两个主要标志是电子计算机和创造技法"。

从 20 世纪三四十年代起,人们开始热衷于对科学发现和技术发明的过程进行探索,并从经验出发,以案例研究为主,总结提炼出了许多创造方法。1938 年,亚历克斯·奥斯本提出了激发集体创造力的著名的"头脑风暴法",也称"智力激励法",成为创造技法发展史上的首例技法。此外,他还制定了简便实用的"奥斯本检核表法"。1942 年,弗里茨·兹维基制定了"形态分析法"。1944 年,美国哈佛大学水下声学实验家、科学家威廉·戈登制定了以隐喻类比为核心的"综摄法",综摄法的诞生在创造技法发展史上具有相当重要的意义。1954 年,美国内布拉斯加大学教授罗伯特·克劳福德制定了"特性列举法",并首次在大学开始讲授他的方法。

创造技法就是利用这些研究成果进一步总结出来的用以提高创造能力的各种规则、技巧和方法的总称。到 20 世纪末,已被创造学家们总结出来,并在创造工程实践中付诸应用的创造技法已达 300 余种。这些行之有效的方法在经济、技术、生产领域产生的影响远远大于学术领域,人们学会了用创造方法来促进发明。至 20 世纪末,短短的 60 多年人类所获得的发明创造成果超过了过去 5000 年的总和。这表明"创造技法"对人类自觉进行发明创造活动产生了巨大的促进作用。

在技法时代,一些发明技巧的掌握和传授,可以直观地指导人们的创造实践,并可以收到茅塞顿开、立竿见影的显著效果,为打破创造的神秘论起到了不可估量的重要作用。人们也逐步认识到,发明是一种从偶然发现到对新技术问题进行有计划的精心研究的过程,因而越来越强调有关发明创造的方法。他们利用创造学技法,不断地创造出技术奇迹,也创造出经济奇迹。

技法时代关于创造过程的研究成果,大都是基于创造工程学的层面,是以西方心理学理论研究为基础而不断发展起来的。心理学家的注意力主要集中在心理因素方面。如头脑风暴法等,更多的是依赖心理因素,创新结果往往依赖于参与者的知识和经验,以及其想象力。于是,现代西方创造工程学又从技术创新过程入手,分析和研究了创造技法和思维在技术创新中的应用,探讨了把创造性思维的综合性研究成果"嫁接或移入"到技术创新的过程。

(二)创造技法的分类

现在世界各国提出的创造技法或理论已有 300 多种,其中常用的有 100 多种,最常用的约 30 种。这些方法对于从事创造创新活动的人来说,具有一定的指导意义。但各种方法都有各自的特点、局限性和适应范围。为了便于学习使用,人们对其进行了分类,分类的方法各有特色,也各有不足。在众多创造技法的分类中,比较有代表性的要算刘仲林教授对创造技法的分类方法,他在《中国创造学概论》一书中将创造技法分为四大家族:联想系列技法、组合系列技法、类比系列技法、臻美系列技法。

1. 联想系列技法

联想系列技法以丰富的联想为主导,提倡抛弃成规束缚,由此及彼传导,思维发散到无穷空间。从技法层次上,它是初级层次,是打开因循守旧顽固堡垒的第一突破口。

联想类技法主要起激励思维的作用。对于难度越大的发明课题,所需要选择的解决方案也就越多,因而需要在单位时间内提出更多的解决方案。同样,要想获得有效的解决方案,就需要提出更多独创的、大胆的、出人意料的设想。

一般来说,发明家在解决发明课题中的难题时,开始总是选择同他的专业相近的或熟悉的、传统的解决方案,有时他们很难摆脱这些方案的束缚。他们的设想往往沿着"心理惰性的方向"发展下去,很少能提出什么有效的解决方案。心理惰性是受到各种各样因素制约的,如怕侵犯他人的领域,担心自己提出的设想被人耻笑,缺乏产生奇异设想的知识与方法,等等。如何才能产生新的观念和设想?激励思维的方法就是克服这些障碍产生新设想的好方法。

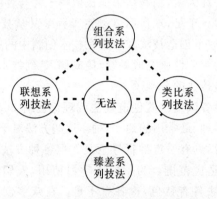

图 5-2　创造技法的分类

　　联想系列技法的典型代表是亚历克斯·奥斯提出的进行自由联想的"头脑风暴法",也叫"智力激励法",这是激励思维的所有方法中最有名的方法。奥斯本发现有些人善于提出设想,而有些人善于批评分析。在一般讨论中,如果让"幻想家"和"批评家"同席发言,他们之间就会产生矛盾。因而,奥斯本建议把讨论分两个阶段,即两组进行:设想组先提设想,然后分析组分析设想。设想组先在 20~30 分钟内尽量提出设想,多多益善。这时严禁分析组批评,设想组可以提出任何设想,甚至不现实的、荒唐可笑的设想,最好是设想组成员都能在别人的设想基础上举一反三、推陈出新,产生连锁设想。如果智力激励法组织得好,设想组成员就会摆脱心理惰性的束缚,提出大胆的设想,这就形成了宽松的创造气氛,为一切模糊设想与猜想提供条件。智力激励法一般要求不同职业的人参加,不同技术领域的知识相互撞击,往往就会形成有意义的组合或迸发出创造的火花。

　　20 世纪 50 年代,人们对智力激励法寄予厚望,头脑风暴法的出现使人们对其产生了无限的期待,但是大量的实践证明,头脑风暴法只有在解决非技术问题(如寻找产品的新用途,创立广告的新形式等)的时候才会发挥最好的作用。对于复杂的技术问题,头脑风暴根本不起作用。人们就试图改进智力激励法,从而出现了个人智力激励法、两人智力激励法、大组智力激励法、两阶段智力激励法、"设想会议法"、"控制会议法"、MBS 法(三菱智力激励法),等等。直到今天人们还尝试改进智力激励法,但人们已从个人经验中感觉到,不管是哪种智力激励法,只对解决简单的问题有效,而且主要适用于经营管理课题,例如开发新产品、扩大产品用途、改进广告,等等,而对于发明课题则不适用。

2.组合系列技法

组合技术是按照一定的技术原理或功能目的,将现有事物的原理、方法或物品作适当组合而产生出新技术、新方法、新产品的创新技法。组合创新的特点:由多个特征组合在一起;所有特征相互支持、相互补充、强化同一目的;一定要产生新效果。两种事物的组合,不是 $1+1=2$ 的问题,而是要求功能上实现 $1+1>2$,结构上实现 $1+1<2$。

人类的许多创造成果都来源于组合,正如一位哲学家所说:"组织得好的石头能成为建筑,组织得好的词汇能成为漂亮的文章,组织得好的想象和激情能成为优美的诗篇。"合金就是"组合"概念下产生的伟大产品。

阿波罗买月计划的总指挥韦伯指出:"阿波罗飞船计划中,没有一项新发明的技术,都是现成的技术,关键在于综合。"

组合技法的应用分类:

(1)主体附加法:在原有的设想中补充新的内容,在原有的产品中增加新的附件,就形成了新产品。

例如以笔为主体:笔+鹅毛=鹅毛笔;笔+音乐=音乐笔;笔+香味=香味笔;笔+彩色=彩色笔;笔+磁性=磁性笔;笔+照明=照明笔;笔+翻译=翻译笔;笔+验钞=验钞笔;笔+玩具=玩具笔;笔+录音=录音笔;笔+纸带=便于随手记事的记事

笔;笔＋透明胶布……

特点:以原有的设想和原有的产品为主体,附加设想只起完善补充的作用。附加物可以是已有的产品,也可以是根据主体特点为主体专门设计的附带装置。

主体附加,注意要锦上添花,不要画蛇添足。

(2)异物组合法:组合对象(技术思想或产品)来自不同的方面,一般无主次关系。

异物组合技法可采用二元坐标法:通过建立二元直角坐标系,将各种信息(联想元素)分别列出,然后进行交汇,强制性地从中寻求相互联系,产生联想,进而诱发创造性设想。二元坐标法强制实行信息交汇,故又称为"信息交汇法"。如表 5-1 所示,选择联想元素如下:1.钢笔;2.汽车;3.塑料;4.铝合金;5.液体;6.彩色的;7.发光;8.变形。

对联想结果进行分类,从中找出有意义的联想,如 1-3 塑料钢笔、3-6 彩色塑料、8-3 变形塑料、4-6 彩色铝合金、7-2 发光汽车、7-1 发光钢笔、2-3 塑料汽车、5-2 液体汽车、5-3 液体塑料等,然后对有意义的联想进行可行性分析。

表 5-1　二元坐标联想表

8								8－8
7							7－7	7－8
6						6－6	6－7	6－8
5					5－5	5－6	5－7	5－8
4				4－4	4－5	4－6	4－7	4－8
3			3－3	3－4	3－5	3－6	3－7	3－8
2		2－2	2－3	2－4	2－5	2－6	2－7	2－8
1	1－1	1－2	1－3	1－4	1－5	1－6	1－7	1－8

1.钢笔　2.汽车　3.塑料　4.铝合金　5.液体　6.彩色的　7.发光　8.变形

(3)同物组合法:把相同的、相似的东西组合在一起并加以演变产生新发明的方法。例如:装在一只精巧礼品盒中的两支钢笔或两块手表便成了象征友谊与爱情的"对笔"和"对表"。类似的有子母灯、双面拉链或多向拉链、鸳鸯宝剑、双插座等。据说,赫赫有名的日本松下电气公司就是靠发明双插座起家的。

猎手在某种情形下需要两种不同的枪——子弹枪和散弹枪(拿两支猎枪打猎是不方便的)。他需要用其中一支,突然又需要用另一支,但是猎手常常没有足够的时间换枪,那么把这两种相似的东西组合在一起,去掉他们共同的枪托部分,就构成一把双管枪。

(4)重组组合法:在事物的不同层次分解原来的组合,而后再按新的目的重新安排,此即重组组合。

特点:组合在一件事物上实施;组合过程中一般不增加新的东西;重组主要是改变事物各组成部分之间的相互关系。例如"田忌赛马"故事,孙膑帮助田忌灵活应用战术,重新排列马的出场顺序,最终赢了齐威王。事物内部的不同组合可以引起量变进而导致质变,这也告诉我们,思考和处理问题时不应该仅仅把眼光盯在人力、物力绝对数量的增减上,还应该从多方面、多角度着眼,精心协调,科学使用现有人力、物力,力求达到最佳效果。

钢厂产生的废物——废渣、废气,都用水通过管道排出。长期的排放使管道内部形成厚厚的垢层。通常这种垢层需用手工清除。长久以来,一些工程师们在尝试解决这个问题,另有一些工程师们还在尝试解决另一个问题,保护排煤渣管道免于过度的损坏。带有棱角的煤渣会刮伤排污管,如何解决?重组组合可以很好地解决这个难题:利用同一排污管道,先排放废气和废水,再排放废渣,这样废渣既可以刮掉垢层,又可以防止煤渣的棱角刮伤金属管。

3.类比系列技法

类比族(类比系列创造技法)是以两个不同事物的类比为主导的创造技法系列。这一族技法的特点是以大量的联想为基础,以不同事物间的相同或类似点为纽带,充分调动想象、直觉、灵感等,巧妙地借助他事物找出创造的突破口。

类比法主要利用四种类比思维机制:

(1)直接类比:认识主体从比较类似的事物中找到问题的答案。例如,从自然界或者从已有的发明成果中,寻找与创造对象相类似的东西,通过直接类比,创造出新事物,亦或利用仿生学设计锯子、飞机、潜艇等。

如电视发射塔的设计,要求既有抵抗各向风力的性能,又能满足发射信号的需要。人们发现山上的云杉树由于受狂风长年累月的吹打,底部直径显著增大,树形长成了圆锥状。通过类比分析,就出现了圆锥形的电视塔。

(2)拟人类比:在进行创造活动时,认识主体可将创造对象"拟人化",进入问题"角色",从中悟出问题的答案。例如,制瓶工人罗特有一天看到他的女朋友穿着一套膝盖上面部分较窄,使腰部显得很有魅力的裙子。罗特紧盯着这条裙子,越看越觉得线条优美。他想,要是制作像这条裙子形状的瓶子也许不错。于是他立即加以研究,经过半个多月的努力,一种新式的瓶子问世了。1923年,罗特以600万美元把这项专利卖给可口可乐公司,因而成为富翁。

(3)象征类比——所谓"象征"就是用具体的事物表现某种特定的意义,如火炬象征光明。象征类比是指将创造中的待解决的问题,用具体形象的东西作类比描述,使问题立体化、形象化,为问题解决开辟道路。戈登在解释象征类比时说:"在象征类比中利用客体和非人格化的形象来描述问题。根据富有想象的问题来有效地利用这种类比。构想一种形象,这种形象虽然在技术上是不精确的,但在美学上却是令人满意的。这种形象是作为观察问题时对问题的要素和作用的一种扼要的描述。……象征类比是直觉感知的,在无意中的联想一旦做出这种类比,它就是一个完整的形象。"

(4)幻想类比——根据童话、神话来解决当今问题,或者用超理性的方式解决现实问题。幻想类比就是将幻想中的事物与要解决的问题进行类比,由此产生新的思考问题的角度。借用科学幻想、神话传说、童话故事中的大胆想象来启发思维,在许多时候是相当有效的。在这里要强调的是,幻想类比只是运用幻想激发想象力,幻想并不是我们马上要实现的目标。孙悟空的金箍棒给我们留下了深刻的印象,它能变大变小,收缩自如,那我们能否受金箍棒的这些特点的启发,发明点什么呢?

4.臻美技法

美,就是"内在尺度"的感性显现;创造,就是物化"内在尺度"的过程。刘仲林教授把四大技法系列比作登山:联想系列技法是山脚,它是技法之山的基础,知者多、游者众,每本创造学著作无不述及;组合系列技法是登山的第二站,它是联想系列技法的提升,注重联想的交叉和组合效应,观点明确、特色鲜明,对这一类技法有兴趣的人也很多,亦属知者多、游者众的层次;类比系列技法是登山的第三站,它着眼不同事物间的隐喻、类比,形象生动,但有一定难度,应用这一类技法的人大为减少;臻美系列技法是山顶,它是技法之山的最高境界,是完美的赏心悦目之境,但把握它较难,需要一定的审美素质。

臻美技法的典型是缺点列举法。缺点列举法就是通过发现、发掘事物的缺陷,把它的具体缺点一一列举出来,然后,针对这些缺点,设想改革方案,进行创造发明或"发扬缺点",产生奇迹般的创造。缺点列举的应用面非常广泛,它不仅有助于革新某些具体产品,解决属于"物"一类的硬技术问题,而且还可以应用于企业管理中,解决属于"事"一类的软技术问题。

缺点列举法是一种行之有效的发明技法,因为任何事物都不是十全十美的,总是有优点也有缺点。今天看起来没有缺点,但是过了较长的一段时间,它的缺点就暴露出来了。列举缺点就是发现问题,然后找出改进方案,使事物更臻完美的创造方法。

（三）传统创造方法的利与弊

传统创造技法,即创造工程学研究的主要内容,是人类长期创造发明实践的经验总结。这些方法简单、易于掌握、易于推广和普及,能产生大量创新设想,但也有弊端:

第一,传统创新方法命中率低、速度慢,难以解决复杂的问题,难以解决设计中遇到的障碍。无论是智力激励法,还是类比启发法,它们所能提供的设想要比一般的试错法多一个数量级,有的课题甚至需要付出一万次或十万次尝试。

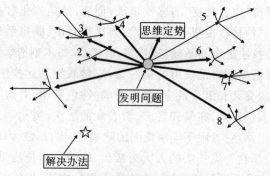

图 5-4　传统创新方法的方案设想

激励思维的方法在某些改进的形式下,仍然保留了选择方案的老办法。这些方法实质上没得到新发展,而试图把这些方法组合起来使用,也没取得理想结果。因而这些激励思维的方法早期在苏联并未得到广泛应用。美国创新团体咨询公司的创立者和首席战略专家伊莱恩·丹敦曾指出,当前智力激励法面临挑战的主要原因是:缺乏程序化;缺少熟练的引导者;缺少熟练的参与者;罗列的规则成为形式;有关问题不能达成一致;缺乏创意激发源;不是与会者都有创意的压力;急于求成;缺少跟进措施;"头脑风暴"小组实际上在不停地重复"发明"已经有过的东西,而在这一过程中错过了潜在的诸多伟大的创意。

第二,传统创造方法是以西方心理学理论研究为基础而不断发展的,心理学家的注意力主要集中在心理因素方面。如试错法、头脑风暴法等,更多的是依赖心理因素,创新结果依赖于参与者的知识和经验以及其想象力和灵感,而这种基于心理惯性的方法是有局限性的,解决问题的方法没有规律可循,具有很大的随机性和偶然性,往往费时费力,创新效果很难保证,也是不可重复的。

在工程技术领域创新过程中会存在各种各样的问题,我们在面临工程技术难题时如何彻底告别浪费时间和生命的无谓试错?如何复制头脑风暴的天马行空和灵光乍现?如何摆脱思维惯性的束缚?如何避免无奈的折中?理想的解决方案应该是什么?如何预测下一代产品和技术的发展方向?有没有一种方法能指导我们高效地进行创新?这些问题都很难解答。

三、"后技法时代"的创造方法理论

20 世纪最伟大的发明是发明了创造方法。……那是打破了旧文明基础的真正新事物。

——英国数学家及哲学家艾尔弗雷德·诺思·怀特里德

(一)"后技法时代"的时代背景与特征

关于发明创造过程本身的理论和方法的研究,在 20 世纪下半叶得到了蓬勃发展,随着 TRIZ 理论(创造性解决问题的理论)在世界范围内广泛传播,人类开始步入了后技法时代,这里的"后"既有时间上略在传统技法时代之后的含义,又有在思想上否定传统技法、超越传统技法的含义。

TRIZ 理论可算作是 20 世纪最伟大的发明之一。阿奇舒勒

于 1946 年开始工程领域内的发明问题解决理论的研究工作,建立起了解决技术问题和实现技术创新的综合体系——TRIZ 理论。该理论在分析了 250 万份高水平专利的基础上,提炼出 40 个基本原理,进而提出了发明解题大纲,TRIZ 理论的提出成为发明方法由技巧转变为精确科学理论的标志。

TRIZ 理论起源于苏联,流行并发展于欧美,被西方国家誉为"神奇的点金术"。TRIZ 理论在西方国家的传播过程中得到发展并形成了自己的流派。上个世纪 90 年代起,中国大陆有少数科研人员和学者逐步了解和接触到 TRIZ,并开始了自发的研究。2001 年,TRIZ 理论培训被正式引入中国后,得到我国各界的高度重视,并在中国得到快速普及和发展。经过 10 年的引入、普及与实践,TRIZ 在中国的传播工作进入了繁荣时期,现已形成政府、企业、科研机构、教育系统、科技中介机构等紧密协作的 TRIZ 推广模式和直接应用研究形式。

与传统创造技法相比,TRIZ 理论是建立在工程领域而不是心理学基础之上的,它以技术系统为核心,以技术系统的进化规律为指导,探索了一系列解决创新问题的原理和方法。TRIZ 理论把创造技法发挥到了极致,可以算是创造技法的集大成者。该理论着重于逻辑思维,采用系统化的方法,从特定的思维角度,给定问题解的约束边界,定向搜索,不断缩小搜索空间,直到寻找到创新问题的最优解,甚至是问题的理想解,如图 5-5 所示。

(二)"后技法时代"对创造方法的诠释

1. TRIZ 创新方法理论体系与核心思想

TRIZ 理论以自然科学为基础,以系统科学和思维科学为两大支柱,以辩证法、系统论、认识论为哲学指导,包含着许多系统、科学的创造性思维方法和解决发明问题所需要的操作性工具。图 5-6 为 TRIZ 理论的体系结构。

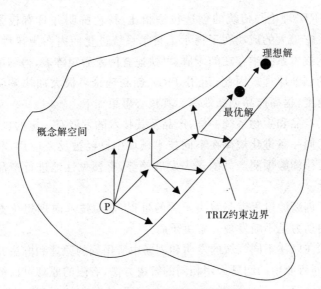

图 5-5　TRIZ 问题搜索示意图

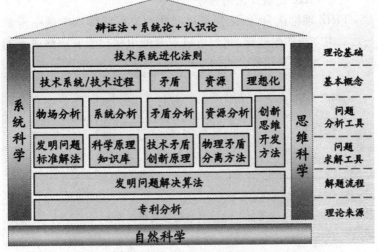

图 5-6　TRIZ 理论体系

TRIZ 理论与传统的创造技法相比,特色鲜明并具有较强的优势。它最大的成功在于揭示了技术系统进化的内在规律性,通过确认技术系统中存在的矛盾,可快速查阅矛盾矩阵表,得到解决问题的创新原理。因此,运用 TRIZ 创新理论可极大加快发明创造的速度,提高产品创新效率。其核心思想如下:

①产品和生物系统一样,产品及其技术的发展有一定的规律。

②同一条进化规律在不同技术领域中已经被反复应用,利用进化规律能够预测产品的未来发展趋势,有预见性地进行产品创新设计。

③创新的过程就是解决矛盾的过程,推动技术向理想化方向前进的动力是不断发现并解决矛盾。

④在以往不同领域的发明和创新中所用到的原理和方法并不多;不同行业中的问题采用相同的解决方法,有限的原理可以解决无限的问题。

(三)TRIZ 创新方法的程序与流程

TRIZ 理论认为,创造性解决问题的流程就像数学题中求解一元二次方程的根一样,我们可以重复使用相同的方法解决不同的问题,也可以采用套公式的方式来解决所有类似的问题。

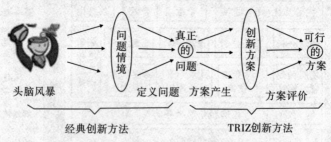

图 5-7　TRIZ 方法与经典创新方法

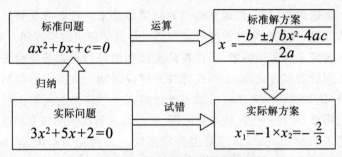

图 5-8　一元二次方程的解题流程

　　TRIZ 把创造性问题分为技术矛盾类问题、物理矛盾类问题、功能性问题、物场模型类问题等,并给出每一种类型问题的具体解决方案,如表 5-2 所示。

表 5-2　**TRIZ 解题方案模型**

问题模型	基本工具	解决方案模型
技术矛盾	查询矛盾矩阵表	40 个创新原理
物理矛盾	分离原理 查询知识库	51 个创新原理 知识库中的方案
How to 模型	查询知识库	知识库中的方案
物场模型	76 个标准解法系统	标准解法

TRIZ 解题流程如图 5-9 所示:

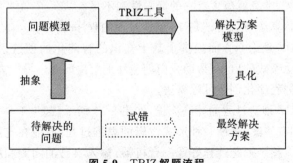

图 5-9　TRIZ 解题流程

创造过程中,我们通常遇到的问题都是某一行业或领域里的具体问题,我们所要寻找的解决方案也是具体解决的措施和方案。而在传统上所采用的做法,往往是直接利用自己积累的经验去做一系列的尝试性试验,企图快速找到解决问题的方案。事与愿违的是,这种试错的方法或发散思维虽然在一些简单的问题上效果比较明显,但在一些比较难的问题,或存在矛盾性的问题上却往往要花很长的开发时间,需要消耗较多的人力和物力资源。TRIZ理论先对遇到的具体问题进行分析,利用三轴分析和系统模拟找到问题的根源,并对这个问题做出明确的定义;然后将这个具体问题抽象化,使之成为一个通用的问题;再根据TRIZ理论所提出的解决问题的工具,如76个标准解系统、40个创新原理,科学效应和庞大的知识库等找到解决问题的通用方案;最后将这些通用的解决方案和具体问题进行联系,通过类比分析转化成解决问题的最终方案。

TRIZ注重从前人的解决方案中,从其他领域类似的问题中去寻找答案,更强调问题的分析以及标准程序的套用。其最大的优越性在于它提供了一种系统的、流程化的创造设计思考模式,建构了创造过程的程序性、连续性和必然性,使创造展现为一个几乎完全形式化的、可操作的逻辑过程,但这种以逻辑为本原的形式逻辑的方法,本身就蕴含着它的局限性和不足。

(四)算法与启发—TRIZ创造过程的程序化

TRIZ理论一方面提供了基于知识的智能化的创造系统,通过一种隐喻式的启发,帮助我们创造性地解决问题。另一方面,还提供一种程序化创造过程算法。

TRIZ创造过程的算法流程,如图5-11所示,起步于一个初始问题,如有答案,遵循一种形式逻辑的思维过程,就能在有限步骤内得出。整个解题过程好像一台机器,输入自己的问题和相应的资源等,就可以通过一系列的运算获得想要的创造性结果。

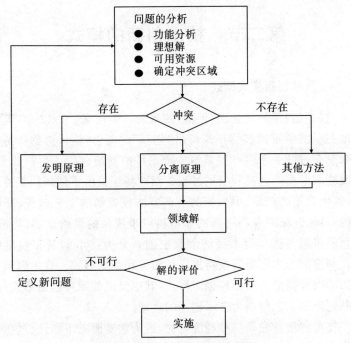

图 5-10　TRIZ 创造过程的算法流程

那么,作为创造主体的人,其价值又在哪里?

实际上,从现有技术问题分析,创新方案的类比演绎等过程都离不开人的主观思维的能动性发挥。TRIZ 的这种解题流程与算法却在无意识中淡化了"人的因素",忽视了创造主体的跳跃性思维活动,正如阿奇舒勒一再强调的:"TRIZ 本身不能解决问题,只能帮助人们去思考,而不能代替人去思考,TRIZ 提供的是解决特定问题的指导方针。"

第二节　技术创新的模式

一、技术创新模式概述

"技术创新"的概念由"创新"的概念衍生而来。1912年,美籍奥地利经济学家熊彼特正式提出"创新"的概念,他认为创新是把从来没有过的关于生产要素与生产条件的新组合引入生产体系,从而获取潜在的超额利润的过程。熊彼特还提出了创新的五种形式,即生产新的产品、引入新的生产方法或者新的工艺过程、开辟新的市场、开拓或者利用新的原材料或半成品的供给来源以及采用新的组织方法。后来经济学家把创新分为技术创新和制度创新。制度创新主要指熊彼特提出的第五种创新形式。技术创新主要指熊彼特提出的前四种创新形式,其中又以前两种创新形式,即产品创新和工艺创新为技术创新的典型。

技术创新首先是一种经济行为,因为它要面向市场,通过在生产中应用新技术来获取超额利润。技术创新同时也是一种科技行为,技术创新需要应用新技术,因此从整个社会来说就必然存在新技术的发明过程,而新技术的发明首先是一种科技行为。可见完整意义上的技术创新既是一种经济行为,也是一种科技行为,它是技术发明与经济应用的结合。如果要给"技术创新"下一个简单定义,那么可以说,技术创新就是从新技术发明到新技术市场实现的整个过程。

技术创新和技术创造、技术发明以及技术开发等概念既相互联系又相互区别。技术创造与技术发明以及技术开发是三个内涵相近的概念,都是指新技术产生的过程,属于科技行为范畴。从技术创新的定义可以看出,技术创新的过程包含技术发明,即技术创造或技术开发的环节,技术发明是技术创新的前提,没有新技术的发明就没有新技术的市场应用,也就谈不上技术创新。但是,技术发明并不是技术创新的全部,也不是技术创新最重要的环节。技术创新的关键环节是新技术的市场实现。技术创新属于企业的经济行为,它的根本目的是获得利润。如果发明的新技术不能进入市场,帮助企业获得利润,那么对企业来说这就是一次失败的技术创新,尽管对发明人来说它可能是一个非常成功的发明。可见,作为技术创新主体的企业和企业家与作为技术创造主体的发明人,他们对相同的技术会有不同的评判标准。

技术创新是从新技术发明到新技术市场实现的整个过程,一次完整的技术创新通常包括创新设想、筹集资金、技术开发、市场分析、发展计划、投资与投产以及销售与获得利润 7 个环节。除了前面一节所讲的技术创造,即技术开发的方法之外,技术创新的其他每一个环节也都包含很多基本的方法。不过,从总体上看,不同时期和不同条件下的技术创新会呈现出不同的形式,即表现为不同的技术创新模式。对比不同的技术创新模式能够帮我们更加深刻地理解技术创新的实质,因此也可以更好地指导我们的技术创新行为。所以,分析技术创新的模式也具有很高的方法论价值。这一节我们将从技术创新的动力来源、创新主体合作关系、创新对象、创新程度以及创新战略等角度来分析技术创新的不同模式。

二、技术创新的动力模式

由于技术创新的动力来源不同,技术创新存在技术推动模式、市场拉动模式和技术与市场互动模式。

(一)技术推动模式

技术推动模式创新的基本特征是:根据技术自身的发展规律进行技术开发,然后将开发出来的技术推向市场。也就是说,技术推动模式下的创新在进行技术开发的时候,并没有考虑市场对这种技术是否存在需要,市场需要是在技术开发出来之后才考虑的。

技术推动模式的创新有三种常见的情形。一种情形是科学家在进行科学研究时,根据自己的科学发现做出一些技术发明,而这些技术发明后来成为市场上的重大创新。典型的例子是英国的法拉第发明发电机。1831 年,经过 10 年的艰苦研究之后,法拉第终于发现了电磁感应定律。法拉第是学徒出身,动手能力强,发现电磁感应原理之后,他立即亲手设计了一台发电机(一个带手摇柄的圆形铜盘置于两个磁极之间,铜盘的边沿和圆心处分别引出一根导线,手摇铜盘,两根导线之间便会产生电压)。法拉第的这台发电机是人类历史上的第一台发电机。但是在法拉第发明这台发电机之时甚至在之后很长时间内,发电机的商业价值都无法体现出来,直到 19 世纪 60 年代,这项技术创新才在市场上受到欢迎。

技术推动创新的另一种情形发生在 20 世纪 80 年代以前的工业研究之中。工业研究是指在企业内部实验室里进行研究与发展工作。19 世纪 60 年代,德国的化工企业拜耳、巴斯夫和赫斯特等率先在公司内部组建实验室并聘请专职的化学家为自己进行合成染料的研究,从此便开启了工业研究的历史。之后电气、石油、汽车以及照相等行业的企业也纷纷组建自己的实验室并聘请科学家进行专职研究。今天,工业研究已成为技术创新的最主要源泉,市场上出现的大部分创新都来源于企业的工业研究实验室。20 世纪 80 年代以前,由美国大公司实验室,如贝尔实验室、IBM 实验室、杜邦实验室以及通用电气实验室等所引导的工业研究潮流比较重视基础研究,认为基础研究必定能够产生有商业价值的技术成果。在这种观念的指导下,当时世界上许多大公司的实验室都像大学一样提倡自由研究,科学家的选题几乎不受限制。比如贝尔实验室,科学家在那里几乎什么问题都研究,有的科学家甚至在这个通讯设备的实验室里研究起天文学问题,并且还获得了诺贝尔科学奖。当然,这种工业研究也的确带来了不少成功的技术创新,一个比较典型的例子是 20 世纪 30 年代尼龙的发明为杜邦公司带来了巨额的利润。

杜邦是美国最早建立工业实验室、从事工业研究的公司之一，还在 1902 年，它们就建立了专门研究炸药的东方实验室。1928 年杜邦公司又在总部所在地——特拉华州的威尔明顿成立了基础化学研究所，专门从事基础化学研究。当时正在哈佛大学任教的年仅 32 岁的卡罗瑟斯博士受聘担任该所有机化学部的负责人。杜邦公司没有对基础化学研究所的工作设定目标，卡罗瑟斯团队进行的研究也完全是探索性的。卡罗瑟斯来到杜邦公司后，选择有机高分子作为研究方向，这时候，国际上都还在对德国有机化学家施陶丁格提出的高分子理论进行着激烈的争论。卡罗瑟斯的研究没有受到任何束缚，他们尝试用各种原料来合成有机高分子物质。经过多年的尝试之后，卡罗瑟斯的团队终于在 1935 年 2 月 28 日通过用己二胺和己二酸进行缩聚反应，合成了聚酰胺 66，即后来的尼龙。由于尼龙这种聚合物不溶于普通溶剂，还具有 263 摄氏度的高熔点，而且在结构和性质上也非常接近天然丝，拉制的纤维具有丝的外观和光泽，其耐磨性和强度却超过当时任何一种纤维，特别是合成原料的价格也比较低廉，所以卡罗瑟斯发明尼龙之后，杜邦公司决定对其进行产品开发。1938 年 7 月，用尼龙作牙刷毛的牙刷正式投放市场；1939 年 10 月，尼龙丝袜公开销售，人们争相抢购；1940 年 5 月，尼龙纤维织品遍及美国各地；二战期间，尼龙广泛用于制作降落伞、飞机轮胎帘子布、军服等军工产品。作为人类的第一种合成纤维，尼龙由于其特性而得到广泛使用。第二次世界大战后，尼龙工业发展迅速，尼龙的各种产品，从丝袜、衣着到地毯、渔网等，大量出现，产量比最初十年间的产量增加了 25 倍，1964 年产量已占合成纤维产量的一半以上，至今聚酰胺纤维仍是三大合成纤维之一。杜邦公司也从尼龙产品的开发中获得了巨额利润。所以说，尼龙的发明和推向市场算得上是技术推动创新的一个成功典例。

技术推动模式的创新还有一种情形是：在偶然做出发明之后，成功将其推向市场。偶然的发明在科技史上有很多，但在这些意外的发明中，还没有哪一种所取得的市场成功能够与可口可乐饮料匹敌。可口可乐饮料也完全是一个意外的发明。1886年，美国佐治亚州亚特兰大市的潘伯顿医生用古柯碱等原料制作了一种治疗头痛的药水，并在自己的小药店出售。一天，由于一个小店员的差错，他们竟将这种药水和苏打水混合在一起出售给顾客。出人意料的是，不久这个顾客竟然带来更多的顾客，还嚷着要买这种"红色的药水"，原来这种药水的味道非常好。老板潘伯顿问明情况后，叫小店员还按他的糊涂配方打发了顾客，还赏给了小店员5美元。客人走后，潘伯顿医生对这个配方作了些改进，并将改进后的药水当饮料出售。这种饮料后来经过新老板的改进和营销努力，便成了今天畅销全球的可口可乐。

技术推动的创新，其特点根据技术自身发展的规律来做出决策，因此这种创新模式的优点是在技术上更容易取得成功，即技术上的风险和不确定性比较小。在第一和第三种技术推动创新情形中，企业对技术发明本身没有投资，而是在技术发明做出之后才开始对技术的商业化进行投资，因此在单纯的技术开发环节，企业并不需要承担风险。在第二种技术推动创新情形中，企业对基础研究进行了投资，但是相对较少，因此企业承担的技术风险仍然较小。

技术推动创新的缺点是市场风险比较大。技术推动创新在进行技术开发时并不考虑市场的需要，主要根据技术上的可行性来做出决策，所以最后开发出来的技术很可能并不符合市场的需要，特别是可能不符合企业自身的发展战略。因此，技术推动模式的创新更可能在技术市场化阶段以失败告终。1939年，美国无线电公司推出了世界第一台黑白电视机，由于有技术上的优势，美国无线电公司很快又进行彩色电视机的研究与开发。1954年，美国无线电公司再次率先推出了自己的彩色电视机。本以为彩色电视机会在市场上取得更大的成功，结果却出乎他们的预料，彩色电视机在美国市场上遭到冷遇。事后的市场调查发现，美国的黑白电视机市场还远未饱和，美国的家庭大都还满足于黑白电视机，对于价格要贵很多的彩色电视机并不感兴趣。美国无线电公司的这次遭遇说明，企业不能单纯依据技术是否可行来进行技术创新决策。

（二）市场拉动模式

市场拉动模式创新的基本特征是：先了解市场需要，然后根据市场需要进行技术开发。企业和其他创新主体要了解市场需要，可以通过专业的市场调查，也可以通过日常销售信息的反馈。市场需要有时并不明显，这需要创新者进行识别。识别市场需要是一个创新者必须具备的能力，比尔·盖茨创立微软和史蒂夫·乔布斯创立苹果都是很好的例证。1975年，还在哈佛大学上三年级的比尔·盖茨放弃学业，与自己孩提时代的好友保罗·艾伦一起创办了微软公司。比尔·盖茨坚信"计算机将成为每个家庭、每个办公室中最重要的工具"，而计算机需要软件。所以他希望能够用自己全部的精力来抓住他发现的商业机会。差不多和比尔·盖茨同时，史蒂夫·乔布斯也估量出了个人电脑的市场价值。1976年4月，乔布斯和自己的朋友沃兹尼亚克和龙·韦恩成立了苹果公司。为了筹集成立公司的资金，乔布斯卖掉了自己的大众牌小汽车，沃兹尼亚克也卖掉了他珍爱的惠普65型计算器。比尔·盖茨和史蒂夫·乔布斯都敏锐地察觉到了个人电脑的商机并且全力以赴把握住了这个商机。

根据市场需求进行技术开发，这本是企业的职责，企业进行创新的目的就是要追求超额的利润。瓦特发明蒸汽机我们都很熟悉，但其实瓦特的两个合伙人都是企业家。第一个合伙人叫约翰·罗巴克，第二个合伙人叫马修·博尔顿。约翰·罗巴克是一家钢铁厂的老板；马修·博尔顿是一家铸造厂的老板。对于瓦特的两个合伙人来说,他们支持瓦特进行发明主要是看中了蒸汽机的商业前景。应该说,企业一直都很实在,甚至可以说目光比较短浅,但是自从德国企业开创工业研究的历史以来,企业的确曾经在比较长的一段时间内比较理想化,它们在自己的工业研究实验室里进行一些几乎看不到商业效益的基础研究。1932 年,美国通用电气实验室的朗缪尔成为第一个获得诺贝尔奖的企业科学家,之后像贝尔实验室、IBM 实验室、杜邦实验室等企业实验室都培养了不少诺贝尔奖获得者。但是到了 20 世纪 80 年代,激烈的竞争使得世界上的企业基本都放弃了原来过于理想化的追求。1990 年 7 月,就连一直引领工业研究学术化潮流的贝尔实验室也宣布要进行实用主义改革。美国著名科技评论专家罗伯特·布德瑞对此评论说,"自 1957 年以来,工业实验室从未像现在一样真正接近它本来的目标"。

和企业相比较,大学和公立科研机构以及在这些单位工作的科学家更难做到根据市场需求进行技术发明,因为他们的工作相对而言要更加远离市场一些。我国高校和科研机构的科研与市场相脱节一直是一个问题。国外,如美国大学和政府实验室的技术转移也一直是一个难题。各国政府都在努力促进大学和公立科研机构的科研成果向市场转化,关键还在于大学和公立科研机构的科研从一开始就要和市场结合起来。只有产、学、研结合起来,大学和公立科研机构的科研才能考虑市场需求,而不只是单纯根据科研者个人的兴趣爱好进行研究,这样产生的技术成果才能更加容易推向市场,最终转化为现实生产力。

市场拉动模式的创新是根据市场的需求进行技术开发的,开发出来的技术就更容易实现市场化,也就是说市场拉动创新的市场风险更小,这是其优点,但是市场拉动模式的创新同样存在缺点。由于市场拉动模式的创新主要考虑市场需求,对于技术本身的可行性考虑较少,因此市场拉动创新模式中技术开发的成功率比较低,技术上的不确定性和风险比较大。20 世纪 50 年代末,核能研究、导弹设计和飞机制造等技术的发展对计算机提出了更高要求。美国原子能委员会提出需要一种高速计算机,速度要比当时最好的电脑高两个数量级,国际商用机器公司(IBM)赢得了这份订单。IBM 的董事长小沃森把设计任务交给了天才的工程师史蒂芬·唐威尔,唐威尔为这种计算机取名 Stretch,意为"扩展"新技术的机器。Stretch 实际上是一种巨型机,小沃森保证说,"扩展"的速度一定会比 IBM 现有的机器快 100 倍。然而尽管 IBM 的设计师们绞尽脑汁,也创造了一系列新方法,如先行控制、交叉存取、同时操作、自动纠错,等等,但是当第一台 Stretch 巨型机研制出来后,它并没有能够达到政府的设计要求,速度只有原设想速度的 60%。IBM 只得把 Stretch 的价格从 1350 万美元降到 800 万美元,这才刚够收回成本。Stretch 一共只生产了 5 台,造成了 2000 多万美元的亏损。从这个案例来看,IBM 研发 Stretch 巨型机之前已经获得政府的订单,因此市场需求不存在问题。但是就算像 IBM 这样强大的研发力量,却也不能成功开发出符合要求的产品,市场拉动创新模式的技术风险可见一斑。IBM 公司遭受这次挫折之后非常沮丧,不久便退出了巨型机领域的角逐,开始专注于其更加擅长的大中型机的研制。

(三)技术与市场互动模式

技术推动创新模式和市场拉动创新模式各自都存在自己的优缺点。技术推动创新模式的优点是技术开发的成功率比较高,因为在这种创新模式下,企业或其他创新主体主要根据技术的可行性来做出创新决策。但是,技术推动创新模式存在市场风险较大的缺点,因为技术推动模式的创新较少考虑市场需求,只是等到技术开发出来之后才将它推向市场。市场拉动式创新和技术推动式创新恰好相反,它从一开始就根据市场需求来进行技术开发,因为开发的就是市场需要的技术,所以存在的市场不确定性较小,这是市场拉动创新模式的优点。但是,市场拉动模式的创新较少考虑技术的可行性,因此技术开发的成功率较低,技术上的不确定性和风险比较大。

技术推动创新模式和市场拉动创新模式的优缺点正好互补,所以随着人们对技术创新规律认识的加深,一种综合了技术推动式创新和市场拉动式创新两者优点的创新模式逐渐形成,这种创新模式便是技术与市场互动的模式。技术与市场互动创新模式的基本特征是:企业等创新主体在综合考虑市场需求和技术可行性的基础上做出创新决策,只有在既有市场需求同时技术上又可行的条件下才会进行技术开发。对此,超导技术的商业开发可以很好地作出说明。1911 年,荷兰物理学家卡麦林·昂内斯发现,当温度降低到 4.2K 时,水银的电阻会突然消失,呈现超导状态。在超导现象发现之后的半个多世纪里,人们对这种物理现象的研究都没有太大的进展,更不用说对超导技术进行商业化发展了。超导现象出现的临界温度太低,根本没有实用价值。但是到了 20 世纪 80 年代,科学家们接连发现新的高温超导材料。1986 年 1 月,美国国际商用机器公司设在瑞士苏黎世的实验室的科学家柏诺兹和缪勒首先发现钡镧铜氧化物是高温超导体,将超导温度提高到 30K;紧接着,日本东京大学工学部又将超导温度提高到 37K;同年 12 月 30 日,美国休斯敦大学宣布,美籍华裔科学家朱经武将超导温度提高到 40.2K;1987 年 1 月初,日本川崎国立分子研究所将超导温度提高到 43K;不久,日本综合电子研究所又将超导温度提高到 46K 和 53K。同年,中国科学院物理研究所由赵忠贤、陈立泉领导的研究组,获得了 48.6K 的锶镧铜氧系超导体,并看到这类物质有在 70K 发生转变的迹象;2 月 15 日,美国报道朱经武、吴茂昆获得了 98K 超导体;2 月 20 日,中国也宣布发现 100K 以上超导体;3 月 3 日,日本宣布发现 123K 超导体;3 月 12 日,中国北京大学成功地用液氮进行了超导磁悬浮实验。高温超导材料的发现为超导技术的实际应用描绘了一幅大好前景。高温超导材料的临界温度突破了液氮沸点 77K 的大关,因此人们可以用液态氮代替原来的液态氦作为超导制冷剂。氮是空气的主要成分,液氮制冷机的效率比液氦至少高 10 倍,所以液氮的价格实际仅相当于液氦的1/100。虽然各种高温超导材料的发现使得超导技术有了实用性,但是高温超导技术要真正实现商业化应用,仍然有很长的路要走,所以直到 20 世纪末,企业依然不太愿意进入超导领域。到了本世纪初,随着高温超导技术的进一步成熟,企业才开始真正地进入到超导技术的创新领域中来。目前对超导技术的商业开发主要在电力输送方面,超技术用于输电电缆被认为是实现高温超导应用最有希望的途径。传统电缆由于有电阻,电流密度只有 $300 \sim 400 \mathrm{A/m^2}$,而高温超导电缆的电流密度可超过 $10000 \mathrm{A/m^2}$,传输容量比传统电缆要高 5 倍左右,功率损耗仅相当于后者的 40%。有专家预测,按现在的电价和用电量计算,如果我国输电线路全部采用超导电缆,则每年可节约 400 亿元。2001 年 7 月,我国成立了第一家研发、生产、销售超导电力及相关应用产品的高科技企业——北京云电英纳超导电缆有限公司。公司生产的我国首组三相、33.5m、35kV/2kA 超导电缆,经受了长达 7 年多的各种气象条件的考验,送电量已逾 8 亿千瓦时,是目前世界上运行时间最长、输送电量最大的超导电缆。在国外,日本东京电力公司试制成功长 100 m、三相、66kV 的超导电缆,美国也进行了 100 m 超导电缆的安装试验。目前,第一代超导线材——铋氧化物线材已完全达到商业化标准,世界各国正在积极研究开发第二代超导线材——钇系列线材。其中,包含钇的 YBCO(钇铋铜氧)和包含钕的 NBCO(钕铋铜氧)两种线材,由于有更好的磁场特性,将来有可能成为超导线材的主力。除了电力输送方面,超导技术在可控核聚变以及高端军事技术方面都存在着巨大的应用价值,所以企业目前正在积极进行高温超导技术的创新。超导技术的发展和商业应用共同推动了超导技术的创新,因此开发超导技术是技术与市场互动模式创新的一个典型。

技术与市场互动模式创新综合考虑市场需求和技术可行性,市场风险和技术风险都比较小,因此技术创新的成功率也比较高。不过,无论技术推动模式创新、市场拉动模式创新,还是技术与市场互动模式创新,我们都主要是从企业的角度来进行分析的。站在企业的角度,评价技术创新是否成功的标准主要是经济效益。但是,从国家和社会的角度来看,经济效益大小不是评价技术创新是否成功的唯一标准,不赚钱的技术创新对国家和社会也可能有效益。所以,从国家和社会的利益出发,政府支持一些超前的、市场需求尚不明确的技术创新是有必要的。

三、技术创新的合作模式

技术创新的参与主体包括企业、大学、科研机构、政府以及非营利机构等组织还有个人。根据技术创新参与主体之间的合作关系,可以把技术创新分为封闭式创新、开放式创新和自主式创新等。

(一)封闭式创新

封闭式创新指企业主要依靠自己的力量进行创新,很少与其他创新主体进行合作。在 20 世纪的大部分时间里,企业一直坚信"如果你希望事情沿着正确的轨道前进的话,那么就必须自己动手"。在技术创新方面,企业也认为需要进行强有力的控制。企业强调创意出自内部,技术研究与开发也在内部进行,技术成果推向市场也由企业自身完成。为了实现创新由企业独自完成,企业不仅自己建立工业研究实验室,而且不断扩张其规模,以满足越来越复杂的技术创新需要。在 1950 年前后,杜邦实验室从创建时极少的人数扩张到大约 5000 人;标准石油公司实验室的员工人数为2500 人左右,比二战前翻了一番;威斯汀豪斯实验室则从创建时的一人扩张到大约 450 人;柯达公司实验室也从创建时的 20 人左右扩张到大约 550 人,贝尔实验室更是追求规模的典型,它在 1925 年成立时就拥有员工 3600 人,后来则发展到近 3 万人,从它成立开始,贝尔实验室就一直是世界上最大的研发机构。庞大的工业实验室使企业在基本封闭的环境中独立进行技术的研究与开发。技术开发出来之后,公司根据自己的能力和需要选择其中具有商业潜力的技术成果进行商业推广,对于自己还不需要或不能够进行商业推广的技术则用来构建专利壁垒,阻止其他竞争者,或者以专利的形式使其闲置起来。

20 世纪 80 年代以前,美国大部分的大公司,如 IBM、杜邦、通用电气、美国电报电话以及施乐等,都采用封闭式创新模式,其中施乐公司又被学者当作封闭式创新的典型。1970 年,该公司在加利福尼亚州的帕洛阿图市建立了自己的工业实验室——帕洛阿尔托研究中心,简称"帕克研究中心"。公司招募了大量优秀的电脑科学家。(在美国最优秀的 100 位电脑科学家里,有 76 位在帕克)公司长期以来效益非常好,所以给予帕洛阿尔托研究中心非常充裕的资金,特别是给予研究人员极大的研究自由。帕洛阿尔托研究中心与外界很少合作,甚至与母体公司都很少联系,这里的科学家完全凭自己天才的想象力在进行创造。在宽松的研究氛围中,上世纪七八十年代的帕洛阿尔托研究中心作出了当时计算机技术领域近一半的重大发明,包括个人电脑、激光打印机、鼠标、以太网、图形用户界面、Smalltalk、页面描述语言、图标和下拉菜单、所见即所得文本编辑器、语音压缩技术等。大部分的技术发明都和公司的业务没有联系,所以施乐最后只选择了激光打印机作为商业推广项目。其他的发明甚至连帮助施乐公司阻止竞争的忙都没帮上,因为它们最后都通过各种方式落入其他公司手中并为其他公司所用。苹果和微软的发展都曾得益于施乐公司帕洛阿尔托研究中心的技术发明。

　　企业在自己内部进行封闭式创新,主要目的是为了保守技术秘密、保证技术独享,从而能够独享竞争优势、获得技术创新的全部利润。与其他创新主体进行合作意味着自己无法独享技术成果,在竞争中也无法保持绝对优势,更重要的是企业不能获得技术创新带来的全部利润。在尽可能获取最大利润的动机驱使下,企业独自投资进行技术创新,成功的技术创新使企业取得竞争优势,因此获得超额利润,企业获得超额利润后资本更加雄厚,因此能够投资更多新的技术创新,新的技术创新成功后又可以获得更大的超额利润,这是企业进行封闭式创新的良性循环。在 20 世纪的大部分时间里,这个良性循环都较好地维持着,但是随着创新条件的改变,这个封闭创新的良性循环在 20 世纪八九十年代开始变得难以维持,所以企业转而走向开放式创新模式。

　　(二)开放式创新

　　开放式创新是指企业通过各种方式与外界创新主体进行合作创新,它是企业在 20 世纪八九十年代开始采取的一种创新模式。20 世纪 80 年代以来,促使企业放弃封闭式创新模式的一个重要原因是:创新的风险变得越来越大,企业独自进行创新的成功率越来越低。创新风险变大的原因主要有三个:一是现代技术创新变得更加复杂,创新的成本成倍增加;二是技术与产品的生命周期变短,从而要求创新的速度越来越快;三是企业竞争越来越激烈,从事创新的企业越来越多。三个原因导致现代技术创新风险加大,企业单独进行创新成功率难以得到保证。促使企业放弃封闭式创新模式的另一个重要原因是:现代社会人才流动性大,技术保密变得越来越困难。企业不能保持自己的技术垄断地位,独享技术创新带来的超额利润也就变得不可能,所以企业也就失去了单独创新的动力。与此同时,企业采取开放式创新的条件却逐渐变得成熟起来:高等教育的普及以及人才流动性的增强,使得现在的创新知识不再局限于企业研究部门和科研单位内部,而是广泛分布于社会创新网络之中,企业已经可以从外部获得自己所需要的大部分创新知识。另外,经济全球化也使得创新资源的配置与流动可以在更大的范围内进行,很多以前只能被搁置起来的"无用"的研究成果,现在也可以在外部寻找更多实现价值的机会。正是在这样的背景下,开放式创新正在逐渐成为企业创新的主导模式。

开放式创新把企业外部创意和市场化渠道上升到和企业内部创意以及市场化渠道同等重要的地位。企业开始积极寻找与外部创新主体的合作,不仅跟大学、科研机构以及其他没有竞争关系的企业合作进行创新,还跟自己的竞争对手合作进行创新。比如,世界商用飞机双巨头——美国波音公司与欧洲空中客车公司2008年4月宣布,两家公司将合作研发下一代空中交通系统,以节省燃油,避免空中交通拥挤。只要竞争对手之间存在共同利益,他们一样可以进行合作创新。开放式创新接受来自任何地方、任何人的好的创意。企业把供应商、顾客和自己的全体员工都看作创意的重要来源。供应商的竞争、顾客的挑剔都可能成为创新的动力。我国的企业尤其提倡全员创新,如上海宝钢提倡"全员创新大有可为"的新观念,形成了"人人是创新之人,时时是创新之时,处处是创新之地"的企业文化,极大地增强了企业的创新活力。现在,企业的视野越来越开阔,很多企业都在组建自己的创新网络。1999年,宝洁推出自己的新战略"组织2005",他们通过外部资源寻找新的创意和发明,并尝试建立全球创新网络,加快公司内部研发。各种内部和外部的活动帮助宝洁与世界联系起来,宝洁在网络上建立了全球的内部创新社区——创新网络,在这里,研究人员分享信息和想法,向所有研究员提供学习报告。宝洁还创建了实践社区,以实现跨领域的联系。宝洁使大约80名研发人员成为"技术侦察员"或"技术企业家",他们负责搜索新的机会。公司也加入了电子研发社区(Yet2.com和InnoCentive),还创建了其他外部创新关联,包括"合作技术开发"(与其他企业、机构的合作)以及"关键供应商伙伴"(与供应商合作)。此外,宝洁还将专利授权出去,以获得额外的收入。通过实行开放创新战略,宝洁每年发布的专利数减少了,但是公司的收入却增加了。

　　企业与外界创新主体的合作方式多种多样。在技术开发方面,除了委托研究、合作研发和购买或者交换专利等传统合作方式外,企业还经常通过并购来获得自己想要的技术。比如思科,它没有自己的实验室,也几乎不做研究,但是它却能和拥有贝尔实验室的朗讯科技相抗衡。思科能做到这一点的秘诀就是采用了并购策略:发现对自己有价值的新兴科技公司,思科就会设法把它并购过来。在软件行业,企业还会通过开放源代码的方式进行软件产品民主开发。开放源代码指的是一种软件散布模式,一般的软件仅可取得已经过编译的二进制可执行档,通常只有软件的作者或著作权所有者才拥有程序的原始代码。开放源代码就是软件的作者将原始码公开,使得用户可以对软件自行进行修改、复制,以及再分发,因此是一种民主创新方式。IBM 和太阳微系统都实行开放源代码的政策。2005 年,IBM 将 500 项现有的软件专利赠送给开放源代码团体,这意味着这些软件可以被免费获得。IBM 每年还为开放源代码投资 10 亿美元,并极力支持开源软件 Linux 的开发。太阳微系统公司也极力推广开放源代码,它们将自己的操作系统 Solaris 10 和应用软件 Open Office 作为开源软件发布。公司甚至将其微处理器设计 Ultrasparc T1 也开源发布,人们不再需要为此交纳版权费就可以免费使用。

　　企业除了在技术研发环节尽量寻求合作,还通过积极的外部合资、技术特许、技术合伙、战略联盟以及风险投资等方式来尽快地把创新思想变为现实产品与利润。和封闭式创新模式不同,开放式创新模式的技术输出以创造利润为主,而不是通过技术保密来获得竞争优势。比如 Philips 和 Sony 公司将自己拥有的 CD－R 技术广泛授权,光碟生产商每生产一张光碟,就要支付其生产成本的 32%～42% 作为专利使用费，Philips 及 Sony 公司仅靠专利费就赚得盆满钵满。2004 年，Philips 消费电子产品的净利润是 2.49 亿欧元，而技术转让费带来的净收入就高达 0.97 亿欧元。现在，微软也已经在有计划地实施"技术输出战略"，一个重要的原因就是微软的技术维持费用正在日益增加，"技术库存已经不是财富而是包袱"。

（三）自主式创新

2006 年，我国提出了以增强自主创新能力为核心的建设创新型国家战略。我国提出自主创新战略有一个重要的历史背景：改革开放以前，我国的科技创新主要依靠自己，与国外的交流合作比较少；改革开放之后，我国大量引进国外先进技术，自己进行的创新较少，特别是在高科技领域严重依赖西方发达国家；进入新世纪，我国加入世界贸易组织，西方发达国家构建知识产权壁垒，对我国的经济贸易进行打压，我国迫切需要转变经济增长方式，从过去的资源依赖型发展模式转变到创新驱动型发展模式上来。正是在这种背景之下，我国才提出要建设创新型国家，提高我国的自主创新能力。

和国家一样，企业从过去的封闭式创新模式转变到开放式创新模式之后，也存在过分依赖外部创新资源的问题，所以真正适合企业的既不是封闭式创新模式也不是开放式创新模式而是自主式创新模式。自主式创新不同于封闭式创新单纯依靠自己的力量进行创新，也不同于开放式创新过分依赖外部创新资源，自主式创新以内部创新为中心，在此前提下，企业充分利用外部创新资源。

自主式创新模式下，企业拥有自己的核心技术，并且由自己进行创新。对于一个国家来说，具有战略意义的核心技术是无法从国外买来的。一个企业也一样，核心技术只能由自己进行创新。当然，很多企业实际上并没有自己的核心技术，这样的企业容易被模仿，它没有自己的特色，没有自己的个性，一般来说不会存在很长时间。所以,一个企业要想长久存在,就要有自己的核心技术,而核心技术只能靠自己进行创新或发展。

判别一个企业采取的是哪一种合作创新模式要看这个企业的工业实验室规模。封闭式创新模式下的企业都有一个规模庞大、功能齐全的工业实验室,因为企业要全部依靠自己的力量进行创新。开放式创新模式下的企业可以不建立自己的实验室,因为企业主要依靠外部的力量进行创新。进行自主式创新的企业必须要有自己的实验室,但是实验室的规模不会很大,因为企业的实验室主要从事核心技术的研发,对于其他非核心的技术,企业主要依靠外部资源进行创新。依据这个标准,现在一些著名的企业被认为采取的是自主式创新模式。比较典型的例子是英特尔。英特尔积极利用外部资源进行创新,它和世界上许多著名的大学都保持着合作的关系。英特尔每年花费 1 亿多美元用于资助大学的研究,并且在公司内部成立了一个研究委员会,专门负责督导它的大学研究项目。但是英特尔有自己鲜明的技术特色,其核心技术是微处理器,对于自己的核心技术,英特尔主要依靠自己进行创新,所以在上世纪 90 年代组建了自己的实验室,不过规模很小,其中的科学技术研究人员也只有 160 人。

四、技术创新的对象模式

根据创新对象的不同,技术创新可以分为产品技术创新、工艺技术创新和综合技术创新。

(一)产品技术创新

产品技术创新是指通过推出新产品或者对原有产品进行改进来实现市场价值的过程。创新产品是最常见的技术创新形式,企业根据市场需要不停地推出新产品或对原有产品进行升级换代。市场上几乎每天都有新产品在推出,不断推陈出新的科技产品也深深地改变了我们的生活。2009 年年底,美联社调查了"10 年来改变人们生活的东西",手机、数码相机、搜索引擎、全球定位系统(GPS)、游戏机以及便携式媒体播放机(iPod)等科技产品都赫然在列。如果追溯到 20 世纪,科技产品也一样给我们留下了深刻的印象,如飞机、电视机、计算机、互联网和合成纤维等伟大发明已经完全改变了我们的生活。科技产品使我们的生活变得更加方便和丰富多彩,而这都是企业技术创新的成果。

一般来说,任何一种产品都有自己的生命周期,企业需要根据产品生命周期的特点不断地进行创新。典型的产品生命周期一般可以分成引入期、成长期、成熟期和衰退期四个阶段。新产品投入市场,便进入了引入期,此时顾客对产品还不了解,除了少数追求新奇的顾客外,几乎没有人购买该产品。在此阶段,产品生产批量小,制造成本高,广告费用大,产品销售价格偏高,销售量极为有限,企业通常不能获利。当产品销售取得成功之后,便进入了成长期,这是需求增长阶段,需求量和销售额迅速上升,生产成本大幅度下降,利润迅速增长。随着购买产品人数的增多,市场需求趋于饱和,产品便进入了成熟期阶段,此时,销售增长速度缓慢直至转而下降,由于竞争的加剧,广告费用再度提高,利润下降。随着科技的发展、新产品和替代品的出现,以及消费习惯的改变等原因,产品的销售量和利润持续下降,产品开始进入了衰退期,产品的需求量和销售量迅速下降,同时市场上出现替代品和新产品,使顾客的消费习惯发生改变。此时花费成本较高的企业就会由于无利可图而陆续停止生产,该类产品的生命周期也就将近结束,直至最后完全撤出市场。

在产品引入期,企业要关注的是产品本身。企业要合理设计产品的功能,才能满足消费者的需求,从而将产品成功打入市场。在产品成长期,产品已经基本定型,所以企业技术创新的重点是改进产品的生产工艺、提高产品的质量、降低产品的生产成本。在产品成熟期,从工程学意义上讲,产品和生产工艺都达到了最佳状态,企业创新的方向是进一步提高生产率,重点在于管理企业和获取市场占有率。在产品衰退期,产品已经开始失去盈利能力,对产品进一步进行技术改良也不会增加利润,此时企业创新重点是开发和推出新的产品。

(二)工艺技术创新

工艺技术创新是指通过改进产品生产工艺来实现市场价值的过程。先进的生产工艺可以降低生产成本、提高产品质量,因此也是企业创新的重点。从产品生命周期的特点来看,当产品基本定型,进入成长期之后,企业竞争的焦点就在于改进产品生产工艺。对于人类的生产和生活来说,有一些产品一直占据着重要的位置,以至于人类会不断地去追求生产工艺的创新。炼钢工艺和炼油工艺的发展就属于这种情况。

19 世纪 80 年代以后,铁路的铺设,机床、轮船以及武器的生产等迫切需要大量钢铁,因此推动了新炼钢法的产生。英国工程师贝塞麦发明了来复线结构的大炮炮筒,可使大炮发射更准确、射程更远,但是用铸铁造的炮筒不能满足新的要求,于是他转而研究炼钢方法,在 1856 年首创转炉炼钢新技术,只用不到 10 分钟就可炼出 10~15 吨钢,但贝塞麦炼钢法只能冶炼含磷量低的铁矿石,这种铁矿石又很少。1864 年,德国的西门子和法国的马丁发明了平炉炼钢法,使钢铁生产能够大规模进行。1879 年,英国人托马斯创造出碱性衬里的平炉,可用含磷量较多的矿砂来炼钢。由于新炼钢技术的推广应用,在 1865－1870 年间,世界钢产量增加了70%。[①] 这段高潮之后,人类对炼钢法的创新仍没有止步。20 世纪 50 年代初出现了碱性氧气顶吹转炉炼钢法,原来的转炉炼钢是顶吹或底吹空气,现在吹入的是纯氧。与原有的空气转炉相比,纯

---

① 清华大学自然辩证法教研组:《科学技术史讲义》,北京:清华大学出版社,1982 年,第 102~103 页。

氧转炉的热平衡条件更为有利,所以原料中可以加入较多废钢(可达30%左右),所产的钢含氮量低、质量更好。此外,同平炉相比,纯氧转炉不耗燃料,而且生产率高得多,利用废钢的能力虽差一些,但在废钢来源不多的地区也能使用。此外,20世纪60年代起,世界氧气转炉炼钢的产量和使用比例扶摇直上,现在,氧气转炉已彻底淘汰了空气转炉,并在很大程度上取代了平炉的地位。60年代末还出现了氧气底吹转炉炼钢法,近年来又发展了复合吹转炉炼钢法,已在许多国家应用。此外,电弧炉炼钢法也是一种重要的炼钢法。

石油是重要的工业原料,人类对炼油工艺的创新已经持续了一个多世纪,尤其在上个世纪上半叶,炼油工艺不断取得突破。上世纪初,石油工业迫切需要一种易挥发的产品(汽油),而对另一种不易挥发的产品(煤油)的需求则急剧下降,对较重产品(燃油)的需求也相应地下降。1855年,耶鲁大学的一位化学教授首次论证和演示了裂化现象,但是直到20世纪,这一发明才在新工艺中获得商业应用。第一次真正成功使用工业裂化法的是威廉·伯顿,1909—1910年间,他作为美孚石油印第安纳子公司炼油厂经理,调动了必需的财力进行了裂化试验。但在1910年,因为担心发生爆炸事故,母公司拒绝提供100万美元建立第一家采用伯顿方法的工厂。1911年,印第安纳美孚石油公司因为反托拉斯法被判决脱离母公司,新的董事会批准了上述资金。1913年工厂开始投产,进展十分顺利,汽油产量翻了一番。从1913年至1922年,伯顿的这个工艺给印第安纳美孚石油公司带来的总利润达1.23亿美元,最初成本减少了28%,后来经过各种改进,成本减少了约50%。威廉·伯顿投入的研究费用是23.6万元,但是仅投产的第一年,公司就获得了10倍的收益。后来仅专利权使用收入就超过2千万美元,对采用伯顿法的公司,印第安纳收取25%的利润分成。伯顿法的成功及其苛刻的专利授权条件刺激了其他替代工艺的研究。1920 年出现了 4 种新的裂化法,1921 年出现了 5 种。新出现的裂化法中,"杜布斯"法和"管—罐"法最为成功。杜布斯最先为美孚阿斯福尔特公司工作,进行裂化法研究。后来,一家新公司——通用石油产品公司(UOP)购买了杜布斯的专利并研究新加工工艺。之后,杜布斯和杰出的化学家埃格洛夫博士在 UOP 实验室合作,直到 1918 年,他们顺利地建成一家实验厂,1919 年该厂发展成为壳牌石油公司。杜布斯法直到 1923 年才稳定下来,它的研究总费用约为 6 百万美元。当 UOP 倾力研究杜布斯法时,当时最大的石油公司——新泽西美孚则在研究另一种主要的连续流程法,即后来的"管—罐"法,该法大约在 1921 年研制成功。20 世纪 20 年代,大家普遍意识到裂化法要取得进步应从催化技术着手,于是几家石油公司相继进行催化实验,但第一个获得成功的是一位法国工程师尤金·胡得利。1927 年,尤金·胡得利采用一种黏土(硅氧烷和氧化铝)进行裂化实验,并获得成功,他后来移居美国,1930 年与索科尼真空石油公司合资成立了胡得利生产工艺公司,而后又与太阳石油公司达成一项新协议。1936—1937 年,索科尼真空公司和太阳石油公司宣布胡得利法研究成功,耗资约 1100 万美元。美孚意识到完全连续的流动法将比半连续的胡得利固定床催化系统要好得多,还有意研究出广泛适用于各种原油,而非仅限于优质原油的加工工艺。为了达到这些目的,美孚与其他受到胡得利法威胁的石油公司和加工公司合作,1938 年组成了名为"催化研究联合体"的集团,集团最初包括凯洛格、IG—法本、印第安纳美孚和新泽西美孚,不久,壳牌、英—伊(BP)、德士古和 UOP 诸公司也都纷纷加入。该集团(不包括 IG)调动起各种用于研究开发的设备资源,雇佣了约 1000 位(美孚发展公司 400 位)不同领域的专家,于 1942 年研究成功流化床催化裂化法。20 世纪上半叶高潮之后,炼油工艺的创新还在继续,包括今天炼油工艺都还在不断地得到改进。①

（三）综合技术创新

产品技术和工艺技术是企业技术创新的主要对象，对它们的创新通常是综合进行的。在产品生命周期的引入阶段，为了满足市场的需求，产品功能的设计起着关键作用，所以在这个阶段，产品技术的创新占据企业技术创新的主导地位。随着产品生命周期进入发展阶段，产品逐渐定型，提高生产效率、降低生产成本开始成为企业关注的焦点，因此工艺技术的创新开始占据主导地位。虽然在产品生命周期的不同阶段，企业技术创新的重点有所不同，但是总的说来，一个企业要成功地进行一次技术创新，产品技术和工艺技术的变革都是必要的。今天铝制品在我们生活中被广泛使用，但是在铝的廉价冶炼方法出现之前，铝制品大量的推广使用是难以想象的。1825 年，丹麦化学家和矿物学家厄斯泰德用钾汞齐还原无水卤化铝，第一次制出不纯的金属铝。1827 年，德国化学家维勒用金属钾还原无水氯化铝，制出较纯的铝。又过了 27 年，法国化学家德维尔用金属钠与无水氯化铝一起加热，制出了闪耀金属光泽的小铝球。无论用钾还是用钠来生产铝，费用都太昂贵了，所以那时的铝不仅没有得到普遍使用，而且还被当作极其珍贵的物品。传说拿破仑三世用的刀叉就是铝做的。筵席上，他为多数客人提供金餐具，只有少数珍贵的客人才有资格使用铝餐具。1885 年，华盛顿纪念碑在美国首都华盛顿特区落成，当时纪念碑的顶帽也是用金属铝做成的。1884 年，美国奥伯林学院化学系一位名叫查尔斯·马丁·霍尔的青年学生在自己老师的影响，下开始在自己家的柴房中进行铝的冶炼实验。受戴维的启发，霍尔准备把电流通到熔融的金属盐中，使金属离子在阴极上沉积下来，但

---

① （英）克利斯·弗里曼，罗克·苏特：《工业创新经济学》，北京：北京大学出版社，2004 年，第 115～124 页。

因为氧化铝的熔点很高（2050℃），他必须物色一种既能够溶解氧化铝又能降低其熔点的材料，于是偶然发现了冰晶石。冰晶石（氧化铝熔盐）的熔点仅在930～1000℃之间，且冰晶石在电解温度下不被分解，还有足够的流动性，这样就有利于电解的进行。霍尔采用瓷坩埚，碳棒（阳极）和自制电池，对精制的氧化铝矿进行电解。把氧化铝溶在10％～15％的熔融的冰晶石里，再通以电流，结果观察到有气泡出现，然而却没有金属铝析出。他推测，电流使坩埚中的二氧化硅分解了，因此游离出硅，于是他对电池进行改装，用碳作坩埚衬里，又将碳作为阴极，从而解决了这一难题。1886年2月的一天，他终于看到小球状的铝聚集在阴极上，一种廉价的炼铝方法诞生了。铝这种在地壳中含量仅占8％的元素，从此成为了具有多方面重要用途的材料。

如果进行更加全面的分析，我们还会发现，技术创新不仅仅是产品技术和工艺技术的综合创新，还经常涉及开辟新市场以及开拓或者利用新的原材料或半成品。开辟新市场主要依靠营销和管理技术的创新，但同时也需要对产品和工艺进行变革。不同的市场对产品的外观和功能会有不同要求，所以开辟新市场之前需要对产品进行新的设计，对产品的外观和功能进行一定的调整。比如，日本的汽车销往美国，它的驾驶室就要设计得更加宽大些。产品设计有变化，生产工艺也要做相应调整。此外，开辟新市场经常要考虑本土情况，这时生产工艺要根据本土提供的不同原材料而进行改进。比如，由于矿石来源不同，矿石的品位和杂质都会有所区别，因此矿物加工或冶炼企业如果想开拓新市场，就要根据当地的矿石情况对矿物加工或冶炼工艺进行相应改进。这种情况同时也说明，开拓或者利用新的原材料或者半成品与工艺技术创新和产品技术创新是紧密相连的。熊彼特指出，开拓新的原材料或半成品是一种重要的技术创新手段，甚至会引起人类社会最重要的技术创新。当人类开始用铁器取代青铜器的时候，整个人类社会都迈进了一个新的时代。合成材料，如合成纤维的发明给我们的生活带来了翻天覆地的变化。当今社会有一个比较明显的例子，就是光纤通讯取代电线通讯。在光纤发明之前，通讯信号都通过金属电线传输，金属电线制作成本高、传输损耗大。光纤即光导纤维，是利用光在玻璃或塑料制成的纤维中的全反射原理而制成的一种光传导工具。光通过光导纤维传导比电通过电线传导的损耗低得多，所以光纤发明出来之后经常用作长距离的信息传递工具。利用新的原材料或半成品经常会导致产品技术和工艺技术都发生变革，比如导电塑料，它具有金属导电性的同时又具有塑料重量轻、延展性好等特点。用导电塑料取代金属，制作的产品重量变轻、体积缩小，因此有人预言，用导电塑料取代金属做成的笔记本电脑甚至可以塞进一块手表里。产品在发生变化，工艺技术也同样会发生变化，所以并不存在单方面的技术创新，技术创新通常都是产品技术、工艺技术、营销管理技术以及原材料供给技术的综合创新。

五、技术创新的程度模式

根据技术变革程度的高低可以将技术创新分为渐进式技术创新和突破式技术创新。

（一）渐进式创新

渐进式创新是指对原有技术进行较小的改进，并不发生根本性改变。渐进式创新属于技术创新中的量变，只有当渐进式技术创新积累到一定程度的时候，技术创新才会发生质变和飞跃。渐进式技术创新在软件业中非常常见，一个软件的版本开发出来之后，开发商会不断以补丁的形式对其进行升级完善，当补丁积累到一定程度，开发商便会推出新的软件版本。当然，渐进式技术创新在其他行业也很常见。近几年大家都非常熟悉苹果手机 iphone，它是苹果公司对便携式媒体播放器 ipod 进行渐进式创新的结果，同时它现在也在经历着渐进式创新的过程。iPod 是苹果公司较早推出的产品,公司一直在对它进行改进,每一个新的版本都会有一些小的进步,比如屏幕变大了、机身更纤薄了、性能变佳了、容量变大了,还可以声控了,等等。这些渐进式的优化在一步步地发生,直到有一天,当秘密研发 iPad 的工程师把多点触摸技术也准备好之后,乔布斯一拍大腿说:"为什么不做个手机呢?"于是苹果公司很快开发出了第一款手机 iphone 1,并于 2007 年 6 月 29 日在美国上市。iPhone 1 是结合照相、个人数码助理、媒体播放器以及无线通信设备为一体的掌上智能手机。iPhone 1 推出之后,苹果公司不断对其进行改进和完善,相继推出 iPhone 2、iPhone 3 和 iPhone 4,2012 年 9 月 13 日凌晨(美国时间 9 月 12 日上午)又发布了 iPhone 5。

根据产品生命周期理论,渐进式技术创新几乎发生在整个产品生命周期之中。从新产品推出开始,企业就不断地对产品技术和工艺技术进行改进。到了产品生命周期的最后阶段,企业开始停止对旧产品进行创新投资,旧产品逐渐退出市场,新产品开始取代旧产品。新旧产品的更替是一种突破式创新,也是渐进式技术创新的结果。

渐进式技术创新结束,新产品代替旧产品,通常会存在两种情况。一种情况是,由于渐进式技术创新的积累,产品的功能变得越来越佳,以至于发生根本性的改变,旧产品升级为更高层次的新产品。比如 1946 年世界上第一台电子计算机 ENIAC 在美国宾夕法尼亚大学研制成功后,计算机迄今已有了四代,第一代 ENIAC 是使用电子管的数字计算机(1946—1958 年),第二代是晶体管计算机(1958—1964 年),第三代是中小规模集成电路计算机(1965—1970 年),第四代是大规模集成电路计算机(1971 至今)。每一代计算机出现之后,人类都会对它不断进行改进,这是一种渐进式创新。每一次改进都使原有计算机的性能更加优化,当这种渐进式创新积累到一定程度,计算机的性能就开始发生根本性的改变,于是新一代的计算机便出现了。另一种情况是,随着渐进式技术创新的进行,产品改进的空间变得越来越小,以至于到最后已经没有改进的余地或者必要了,在新的产品面前,旧的产品已经完全失去了竞争力,因此不得不被淘汰。比如人类的动力机从蒸汽机过渡到电机和内燃机就属于这种情况。蒸汽机经过瓦特的根本性改进之后成为万能动力机,此后人类对蒸汽机仍在进行不断的改进,但是蒸汽机由于其本身的性质,可改进的余地越来越小,终于当蒸汽机技术发展到一定程度,它的性能再也无法和新出现的电机和内燃机相匹敌时,便不可避免地被淘汰了。

(二)突破式创新

突破式创新是指从一开始就旨在淘汰现有产品或工艺,或者对现有产品或工艺进行重大改进的创新。和渐进式创新相对应,突破式创新也有两种情况。

一种情况是对现有产品或工艺进行重大改进,产品或工艺的性能发生飞跃,但是产品或工艺技术的基本原理并不发生改变。比如电子计算机的发展,每一代新的计算机相对于原来的计算机来说性能都发生了飞跃,但是电子计算机的基本原理并不发生改变。对于一个企业来说,如果它的目标不是对现有计算机进行一般改良,而是直接研制下一代计算机,那么这个企业的创新就是一种突破式创新。IBM 的 360 电脑系统研制就属于这样一种突破式技术创新。1963 年,IBM 的发展一度呈现停滞状态,股票下跌了 33%,增长率也只有百分之几,是二战以来的最低点。经过连续几个星期的思考,总裁小沃森决定抓住集成电路出现的良机,研制新的电脑系统。新电脑系统用 360 命名,表示一圈 360 度,既代表着 360 电脑从工商业到科学界,可以得到全方位应用,也突出了 IBM 的宗旨:为用户全方位服务。项目的费用预算是:研制经费 5 亿、生产设备投资 10 亿,推销和租赁垫支 35 亿——360 计划总共需要投资 50 亿,是美国研制第一颗原子弹"曼哈顿工程"成本的 2.5 倍。360 电脑的研制决定着这家老牌公司的前途命运。《福布斯》杂志惊呼:"IBM 的 50 亿大赌博!"小沃森自己也承认,这是他一生中所做的"一项最大、最富冒险的决策"。1964 年 4 月 7 日,成本 50 亿元的"大赌博"为 IBM 赢到了 360 系列电脑,共有 6 个型号的大、中、小型电脑和 44 种新式的配套设备,从功能较弱的 360/51 型小型机,到功能超过 51 型 500 倍的 360/91 型大型机,都是清一色的"兼容机"。IBM360 标志着第三代电脑正式登上了历史舞台。当然,IBM 通过这次创新也赢得了丰厚的利润。5 年之内,IBM360 共售出 32300 台,创造了电脑销售界的奇迹,360 系列电脑成为人们最喜爱的计算机。

1966 年底,IBM 公司年收入超过 40 亿美元,纯利润高达 10 亿美元,跃升到美国 10 大公司行列,从而确立了自己在世界电脑市场的统治地位。

突破式创新的另一种情况是旨在淘汰现有产品或工艺。这种情况的创新是用一种全新的产品或工艺取代现有的产品或工艺,新产品或工艺和现有产品或工艺的功能相同,但是所依据的技术原理完全不同。比如电机和蒸汽机功能相同,但是工作原理完全不同;又比如霍尔发明的电解炼铝法和此前的碱金属置换法所依据的化学原理也完全不同。

一般的观点认为,大公司不愿意进行突破式技术创新,因为突破式技术创新可能会颠覆大公司已经取得的市场主导地位。如果单纯从推出全新产品的意愿来看,小企业特别是新创小企业的积极性的确远远高于大企业。小微企业好比技术创新的先锋,他们完全没有大公司的保守与顾虑,但是突破式技术创新需要雄厚的资金支持,在市场推广阶段营销网络也至关重要,而这些都是大公司的优势。所以综合起来考虑,是大公司还是小公司更加适合进行突破式技术创新,这点还不能妄下定论。

六、技术创新的战略模式

不同的公司会采取不同的创新战略,常见的创新战略包括进取型创新战略、保守型创新战略、仿制型创新战略、依赖型创新战略、传统型创新战略和机会主义创新战略。[①]

(一)进取型创新战略

进取型创新战略是通过推出新产品,成为竞争的领先者的战略。公司如果希望通过推出新产品成为竞争的领先者,那么就需要经常获得先进的科学技术知识并且能够抢先发现新的机遇。公司要想获得先进的科学技术知识,一方面可以依靠公司与世界科学技术系统的特殊关系,吸收关键科学家,安排咨询、合作研究;另一方面要依靠自身的研究与开发。一般来说,推行进取型创新战略的公司都是研究与开发密集型公司。虽然还不确定进取型战略需要公司将基础研究推进到何种程度,但是公司如果希望长期保持领先地位,并不断推出新产品,那么就非常有必要进行一定的基础研究。

采取进取型创新战略的公司,需要打持久战并且要承担高风险,因为大部分创新要在研究工作开始了10年以后才能获得一些利润,甚至有一些从未获得过利润。为了收回研究开发的巨大成本并且弥补不可避免的损失,采取进取型战略的公司十分重视专利保护,希望以此获得巨额垄断利润。

为了在进取型创新中取得成功,公司不仅要搞好研究开发,还要教育好顾客和员工。在较后阶段,随着新技术被广泛采用,这些责任都可以交给社会去承担;但是在前几个阶段(可能持续数十年),进行创新的公司必须承担起教育和训练工作,其中包含开设

---

① (英)克利斯·弗里曼,罗克·苏特:《工业创新经济学》,北京:北京大学出版社,2004年,第340～366页。

课程、编写手册和教科书、拍摄影片、提供技术帮助和咨询服务,以及开发新仪器等。这方面的典型事例有马可尼无线电报务员学校、巴斯夫(德国巴登州苯胺与苏打工厂)的农业咨询站、帝国化学公司的聚乙烯和其他塑料的技术服务、IBM 和 ICL(国际计算机公司)的计算机培训和咨询服务、英国原子能管理局的同位素工作、联合企业与英国中央电力局的技术教育。许多观察家相信,能够有效地提供这些服务,正是鼎盛时期的 IBM 公司在世界计算机市场上的主要优势。

(二)保守型创新战略

保守战略并非意味着不进行创新研究或开发,恰恰相反,采取保守战略的公司与采取进取战略的公司具有同等程度的研究密度,差别只在于创新的性质和时间安排。保守型创新者不希望成为世界的领先者,但也不愿意落在技术变革潮流的后面,他们不想带头创新,从而冒巨大的风险,而只想从早期创新者的失误和开拓的市场中获得好处。当然,有的时候采取保守型战略也并非出自一些公司的本意,因为这些公司本来想当进取型创新者,却被更成功的进取型竞争者超越了。

保守型的研究开发大多发生在寡头卖主垄断的市场上,并且与产品是否多样化有关。寡头垄断市场意味着由少数几个寡头企业控制整个市场的生产和销售,但同时又存在众多中小企业的竞争。对于垄断企业来说,它们更加倾向于采取保守型的创新策略。寡头企业拥有垄断地位,它们不愿意去冒高风险,但是竞争依然存在,所以如果要继续保持自己的垄断地位,它们就必须对竞争者引起的技术变化做出快速反应并加以适应。保守型创新者的目标是不要落后太远,新技术出现之后,它们必须迅速行动起来,找机会超过先行者。电脑行业的巨人 IBM 虽然表现出一定的进取性,但总的来说,它主要采取的是保守型的创新战略。IBM 经常在其他企业,特别是新创立的中小企业挑起技术竞争之后,迅速跟进研发,然后利用自己的资本实力和营销网络在最终的技术推广中赢得胜利。采取保守型的创新策略是否可行,也跟产品能否多样化存在密切相关,如果产品是单一的,一旦技术先行者获得了产品专利之后,后来者是很难推出新产品的。因为电脑产品存在多样性,所以 IBM 的保守型创新战略能够长期取得成功。

对于保守型创新者来说,专利同样非常重要,但是它起作用的方式稍有不同。对于先驱者来说,专利是保持技术领先和垄断地位的重要条件;对于保守型创新者来说,专利却是削弱先驱者垄断地位的利器。保守型创新者对新技术做出重大改进,因此可以以此作为取得先驱者专利许可的重要交换条件,因为对于先驱者来说,交换通常也是有利的。此外,进取型创新者通常以专利作为收入的主要来源,并且作为回收开发成本的必要保障。保守型创新者则较少依赖专利收入,他们主要希望通过扩大市场份额来获得利润。

(三)仿制型和依赖型创新战略

保守型创新者在正常情况下不会去依样仿制早先创新者推出的产品。相反,他们会对早期产品的缺点进行改进,而且他们有技术能力这样做。保守型创新者打算建立独立的专利地位来开展竞争,而不是简单地获得特许。若他们取得特许,通常也是为了将其作为跳板以求做得更好。仿制型公司却不这样,他们不热衷于"蛙跳"式的跃进,甚至不想跟上比赛的节奏,而只是满足于跟随在技术领导者之后。如果落后较远,仿制型公司一般不会申请特许,因为专利可能已经过期;但是如果落后得不是太多,他们则会正式或慎重地申请特许或购买专门的技术。仿制型公司也可能推出一些二次专利,只作为它们活动的副产品,而不作为其战略的中心。

仿制者为了与已确立优势的创新公司竞争,就必须具备某些有利条件,包括受控的市场和明确的成本优势等。受控的市场可能位于其公司或附属企业之内,比如大量合成橡胶的轮胎公司就可能自己来生产合成橡胶。这个市场也可能是在公司享有特殊条件的地区，比如因政治特权地位而得到关税保护的地区。此外，仿制者还可以在较低的劳动力成本、工厂投资成本、能源供应或材料成本等一个或几个方面享有优势。最后，仿制者可在管理效率和较低的管理成本方面享有优势，事实上，他们不需要在研究与开发活动、专利、培训、技术服务上大量花费，而这些对于创新型公司来说却是必不可少的。仿制者主要依靠上述这些优势来侵占创新者的地盘。

依赖型企业同意在与其他较强企业的关系中充当附属或次要角色。在工业化国家，大公司经常有一些附属公司为它们提供部件，或做合同规定的制品和提供各种服务。依赖型公司通常就是分包商甚至次分包商。一般地讲，它们没有产品设计的主动权，也没有研究开发设施。所以，依赖型公司除非有来自客户或母公司的特殊要求，否则，它们并不会在自己的产品中启动技术变革。

（四）传统型和机会主义创新战略

在工业化社会，有一些产业以快速技术创新为特征，但也有一些传统产业对技术创新的需求并不是那么迫切。有时候，在新兴的高技术产业里，会由于一种技术创新的成功而导致新商品的标准化大量生产，因而在长时期内不再需要进行技术变更。由于上述情况的存在，有一些公司，特别是传统产业公司会采取传统型的创新战略。采取传统型创新战略的公司实际上就是不进行技术创新，也缺乏科学和技术能力来推行意义深远的产品变革，不过它们能够应付非技术的设计变化。传统型公司就是在高度工业化的社会里也还有一定的生存空间，但是这种生存空间越来越小，传统产业正在不断受到外来技术的影响。由于传统公司不能在自己的生产线上启动技术创新，也不能对别人引进的技术更新采取防止性对策，所以他们正在逐渐被排挤出去。传统型公司就好比是工业中的"农民"。

机会主义创新战略也可以被称为"特需型创新战略"。市场具有多样性,因此企业家总有可能在快速变化的市场中发现某些新的机会,这种机会既不需要内部的研究开发,也不需要复杂的设计,却能使企业家发现一种重要的特殊需求,并提供消费者需要而无人打算提供的产品或服务。当然,新机会的发现并不容易,更重要的是,机会主义企业和传统企业一样,缺乏抵御技术入侵的能力。

随着公司的发展,它的创新战略可能会发生转变。另外,公司的创新战略也会受到国内环境和政府政策的影响。一般来说,发展中国家的大多数公司都是仿制型、依赖型和传统型公司。随着国家科技和经济实力的增强,政府会引导企业逐渐向保守型和进取型转变。日本政府在"二战"之后就曾有意识地引导企业的战略从传统型转向模仿型,然后又向保守型和进取型转变。我国正在建设创新型国家,我国企业的创新战略也正在从过去的模仿型向保守型甚至进取型转变。

思考题

1. 传统的技术创造方法有哪些?它们各自的优点和缺点是什么?

2. 简述 TRIZ 创新方法理论体系与核心思想。结合自己所学的专业,谈谈你将如何运用 TRIZ 方法进行技术创造。

3. 技术创新和技术创造的区别和联系是什么?

4. 简述技术创新的不同模式。如果你将来进行创业,谈谈你会如何根据公司和市场的实际情况采用不同的创新模式。

第六章　马克思主义科学技术社会论

马克思主义科学技术社会论是马克思主义关于科学技术与社会相互关系的观点总和。科学技术与社会的相互关系包含很多方面,本章选择与我们关系密切的几个方面进行介绍。第一节概括地介绍科学技术与社会之间的相互作用;第二节介绍民族文化与科技进步的关系;第三节介绍科技伦理问题;第四节介绍科学共同体及其演变与发展过程。

第一节　科学技术与社会的相互作用

在科学技术突飞猛进、信息革命方兴未艾的历史背景下,科学技术对人类生产和生活正产生着日益广泛而深刻的影响,"科学技术是第一生产力"这一命题也越来越被更多的人所认同和接受。研究科学技术与社会的相互作用,理应成为自然辩证法的重要内容。

"科学技术"是一个复合概念,科学和技术既有着明显的区别,又有着不可分割的联系。科学指的是对客观世界的认知,它是对客观事物本质和规律的正确揭示,是系统存在的理论化的知识体系,解决的是世界"是什么"、"为什么"的问题。技术以科学为基础,它所要解决的是人们在实践中"怎么做"的问题,是科学知识在实践中的具体应用,表现为实践主体改造客体的方法、手段以及操作规程,是科学知识指导实践的中介和桥梁。在知识经济时代,科学技术化和技术科学化的趋势日益加强,科学技术作为一个整体性的文明形态,在现代生产中发挥着"第一生产力"的作用。

一、科学技术的形成和发展

(一)对科学技术形成和发展的历史回顾

科学技术是怎样产生的? 其实,它就来自于人类的生产和生活实践,实践活动是科学技术孕育生长的源头。恩格斯指出,人的智力是按照人如何学会改造自然界而发展的。面对着自然存在的世界万物,人类发现原生态的自然不能完全满足自己的生存和生活需求,因此只能以主动的实践活动去改造自然,以自己的行动去调整人与自然之间的物质、信息和能量关系,实现人与自然的和谐共处。而且,这种改造客观世界的活动,不是仅仅靠四肢、体力和热情所能够完成的,还必须运用心灵和智慧的力量去揭示世界的内在规律和属性,并把这种知识性的成果转化为行动的规则、方法和程序。在漫长的人类实践活动中,科学技术就这样应运而生了。

在漫长的原始社会,人们在艰苦的环境中战天斗地,随着技术和经验的逐渐积累,人们对世界的认识也在不断增加和深化。不过,在人类文明刚刚起步的"童年时代",生产技术还不够发达,改造自然的能力还不够强大,有限的零散而又朴素的生活经验尚不能上升到逻辑层面和理论高度。面对纷繁复杂、变化万千的现实世界,人们既产生了正确的认识,又难免会有虚幻的构想,真理和谬误相互掺杂。随着社会分工的深化、生产力的不断发展,脑力劳动和体力劳动出现了分离,"劳心者治人,劳力者治于人",在这样的历史条件下,社会上开始出现了一批专门从事知识生产和创造的人。在古代社会,科学技术总体上还不成熟,人类对自然的认识基本上还停留在经验描述的层面:只知其然,不知其所以然,也只有少数几个学科初步建立了理论体系。在欧洲漫长的中世纪时代,神学一统天下,理性的光芒被僵死的宗教教义牢牢禁锢,哲学、科学统统成了侍奉神学的婢女,成为论证上帝存在的工具。

近代社会是科学技术大放异彩的时代,各学科都得到了全面的、系统的发展,科学技术在历史进步过程中发挥了极其重要的作用。18 世纪 60 年代,以蒸汽机的发明为标志的第一次科技革命,使西方各主要资本主义国家相继迈入了机器大工业时代,也为资本主义生产方式彻底战胜封建制度奠定了坚实的物质基础。19 世纪 70 年代,以电力的发明为标志的第二次科技革命,使电力代替蒸汽成为新的工业动力,从此人类社会进入了电气化时代。20 世纪中叶的第三次科技革命,是人类文明史上的又一次重大飞跃,它以原子能、电子计算机、空间技术和生物工程的发明和应用为主要标志,涉及信息技术、新能源技术、新材料技术等诸多领域。这次科技革命不仅极大地推动了人类社会经济、政治、文化领域的变革,而且深刻地影响了人类生活方式和思维方式,使社会生活和现代化不断向更高境界迈进。

回顾科学技术产生和发展的历史可以看出,随着社会的发展、文明的进步,科学技术越来越发达,其地位越来越突出,对于人类生产和生活的作用越来越大。科学技术的发展历程充分彰显了人类智能的巨大发展和人类主体力量的不断增强。

（二）现代社会科学技术发挥作用的新特点

社会的发展诞生了科学,科学的发展造福了社会。在 21 世纪的信息社会,科学技术在促进社会发展的过程中呈现出以下几个新特点:

1. 科学知识在数量上呈现加速度增长的势头

马克思在谈到资本对财富增长的巨大作用时曾说过:"资产阶级在它不到一百年的阶级统治中所创造的生产力,比过去一切时代创造的全部生产力还要多,还要大。"[①]20 世纪 50 年代以来,人类社会进入了知识爆炸时代,从某种意义上说,科技知识的增长较

① 《马克思恩格斯选集》卷 1,北京:人民出版社,1995 年,第 277 页。

之财富的增长更迅猛。据有关资料记载,第二次世界大战以来,科学发现和技术发明的数量大概每 10 年就增长 1 倍。仅 20 世纪 50 年代到 80 年代的 30 年间,科技新成果的数量就超过了人类以往 2000 多年的总和。

2. 科技成果从发明到实际应用的周期缩短

第一次工业革命的代表性成果——蒸汽机,从发明到应用花了 84 年,第二次工业革命的代表性成果——电动机,则花了 63 年,而从发现原子核裂变到原子弹爆炸只用了 6 年,发明晶体管用了 4 年。从 1946 年 2 月美国宾夕法尼亚大学研制出第一台电子计算机以来,电子计算机已经经历了电子管、晶体管、中小规模集成电路、大规模和超大规模集成电路 4 代的发展,性能提高了数百万倍。这些事实充分说明,科技成果从发明到实际应用的周期变得越来越短,科学走在了技术的前面,引领着技术的进步。

3. 科技进步已经成为经济增长的第一贡献要素

根据对一些发达国家经济增长的测算,上世纪初,科技进步对经济增长的贡献率仅为 10%～15%,到 20 世纪中叶上升到 40% 以上,20 世纪 70 年代以后又上升到 60% 以上,20 世纪 80 年代则上升到近 80%。这些数据表明,科学技术对社会发展的作用越来越大,科技和社会深度融合,成为现代社会经济增长的决定性因素。

二、科学技术对当代社会的作用和影响

"知识就是力量。"近代以来,尤其是 20 世纪中叶以来,科学技术对人类社会生产、生活的各个领域,各个方面都产生了全面而深刻的影响。对于今天的人类而言,科学技术的影响无处不在。

(一)科学技术对社会生产的巨大影响

1. 科学技术成为生产力的基本要素

过去人们一直认为,生产力的基本要素包括劳动资料、劳动对象和劳动者,劳动者运用生产工具作用于劳动对象,体现了现实的生产过程。如果在生产力不发达、科技水平不高的古代农业社会,这种观点听起来不无道理。但是,如果从现代化大生产条件下来看,这种观点就有失偏颇,因为它没有看到或者说忽视了科学技术对现代生产的巨大作用和深刻影响。如果在生产力的基本要素中不考虑科学技术的话,就难以回答在现代化生产中,一个人要成为合格的劳动者应该具备哪些素质、生产工具的改进和发明靠的是什么、怎样才能提高生产的速度和效益等重大问题。

根据对马克思主义的理解,科学技术是生产力的基本要素,这是没有疑义的。早在 100 多年前,马克思就说过:"生产力中也包括科学。"①马克思还根据当时生产力发展的状况,对科学技术的历史作用作出了高度评价,认为科学是"最高意义上的革命力量"。② 科学技术作为生产力的基本要素,在生产过程中发挥着不可替代的作用。如果说劳动者、劳动资料和劳动对象是生产过程中不可缺少的"实体要素"或者"硬件"的话,科学技术则是现代生产中不可缺少的"智能型要素"或"软件"。没有现代科学技术的武装,就没有现代化条件下的合格劳动者,让一个文盲操作电子计算机是不可想象的;没有科学技术,就没有先进生产工具的发明和不断创新;没有科学技术,就没有对劳动对象的精深加工和不断拓展。相对于硬件要素来说,科学技术这一软件虽然是无形的,却作为现实的、物化的知识力量,渗透在劳动者、劳动资料和劳动对象之中,提升着生产力硬件要素的智能化水平,决定着生产力质量和效益的提高。

2.科学技术改进了劳动方式,促进了人类的解放

科学技术的发展促进了社会生产效率的提高,使生产过程中

---

① 《马克思恩格斯全集》卷 46,北京:人民出版社,1980 年,第 211 页。
② 《马克思恩格斯全集》卷 19,北京:人民出版社,1963 年,第 372 页。

人类体力劳动大大减少,这就为实现人的全面自由发展创造了必要的物质条件。近代以来,科学技术不断创新,生产过程的自动化和智能化水平大幅度提高,改变了古代社会物质生产主要依靠体力劳动的局面。由机器操作、电脑控制的自动化生产体系,把人从过去繁重的、肮脏的甚至带有危险性的体力劳动中解放出来。电子计算机的发明和不断普及,使人类的智力放大了成千上万倍,并逐渐把人从一些机械的脑力劳动中解放出来。这些现代化的生产工具和生产手段是科学赐予人类的珍品,极大地提高了人类改造世界的能力。

3.科学技术的发展促进了社会管理效率的提高

在资本主义社会以前,社会分工还不明确,人们以个体方式从事生产劳动,在精耕细作中积累经验,进行着简单的物质生产,往往一个家庭就是一个生产单位。随着近代科学的发展,生产机械化、自动化水平的提高,人们在生产中的分工协作关系变得更密切,生产开始变成了真正意义上的社会化大生产。今天的社会已经远远不止有三百六十行,并且每一个行业内部又可以分为若干门类,各行业之间、门类之间彼此联系,相互交融。宏观上看,生产、分配、交换、消费和服务等错综复杂的社会关系以及各个社会成员之间的现实关系,都需要协调和整合,只有这样才能使社会经济在良好的秩序下持续发展。微观上看,任何一个企业、部门甚至一条生产流水线,都必须通过人、财、物的有效整合,实现资源优化配置,使人尽其才、物尽其用、各得其所。科学技术推进下的社会化大生产,既提出了加强管理的历史课题,又为管理水平的提高创造了条件。在无线通讯技术和网络技术高度发达的信息时代,借助电子商务、电子办公、电子认证等便捷手段,人们对产品信息和管理信息的分析、判断和处理能力有了质的提高,这必将带来生产方式、管理方式、组织结构和决策方式的深刻变革,有效地提高社会管理效率。

4.科学技术的发展深刻改变了社会产业结构

产业结构是指一个国家或地区的劳动力、资本以及其他经济资源在社会经济各个产业部门之间的分配状况和结构比例。科学技术的发展必然带来产业结构的变化。20世纪中叶以来,在第三次科技革命的推动下,传统的第一产业、第二产业在社会经济中的比重不断下降,而以信息产业和服务业为主导的第三产业的比重快速上升。在这种背景下,传统产业也在努力追求信息化条件下的升级换代,不断用信息技术改造自身,经营方式也开始从原来的劳动密集型或资本密集型向知识密集型逐渐转化。产业结构的变化带来了社会就业结构的变化。农业所占用劳动力的比例呈现出较大幅度的下降趋势,在某些发达国家甚至还不到5%。在近代工业社会中,"蓝领"工人的数量也在明显下降,而第三产业吸纳就业的能力则不断增强,"白领"工人的比例不断上升。例如,在科学技术最发达的美国,预计在未来一二十年内,"蓝领"工人人数将会从1995年占劳动力的20%下降到10%,甚至更少。同时,由于办公自动化程度不断提高,非专业白领的比例也会有一定程度的下降,而60%~70%的就业人员将会由知识型"白领"组成。

(二)科学技术对社会生活的巨大影响

科学技术的发展深刻地改变着人类的生活,不断把人类生活变得更加美好。近代以来的几次科技革命的浪潮,使整个社会的劳动生产率有了几十倍甚至上百倍的增长,社会物质财富急剧增加,在使用过去同样多劳动量的条件下,人们可以创造出更多的物质产品。随着社会生产力的发展和物质财富的积累,人们用于创造物质财富的"必要劳动时间"逐渐减少,可由自己自由支配和安排的闲暇时间相应增多,因而就有更多的时间用于个人兴趣所在的教育、科学、文化或艺术活动,这就在一定程度上改变了在旧的分工体制下,由于受分工支配所造成的才能片面发展的状况,从"单向度的人"回归"自由自觉的人"。现代科学技术还创造了多种方便快捷的现代化交通、运输工具,极大地突破了传统社会人类交往的地域界限,使人们的生活范围得以拓宽,人际关系的广泛性和多样性程度大大加深。通过科学技术发明的生活工具可以满足人们多样化的生活需求,电气化、智能化的家用电器减轻了人们在家庭生活中的劳动负担,甚至取代了人的部分家务劳动。科学技术让人们更加感受到生活的舒适、惬意和美好。

现代信息技术更是把人类带进了一个沟通无极限的互联网时代。发达的电子计算机和网络技术为人们提供了高效、便利、低成本的信息处理和传递手段。网络逐渐走进了人们生活的各个角落,人们对网络的依赖性越来越大。在网络这个虚拟的世界里,产生了网络人际关系,人们可以通过虚拟的空间交流思想和情感,共享信息资源,建立网络社会组织。现代互联网还为人们提供了一个获取、传递和处理信息的便捷手段,网上学习、网络购物、网上就医等逐渐成为现代人的生活方式。当然,科学技术迅猛发展、知识更新不断加快的信息时代也向现代人提出了通过不断学习提升自身素质的任务。要适应现代社会进步的潮流,人们就必须秉持终生学习的理念,活到老,学到老。知识是现代人的最大财富,只有不断学习,才能在知识经济时代获得生存的能力和发展的基础。

(三)科学技术对人类思维的巨大影响

作为一种在积累中不断创新的文明形态,科学技术对人类的思维产生了积极而深刻的影响。近代以来,科学的大踏步发展为唯物主义奠定了坚实基础,并打开了旧的形而上学世界观的缺口,向人们展示了一个清晰的、客观又辩证的世界图景。科学技术为哲学提供了生动素材,推动了哲学的进步和思想的繁荣。科学的本性就在于求真,通过"格物致知"、"溯本求源",以"究天人之际,通古今之变"。它不崇拜任何偶像、不迷信哪个权威、不承认有什么万古不变的绝对教条。创新是科学的生命;批判是科学的灵魂。历史上,在科学与宗教和迷信的较量中,科学有时尽管会遭遇挫折,暂时被压制,但是最终的胜利者总是科学。科学的曲折发展历程彰显了理性的光芒和真理的力量,教会人们不断去抵制迷信、远离愚昧、告别无知,用智慧之光驱走黑暗的思想,用批判的理性摧毁僵化的思维,以求实的精神和实证的方法建构真理的体系,让人们日益看清客观世界的本然面目,从而在认识和实践领域不断从必然王国迈向自由王国。

在科技革命的推动下,社会生产力获得了质的飞跃,经济全球化程度进一步加深,人类历史演变为真正意义上的"世界历史"。人们的交往范围不断扩大,开阔了视野和胸襟,逐渐树立起全球意识。一些崭新的科学技术理论的提出在一定意义上重新塑造了人们的思维方式和认知结构,引起了思想领域的重大调整和变革,并为研究一些新现象、新领域、新课题提供了新的方法和思路。如系统论、控制论、信息论的理论和方法可以广泛应用于各种现实问题的研究,耗散结构理论和协同学在城市建设和管理、社会组织的协调以及其他问题的研究中,都具有重要的借鉴和参考意义。

（四）合理控制科学技术的负面作用

在看到科学技术对人类生产、生活和思想领域的重大作用和积极影响的同时,还应实事求是地辩证分析科学技术所带来的一些消极后果,只有这样,才能扬长避短、兴利除弊,让科学技术更好地造福人类。

首先需要解决的问题是:为什么科学技术会带来一些消极后果。冷静思考不难发现,科学技术带来消极后果有两个最主要的原因:一是科学技术发展水平的有限性和历史性。科学技术作为一种既得的、历史的力量,在奥妙无穷、变化万千的世界面前,总是有限的认识,只包含相对性的真理。即使将来科学技术更加发达,人类认识和改造世界的能力依然是有限的,不可能在某一天完全地、彻底地把握世界上所有的本质和规律。那么,人以这种有限的认识和实践能力去改造世界,就不可能保证在任何条件下都能绝对地掌控实践,难以达到实践的规律性和目的性的完全统一。人类根据科学发明了技术,又通过技术制造出工具,再把工具应用于生产。从科学到技术再到生产,经过几次转化,将知识转化为物质力量和物质成果。如果在转化的任何一个环节出现偏差,且这个偏差没有被觉察的话,就可能会造成实践的结果部分或者完全偏离实践目标,这样就有可能带来一定的消极后果。二是从横向来看,现代科学高度发达,但同时也高度分化,就每一个具体学科而言,它所研究的只是某一个具体的领域,而现代化生产条件下的实践具有高度的复杂性、综合性和跨专业性,如果以个别领域的科学技术为指导,缺少站在其他学科角度的合理规划和科学论证,就有可能达到了本学科所设定的实践目标,但从整体上看,却没有处理好发展过程中局部和全局、眼前和长远的关系,就会对其他方面或将来发展造成消极影响。例如,在发展工业过程中,如果违背了人与自然的平衡规律,虽然会获得暂时的经济利益,但会造成环境污染。

要避免以上情况的发生,还得靠科学自身的发展,靠不断深化对世界的认识,同时,要加强各学科之间的协同配合,开展交叉学科研究,填补知识的"真空"领域。这样就能使人们对世界的认识更全面、更深刻,从而在整体上提高人们对实践结果的预测和掌控能力。人们还要善于统筹协调眼前和长远、局部和全局、人与自然、经济和社会的关系,避免做出类似杀鸡取卵、竭泽而渔的行为。

科学技术带来消极后果,还与社会制度有关。科学技术代表着人类认识和改造世界的能力,从本质上说它在价值上是中立的。但是,科学给人类带来的到底是福利还是祸害,却取决于运用科学技术的人。如果在一个缺乏公平和公正的社会关系或国际关系框架下,科学技术往往"表现为异己的、敌对的和统治的权力"。① 科

----

① 《马克思恩格斯全集》卷 47,北京:人民出版社,1979 年,第 571 页。

学技术可以用来行善，也可以用来作恶，它给社会带来的是正能量还是负价值，关键在于使用它的人。

三、优化科学技术发展的社会条件

科学技术对人类社会产生了巨大影响，同时，科学技术的发展也受到社会生产力状况、思想文化发达程度、体制和机制的公平程度、教育水平等因素的制约。要大力发展科学技术，必须从这几个方面综合施策，才能激发全社会的创新活力，创造有利于科学技术快速发展的创新氛围。

（一）注重发挥生产对科技发展的基础作用

科学技术可以转化为现实生产力，产生巨大的物质力量，反过来，生产发展对技术的需求又推动着科学的进步。恩格斯有句名言："社会一旦有技术上的需要，这种需要就会比 10 所大学更能把科学推向前进。"[①]当然，进入现代社会以来，科学技术的研究和开发具有相对独立性，但它归根结底还是由生产决定的，生产仍然是科学技术发展的现实基础、源头活水和强大动力，生产—技术—科学的逻辑在今天依然发挥着重要作用。生产就像一个主考官，不断向科学提出新的课题，要求科学作出合理的回答，并提出解决的办法和方案。从事科学技术研究所必需的工具也都是由社会生产提供的。可以说，生产状况制约着科技发展的方向、水平和速度，生产力水平的提高是科技发展的必要条件。

要注重发挥生产对科学技术的导向和引领作用。既要注重科学技术的应用开发，及时把科学技术转化为现实生产力，充分发挥科学技术的经济和社会效益，又要紧紧瞄准生产中的技术需求，集中精力开展科技研发，提高生产—技术—科学和科学—技术—生产双向互动的速度和效益，使基础研究、应用研究和产品开发有效

---

① 《马克思恩格斯选集》卷 4，北京：人民出版社，1995 年，第 732 页。

衔接、相互促进。

（二）繁荣社会思想文化

科学的发展会改变人们的思维方式和认知结构，激活思想活力，促进社会的思想解放，而思想领域民主、活跃的氛围也是科学技术发展的必要条件。在西方文化的光辉源头——古希腊文化中，追求万物统一性的自然哲学培育了以逻辑思辨为中心的理性精神，促进了古希腊数学、天文学、生物学等学科的发展和繁荣，这些宝贵的思想财富对今天的人类仍有一定的影响。恩格斯指出："如果理论自然科学想要追溯自己今天的一般原理、发生和发展的历史，它也不得不回到希腊人那里去。"①此后，培根、笛卡尔在认识论和方法论领域的研究成果对近代自然科学的发展起了重大促进作用。牛顿、达尔文、爱因斯坦等，不仅是历史上一流的科学家，同时也是伟大的思想家，尤其是在自然观、方法论和认识论方面提出了不少精辟的观点。擅长思辨的民族传统也塑造了德意志民族的理性精神。20世纪最伟大的科学发现是相对论和量子力学，其主要成就都是由德国人取得的。这些成就的取得与该民族悠久的学术传统和发达的理性思维，以及科学家深厚的哲学素养是分不开的。

科学技术的发展不是无源之水、无本之木，需要思想文化为其提供知识的土壤。要激活人们的思想，弘扬人文精神，让科学精神和人文精神相得益彰。要坚持"古为今用、洋为中用"的原则，积极继承本民族宝贵的思想文化传统，同时吸收世界上其他民族所创造的一切优秀文明成果。土壤越肥沃，越能长出苗壮而有生命力的新苗。要坚持"双百"方针，学术上要百家争鸣，艺术上要百花齐放，让思想文化的园地万物竞秀、争奇斗艳。这样的知识氛围不仅会带来学术的繁荣，也一定能促进科学技术的进步。

---

① 《马克思恩格斯全集》卷20，北京：人民出版社，1971年，第386页。

（三）建立完善的激励科技创新的体制、机制

任何组织体制和社会机制，总是与一定的价值目标分不开的。以目标作为参照系，评价体制和机制存在着组织机制的合理化、最优化问题。要通过深化改革，创新机制，整合各种资源，理顺各方面关系，激发社会的创新动力和创造活力。要建立国家创新体系，集中全社会的科技力量和资源，协调各个行业、各个领域，聚焦关系全局的重大科技课题，举全国之力，进行科研攻关，力争取得重大突破，增强中华民族的自主创新能力。要集中高水平的权威专家和一流学者，建立促进科学发展的决策机构，根据实际情况和客观需求，科学制定科技事业发展的战略方针、战略规划和法规政策，发挥政策的导向和杠杆作用。要根据"有所为、有所不为"的原则，确保必要的经费投入，大力促进产品的更新换代和产业结构的升级调整，不断提高经济增长的科技含量。要创新体制、机制，通过市场手段激活科技主体的创新活力，通过有效保护技术专利和发明成果、建立和完善科技成果奖励制度等，调动科技工作者的积极性和创造性，在全社会营造崇尚科学、尊重科学、尊重人才、鼓励创造的良好社会氛围。总之，要通过机制创新来打破制约科技发展的制度瓶颈，以科学的制度培育社会的创新精神。

（四）通过振兴教育事业为科技发展提供人才支撑

百年大计，教育为本。科技的发展靠人才，而人才的培养靠教育。作为知识传授的事业，教育传递着人类文明的火炬。科学的发展也只有在充分继承前人成果的基础上，才能不断创新。纵观历史，科技和教育总是密切相关、互相影响。科技的发展不断补充和更新着教育的内容，提高了教育质量，而教育则为科学输送了一批又一批的优秀人才。教育事业不发达，在一个迷信盛行、文盲充斥的社会里，科学技术就缺乏持续发展的后劲。如果说今日的科技决定着今日的教育，那今日的教育则决定着明日的科技。

著名科学家李政道指出，科学和艺术如同一个硬币的两面，都

源于人类活动最高尚的部分,都追求着深刻性、普遍性。21世纪的教育要想真正破解"钱学森之问",让中国出现更多科技领域的科学大师和顶尖级帅才,必须真正落实素质教育的基本理念,大力普及科学知识,培养科学思维,提高学生的科学素养和创新精神,同时,还要加强人文素质、道德修养等方面的教育和熏陶,让学生的心灵在科学理性和人文价值中间保持足够的张力,使人文情怀、创新灵感、缜密逻辑和熟练技能在现代人的智能结构中深度融合。只有这样,才能培养真正的人才,才有真正高质量的教育,科学技术的繁荣发展才不会遥远。

第二节　民族文化与科技进步

不同的民族在长期的历史发展过程中形成了各具特色的文化,文化具有鲜明的民族性。不同特点和风格的民族文化直接影响着各个民族与国家的科技进步与发展,塑造了不同的科技文明。研究民族文化与科技进步的内在关系、考察民族文化对科技进步的影响,对于我们理解和把握科学技术及其发展规律至关重要,对于我们今天探索如何更好地推进中国科技发展意义非凡。

一、"李约瑟难题"

李约瑟是20世纪英国著名的生物化学家和科学技术史专家,也是一位汉学家,长期致力于中国科技史的研究,他所编著的《中国科学技术史》享誉全球,影响深远。李约瑟也是中国人民的老朋友,被授予"人民友好使者"称号,入选为中国首批外籍院士,江泽民曾为其题词,称赞他"明窗数编在,长与物华新"。正是在其所编著的15卷《中国科学技术史》中,李约瑟提出了这样一道难题:"如果我的中国朋友们在智力上和我完全一样,那为什么像伽利略、托里拆利、斯蒂文、牛顿这样的伟大人物都是欧洲人,而不是中国人或印度人呢？为什么近代科学和科学革命只产生在欧洲呢？……为什么直到中世纪中国还比欧洲先进，后来却会让欧洲人着了先鞭呢？怎么会产生这样的转变呢？"李约瑟所提出的这一难题后来被美国经济学家肯尼思·博尔丁称为"李约瑟难题"。据有关资料记载，从公元 6 世纪到 17 世纪初，在世界重大科技成果中，中国所占的比例一直在 54% 以上，而到了 19 世纪，剧降为只占0.4%。中国与西方为什么在科学技术上会拉开如此之大的距离，这就是李约瑟觉得不可思议、久久不得其解的难题。

自从提出这一难题之后，李约瑟本人也是倾力于其中，试图寻找这一难题的谜底。他从科学方法角度得出以下结论：第一，中国不具备适合科学成长的自然观。第二，中国人太讲究实用，很多发现滞留在了经验阶段。第三，中国的科学制度扼杀了人们对自然规律探索的兴趣，思想被束缚在古书和名利上，"学而优则仕"成了读书人的第一追求。第四，中国人不懂得用数字进行管理，中国儒家学术传统只注重道德而不注重定量经济管理。李约瑟的分析包含一定的道理，但缺乏系统性，而且有些观点也遭到诸多反驳，难以立论，就连他自己都不甚满意。

"李约瑟难题"至今仍然困扰着我们，并不断引发新的反思。2005 年，我国著名物理学家钱学森提出"为什么我们的学校总是培养不出杰出人才"，这就是所谓的"钱学森之问"。据瑞士洛桑国防管理开发研究院的统计，1997 年中国在国际上发表的论文数在世界排第 9 位，在《科学论文索引》上发表的论文数居第 12 位，仅占当年世界论文总量的 1.6%，相当于美国的 6%，英国的 19%。世界发表论文最多的 200 所大学没有一所是中国内地的。美国现在每年申请国内发明专利 20 多万件、日本 40 多万件，中国只有1.3 万件。再比如，诺贝尔奖自 1901 年设立以来，共有 8 位华人科学家获过奖，但却没有一位是中国本土华人，这也深深地刺激着所有中国人。在中国经济实力不断增强、国际地位大幅度上升的今天,制约我国科技发展的因素究竟是什么? 为什么我们的学校总是培养不出杰出人才?"亚洲四小龙"为什么可以崛起? 一个个问号萦绕着我们。显然,这些提问与"李约瑟难题"存在着异曲同工之处。

迄今为止,对于"李约瑟难题"的解答可以说是五花八门,这些解答当中,有从宏观视角着眼的,也有从微观角度入手的;有从经济基础角度分析的,也有从政治制度角度分析的。其中十分重要的一个视角就是文化视角,文化是影响科学技术发展的重要因素,文化体现在价值观念、思维方式、社会制度、行为方式等多个层面,通过直接或间接、显性或隐性的方式作用于科学技术,中西文化的巨大差异导致了中西方科学技术发展的巨大差距。

二、中西文化差异与科技发展特点

科学技术的创新与发展不可能在真空中实现,它离不开一定的社会文化环境,深深地植根于民族文化的土壤之中,有什么样的文化土壤就会孕育出什么样的科学技术。中国古代科技发展水平与特点同中国传统文化密切相关,西方近代科学技术的诞生和迅猛发展也有其文化方面的必然性。文化之于民族,犹如血型之于人体,不同社会的文化特征必然影响其科学理念、科学精神、科学思维,中西文化的差异及其对科技发展的影响成了讨论焦点。

(一)传统文化与中国古代科技发展

"李约瑟难题"表面上看只是一个问题,但实际上包含着两层意思:第一,为什么在公元前 1 世纪到公元 16 世纪之间,古代中国在科学和技术方面的发达程度远远超过同时期的欧洲? 中国的政教分离、选拔制度、私塾教育和诸子百家为何没有在同期的欧洲产生? 第二,为什么近代科学没有产生在中国,而是在 17 世纪的西方,特别是文艺复兴之后的欧洲? 人们往往只关注后一个疑问和事实,却经常忽略前一个疑问和事实。众所周知,中国是世界上四大文明古国之一,有着悠久的历史和灿烂的文明,纵观中国古代科学技术发展史,可以发现,古代中国不仅以火药、指南针、造纸术和印刷术闻名世界,而且在天文历法、数学、中医、农学及建筑学等许多方面都有过无数重大发现。除了世人瞩目的四大发明外,古代中国领先于世界的科学发明和发现有 1000 种之多,为人类文明发展作出了突出贡献。据有关资料记载,从公元 6 世纪到 17 世纪初,在世界重大科技成果中,中国成果所占的比例一直在 54% 以上。李约瑟在其巨著《中国科学技术史》中,也以浩瀚的史料、确凿的证据证明"中国在公元前 3 世纪到 13 世纪之间保持一个西方所望尘莫及的科学知识水平"。美国学者罗伯特·坦普尔在著名的《中国,文明的国度》一书中曾写道:"如果诺贝尔奖在中国的古代已经设立,各项奖金的得主,就会毫无争议地全都属于中国人。"中国古代科学技术的辉煌成就是在中国传统文化当中孕育出来的。中华文化博大精深,除了儒家文化这个核心内容外,还包含其他文化形态,如道家文化、佛教文化,等等,这些文化形态对中国古代科学技术的发展都产生了不同程度的影响。

1. 儒家文化与中国古代科学技术

在中国传统文化当中,占主流地位的当属儒家思想与文化,"儒家文化的发展与中国古代科学技术的发展是同步的"。① 儒家文化产生于春秋战国时期,这一时期也是古代科技体系的奠基时期。西汉时期,汉武帝通过"罢黜百家,独尊儒术"使儒学成为官学,成为主流文化,这一时期古代科技体系基本形成。魏、晋、南北朝至隋唐时期,儒学逐渐失去独尊地位,而形成儒、释、道三足鼎立局面。这一时期,科学技术从之前快速发展进入平稳发展时期。宋代理学融儒、释、道于一体,是儒学的新发展形式,儒学重新获得

---

① 乐爱国:《儒家文化与中国古代科技》,上海:中华书局,2002 年,第 17 页。

主导地位,并长期成为占统治地位的官学。这一时期,古代科技也进入发展的高峰。到明清时期,伴随着旧的理学逐渐衰弱,新的儒学体系尚未建立,古代科技开始进入向近代科学的转型时期。儒家文化与中国古代科学技术的同步发展并不是偶然的,它恰好说明了儒家文化对古代科技发展的巨大影响。"中国古代科技是在儒家文化的背景中形成和发展起来的,儒家文化从各个方面对科学家及其科学研究乃至科技的发展产生了巨大的影响,以至于中国古代科技的特征也明显受到儒家文化的影响。中国古代科技与儒家文化紧密地联系在一起,对儒家文化具有很强的依附性,因而是一种儒学化的科学。这样的科学与儒家文化具有一荣俱荣、一损俱损的关系"。①

2.道家文化与中国古代科学技术

道家思想崇尚自然,主张清静无为。李约瑟认为,中国文化就像一棵参天大树,而这棵参天大树的根在道家。道家文化对中国古代化学、医药养生等产生了重要影响。古代炼丹家在炼丹过程中积累了丰富的化学知识,作为中国古代四大发明之一的火药,就是道家炼丹家在炼丹过程中发明的。古代炼丹家在炼丹过程中,发现点燃硝石、硫黄、木炭的混合物就会引发剧烈的燃烧、爆炸,为了防止发生意外,他们发明了许多控制这些药物的方法——"伏火法"就是其中一种,唐朝孙思邈的《丹经》中就有记载。北宋时期,火药开始应用于军事,出现了火药武器。道教徒为了追求和达到长生目的,除了致力于炼制丹药外,他们还以道法自然思想为理论指导,进一步发展,形成了极具道教特色的人体医学思想,发明了各种强身健体、延年益寿的养生功法。李约瑟认为:"道家思想体系是一种独特的哲学与宗教的混合体,还包含了原始的科学和方

---

① 乐爱国:《儒家文化与中国古代科技》,上海:中华书局,2002年,第25页。

法,是世界上唯一并不极度反科学的神秘主义体系。"①

3.墨家文化与中国古代科学技术

墨家是中国古代主要的思想派别之一,产生于战国时期,是先秦时期与儒家并称为"显学"的最著名的学派之一,至秦汉以后几乎成为绝学,但它在中国古代科技史上有着重要的地位。后期墨家十分注重认识论、逻辑学、几何学、几何光学、静力学等学科的研究,特别是在认识论和逻辑学方面成就颇丰,李约瑟曾说:"道家的自然观与墨家的认识论不能结合是中国科学史上的最大悲剧。"墨家思想的一个重要特点是重视实践,墨家一派的学者当中多数是直接参加劳动、接近自然,热衷于自然科学研究的人。墨家科技成就突出地体现在《墨经》当中,《墨经》分《经上》、《经下》、《经上说》、《经下说》四篇。《经上》大都是原理、定义、界说;《经下》则建立论题并论证;《经说》则是对《经》的解释与阐述。《墨经》当中的"光学八条"反映了春秋战国时期我国物理学的重大成就。墨家文化当中的"为天下兴利除害"的价值观、将经验实践与理性的逻辑分析相结合的方法论,使得墨家科技思想和科技成就在中国古代科技史上有着独一无二的价值。

4.阴阳五行说与中国古代科学技术

阴阳五行学说是中国古代朴素的唯物论和自发的辩证法思想,它认为世界是物质的,物质世界是在阴、阳二气作用的推动下孳生、发展和变化的,并认为木、火、土、金、水五种最基本的物质是构成世界不可缺少的元素。这五种物质相互滋生、相互制约,处于不断的运动变化之中。这种学说对中国古代的天文学、气象学、化学、算学、音乐和医学都产生了深刻的影响。中国古代医学家在长期医疗实践的基础上,将阴阳五行说运用于医学领域,形成了中国

---

① 梁启超,胡朴安等著,黄河选编:《道家二十讲》,华夏出版社,2008年,第83～84页。

独特的中医学体系。这个体系以阴阳五行说来说明人的生理现象、病理变化,形成了以脏腑、经络、气血、津液为内容的生理病理学,通过望、闻、问、切"四诊"进行诊断,以阴阳、表里、虚实、寒热"八纲"进行治疗,以寒、热、温、凉"四气",酸、甘、苦、辛、咸"五味"来概括药物性能。[①]

中国传统文化总体上有以下几个方面的显著特点:第一,中国传统文化主张天人合一,强调人与自然的和谐。天人合一思想认为:天道与人道、自然和人为的关系是相通、相类和统一的。天人合一思想经历了不同的发展时期,形成了不同的"天人合一"学说。孟子认为,人和天是相通的,人的善性是天赋的,认识了自我的善便能认识天;庄子则强调人和自然的一致性,强调人应顺应自然,乘天地之正,御六气之后,而游乎宇宙之中。董仲舒说:"天地人,万物之本也。天生之,地养之,人成之。天生之以孝悌,地养之以衣食,人成之以礼乐。三者相为手足,合以成体,不可一无也。"[②]第二,中国传统文化关注"人道",重视伦理道德。作为中国传统文化主流的儒家文化最重视伦理道德问题的研究,试图以道德作为治国、平天下的主要手段,强调先有内圣后有外王,形成了仁、义、礼、智、信、忠、孝、和、爱等一整套伦理道德体系,后经董仲舒发展为维护封建社会秩序、规范人际关系的"三纲五常"。第三,中国传统文化主要是一种农耕文化。民以食为天,中国传统文化主张重农抑商、以农为本,历朝历代都把发展农业作为治国安邦的重要途径和手段。这种农耕文化不但促进了农学技术的发展,而且促进了天文历法、数学、机械和建筑等科学技术的发展。第四,中国传统文化讲究实用。传统儒家思想是一种"入世哲学",不尚思辨,关

---

① 乐爱国:《儒家文化与中国古代科技》,上海:中华书局,2002年,第13页。

② 《春秋繁露·立元神》

注的是为人处世、治国安邦的道理,他们以究天人之际为出发点,以治国、平天下为落脚点。在儒家文化的影响下,中国传统知识分子讲求功利、求实、务实,具有"以天下为己任"的情怀,甚至还有一种"拯民救世"的英雄情怀。这种经世致用的文化极大地促进了中国古代科技的发展,推动了各个领域的技术创新。

然而,事物往往是具有两面性的,中国传统文化在促进中国古代科技发展的同时,却没有催生出近代科技。中国传统文化夸大了人与自然的一致,忽视了两者之间的区别和对立。台湾学者徐复观曾指出:"中国文化,毕竟走的是人与自然过分亲和的方向,征服自然为己用的意识不强。于是以自然为对象的科学知识,未能得到顺利的发展。"这必然会在很大程度上阻碍人们的科学探索,是不利于科技发展的。中国传统文化的经世致用传统使得中国古代科技具有明显的经验性、描述性、实用性,缺乏理论性和逻辑性。所以,我们虽然有享誉世界的四大发明,却没有产生近代科学理论。爱因斯坦就认为,近代科学之所以能在欧洲产生,取决于古希腊数学建立起来的逻辑推理体系和近代建立起来的科学实验方法。中国古代科学没有这种严格的逻辑推理体系,因此不能走向近代。

(二)西方文化与西方近代科技发展

1.西方近代科技发展及其特点

文艺复兴以后,伴随着资本主义生产方式的兴起,自然科学也发生了一场划时代的深刻革命,建立起一种完全不同于古代科学的新科学体系。1543 年,波兰天文学家哥白尼出版了《天体运行论》一书,该书推翻了一千多年来占统治地位的托勒密地心说,提出了日心地动说,从而揭开了近代自然科学的序幕,成为近代自然科学诞生的重要标志。17 世纪初,德国天文学家开普勒发现了行星运动的三大定律,即轨道定律、面积定律和周期定律。开普勒定律主张地球是不断移动的,行星轨道不是圆形的,而是椭圆形的,行星公转的速度不恒等,这些观点再次给亚里士多德派与托勒密派在天文学与物理学上以极大的挑战。1632 年,作为近代实验科学的奠基者之一、被誉为"近代力学之父"的伽利略发现了自由落体定律,推翻了亚里士多德关于物体落下的速度与重量成比例的观点。此外,他还发现物体的惯性定律、摆振动的等时性和抛体运动规律,并确定了伽利略相对性原理。1687 年,牛顿出版《自然哲学的数学原理》一书,该书总结了伽利略、开普勒等人的研究成果,并提出了力学三大定律(惯性定律、作用力反作用力定律、加速度定律)和万有引力定律,从而掀起了近代科学革命的高潮。牛顿提出的这些定律构成了一个统一的体系,把天下的和地下的物体运动概括在一个理论之中,这是人类认识史上对自然规律的第一次理论性概括和总结。近代科学成就除了体现在经典物理学上外,还有能量守恒与转化定律、原子—分子学说、化学元素周期律、细胞学说、电磁场理论等一大批重大科学发现。当然,伴随着近代科学的发展及其在生产实践中的不断总结和创新,近代历史上还发生了两次重要的技术革命或者说是工业革命,这两次革命分别以蒸汽机、电的发现和应用为标志。

与传统科学相比,近代科学具有以下一些特点:第一,自然科学从哲学中分离出来,形成了分门别类的科学门类。古代自然科学还没有形成独立的、分门别类的知识体系,一切有关自然的知识,差不多都包含于统一的哲学之中,被称为"自然哲学"。到了近代,自然科学开始从自然哲学的母体中分化出来,成为独立部分,其内部也逐步明确地划分为数学、物理学、化学、天文学、地理学、生物学等学科。第二,近代自然科学是建立在科学实验基础上的。古代自然观虽然也想从总体上去把握自然界,但当时人们对自然界的认识尚未进步到分析和解剖的程度,对构成总体的部分和细节尚不清楚,因而对总体的认识必然也是模糊的,这就使得当时的人们不得不用哲学的猜测来填补知识的空白,用哲学的思辨来编织自洽的理论。近代自然科学是建立在科学实验基础上的实验科学,科学实验是一种以认识自然为首要目的的实践活动,它作为认识自然的研究方法,在很多方面优于一般的观察和实践活动。罗吉尔·培根是积极主张科学实验的代表人物之一,他认为观察和实验才是获得真知的唯一方法,因此被誉为近代实验科学的先驱,从他以后,实验科学开始发展起来。第三,近代自然科学不仅重视实验科学,而且将严密的数学演绎和系统的观察实验结合起来。数学化是近代科学诸特征中最突出的特征,它从本质上规定了近代科学是对自然的数学化认识。在近代自然科学家看来,自然(宇宙)是摆在人们面前的一本大书,只要你去读它,就能读懂它。这本书是用数学语言写成的,符号是三角形、圆形和别的几何图像,没有它们的帮助,人们连一个字也不认识。

2. 西方近代科技发展的文化动因

西方近代科学的诞生及其之后的迅速发展有其文化方面的必然性,西方文化较之于中国传统文化更有条件孕育出近代科学。第一,古希腊深厚的、丰富多彩的自然哲学思想为近代科学的诞生和发展提供了优良土壤和坚实基础。古希腊人热衷于探索自然界且拥有多种多样的自然哲学思想,这些都为文艺复兴后近代科学的诞生及发展奠定了坚实的基础。第二,在文艺复兴运动中,被一再弘扬的人文主义精神是近代科学诞生的催化剂。人文主义精神不仅为近代科学奠定了思想基础,而且为近代科学的诞生营造了良好的学术氛围,培养了近代科学的奠基人。第三,基督教义鼓励教徒们研究上帝的创造物——自然界。诚然,科学与宗教是相对立的,但是又不绝对对立起来。像哥白尼、牛顿都是虔诚的基督徒,但他们却热衷于探索自然界的奥秘,并在科学发展中作出了卓越贡献。基督教徒们坚信整个宇宙都是由上帝创造的,而且全能的上帝是按一定的法则、规则,甚至数学公式来创造宇宙的。正是这种信心和信念推动了他们对自然界规律的不懈探索。第四,西方哲学中的"主客二分"思想促使实验方法的诞生和普遍运用,从而为科学发展提供了强有力的工具。古希腊哲学探索世界本原,"主客二分"思维就以一种潜在的形式被包含在自然哲学体系中。到了近代,西方哲学发生认识论转向,认识论哲学就是以"主客二分"为基础,探讨主体如何认识和改造客体,从而推动了人类认识世界和改造世界的自然科学的发展。[①] 第五,西方文化主要是一种外向性文化。有人把人类文明划分为"黄色文明"和"蓝色文明",把发源于黄土高原的中华文明称为"黄色文明",把以海洋扩张与探险而著称的西方文明称为"蓝色文明"。"黄色文明"往往表现为一种内陆型文明,以农耕为主,具有一定的封闭性和稳定性;而"蓝色文明"则更具有开放性和探索性,有利于文化的自我更新,从而也有利于促进近代科学的产生。

3. 西方近代科技发展困境的文化根源

西方文化孕育了近代科学,却最终将西方近代科技引入了困境。西方文化在"主客二分"基础上,极力推崇理性精神,不断主张人类主体性,认为人是自然界的主宰,人定胜天。在这种理性主义精神支配下,人们坚信科学是万能的。近代以来,科学技术一路高歌猛进,以至于最终走向无视其他物类存在、无视自然界客观存在的狭隘的人类中心主义。人类在不断创造一个个科学奇迹的同时,科学技术的负面效应也越来越显现出来,大气污染、臭氧层破坏、全球气候变暖、水资源短缺、土壤侵蚀、荒漠化和沙漠化、工业垃圾泛滥,等等,这些生态危机日益威胁着人类自身的生存,特别是上个世纪短短几十年内连续暴发的两次世界大战,给人类带来了巨大的灾难。一时间,西方世界纷纷把目光转向东方,希望从东方文化中寻找到拯救西方文明的良药。科学技术研究的本质是求

---

① 钱兆华,高文芳:《西方近代科学诞生和发展的文化因素》,载《科学·经济·社会》,2010 年第 1 期。

真,科学技术只能解决工具理性的问题,即解决"真假"的问题,不能解决善恶、美丑的问题。因此,科学技术的健康发展需要文化(人文精神)为其导航,对科技的发展给以适当的引导与制约。我们今天讲的科技进步,也包括两方面内涵:一是科技活动自身规模与水平的提高;二是科技对经济发展及社会环境影响力的增强。如果科技发展给社会带来负面影响,那就不是真正意义上的科技发展。

三、民族文化对科技进步的影响

从中西文化差异与科学技术发展的关系,我们可以看出民族文化对科技进步有着重要的影响,这种影响包括积极与消极两个方面,也就是说,某种民族文化在某一个时期可能成为科技进步的推动要素,也可能成为科技进步的阻碍因素。民族文化是各民族在其历史发展过程中创造和发展起来的具有本民族特点的文化,它体现在民族的价值观念、思维方式、民族精神等各个方面。因此,研究民族文化对科技进步的影响,要从这些具体方面来加以分析和考察。

（一）民族观念与科技进步

这里所说的民族观念主要指民族价值观念,价值观是指一个人对周围的客观事物(包括人、事、物)的意义、重要性的总评价和总看法。一方面表现为价值取向、价值追求,凝结为一定的价值目标;另一方面表现为价值尺度和准则,成为人们判断事物有无价值及价值大小的评价标准。价值观对人们自身行为的定向和调节起着非常重要的作用。价值观决定人的自我认识,直接影响和决定一个人的理想、信念、生活目标和追求方向。中国传统文化在价值观上表现出一种重人伦、轻自然,重人文、轻科技的倾向,以人为核心,片面强调人与自然的统一,而忽视了对自然界本身的认识和改造。中国传统文化价值观念强调集体主义,特别是"三纲五常"伦理道德观念严重扼杀了人的个性发展。中国传统文化又是一种官本位文化,主张"学而优则仕",这些价值观念必然影响到科学研究的选择与创新。总之,价值观具有规约、引导、评价等功能,为科技创新与发展提供了文化环境,正如美国系统学家拉兹洛所说:"思想、价值观念和信念并非无用的玩物,而是在世界上起着重要作用的催化剂,不仅产生技术革新,更重要的是为社会和文化的发展铺平道路。"①

(二)民族思维方式与科技进步

文化的民族性更深地体现在民族的思维方式当中,不同民族在认识发展过程中受民族性、地域性和时代性的影响而形成不同的思维方式,当一个地方或某个民族的思维方式经过一代代流传而基本稳定下来成为习惯,并具有自己独特的形式时,这种思维方式就就变成了思维传统。中西文化在思维传统上有着明显的差别。例如,中国传统文化强调"天人合一",体现为一种和谐思维方式;而西方文化强调"主客二分",体现为一种对立思维方式。中国传统文化重综合,体现了一种整体性思维方式;西方文化则偏重分析,由微观到宏观,这种思维方式的差异鲜明地表现在中医和西医的差别上。中国传统文化重直觉形象,体现在语言上,中国汉字不仅表音,而且表形、表意,体现在哲学上,中国哲学一般采取格言形式,具有具象性和比喻性;而西方文化则重逻辑推理,体现在语言上,西方的字母文字既不表形也不表意,体现在哲学上,西方哲学总是以语言的严密性和思辨性见长。② 当民族思维方式契合了科学技术发展需要时,它必将促进科技的进步与发展,反之,就会对科学技术的发展起制约作用,因为民族思维方式一旦形成,在一定

---

① 拉兹洛:《决定命运的选择》,北京:三联书店,1997年,第78页。

② 李群山:《马克思主义大众化的民族文化视角与路径选择》,载《求实》,2013年第3期。

的时期内会决定人们的思维方式，使人们按照业已形成的思维方式从事认识活动和实践活动，这就是近代科学没有在中国而是在西方首先产生的原因之一。科技的持续发展往往需要不断变革传统思维方式，一旦人类的思维方式发生改变，就会促使科学技术取得重大突破。例如，从古代思辨思维到近代实验思维的转变促进了近代科学的产生，从机械力学思维方式到系统思维方式的转变促进了现代系统科学的产生。

（三）民族精神与科技进步

民族精神是一个民族在历史发展当中所孕育而成的精神状态，民族精神是一个民族赖以生存、共同生活、共同发展的核心和灵魂，是一个民族生命力、创造力和凝聚力的集中体现。一个民族，没有振奋的精神和高尚的品格，就不可能自立于世界民族之林。人文精神和科学精神是民族精神的两个重要方面，民族精神的弘扬和培养自然离不开人文精神和科学精神的倡导和弘扬。人文精神是一种普遍的人类自我关怀，表现为对人的尊严、价值、命运的维护，追求和关切。"中国古代，人文的传统大于科学的传统，儒、道、释皆然。中国传统的思想，不是纯理论性、体系性的，在这个传统看来，'科学'、'理论'因时而异，但'人文'、'典籍'却世代相'续'（传），成为一个大'统'"。① 因此，我们今天的任务是要把在"人文精神"笼罩下的"科学"发扬出来。科学精神是指由科学性质所决定并贯穿于科学活动之中的基本精神状态和思维方式，是体现在科学知识中的思想或理念。科学精神要求我们必须坚持以实事求是的精神去认识世界和改造世界，科学精神体现为一种探索精神、怀疑精神、创新精神，等等。建国后，"两弹一星"精神就是中华民族精神在特定时代的生动体现，老一代科学家发扬"热爱祖国、无私奉献、自力更生、艰苦奋斗、大力协同、勇于攀登"的精神，

---

① 叶秀山：《中国文化与科技发展》，载《哲学研究》，1994 年第 4 期。

风餐露宿、顽强拼搏、团结协作,克服了各种难以想象的艰难险阻,突破了一个又一个技术难关,取得了伟大的科技成就。在新中国建设史上,涌现了一批又一批像袁隆平这样的著名科学家,他们身上既有中国古代儒士们那种心忧天下的人文情怀,又不乏现代科学的探索精神。所以,2004年"感动中国"评委会对袁隆平作出高度评价:"他是一位真正的耕耘者。当他还是一个乡村教师的时候,已经具有颠覆世界权威的胆识;当他名满天下的时候,却仍然只是专注于田畴。淡泊名利,一介农夫,播撒智慧,收获富足。他毕生的梦想,就是让所有人远离饥饿。喜看稻菽千重浪,最是风流袁隆平。"

(四)民族教育与科技进步

教育虽不像思维方式、价值观念、民族精神那样具有鲜明的民族性,但不同民族和国家在教育上的发展程度与水平却对科技进步产生最直接的影响。邓小平指出:"我们要实现现代化,关键是科学技术要能上去。发展科学技术,不抓教育不行。靠空讲不能实现现代化,必须有知识,有人才。"[①]教育通过培养人才,不仅为科学研究提供了庞大的专业研究队伍,而且提高了整个民族的科学文化水平与素质,在人类科技与文化知识的传承当中起着不可代替的作用。中国古代科举制度曾经是一种先进的制度,然而在后来的发展过程中,其弊端不断暴露出来,更与西方现代教育不能同日而语。儒学先圣孔子最初开办"私学",对学生进行礼、乐、射、御、书、术教育,培养全面发展的学生。然而,后来的学校教育紧紧围绕科举考核内容,逐渐地只剩下"五经四书",明朝八股文更是让科举彻底进入死胡同。古代科举制度在后来发展中严重钳制了人们的思想,扼杀了人们的创新精神,阻碍了科学成果的传承。有资料显示,李时珍3次科举失败才做医生,宋应星5次落榜才做教

---

① 《邓小平文选》卷2,北京:人民出版社,1994年,第40页。

谕,徐霞客连秀才都没考上,只好寄情于山水。祖冲之的圆周率虽然举世无双,但"学官莫能究其深奥,是故废而不理",元代以后竟然失传了。[①] 所以,著名的美籍华裔科学家、诺贝尔物理学奖获得者杨振宁把科举制度作为近代科学没有在中国萌生的原因之一。然而,在欧洲中世纪宗教神学统治时代,却诞生了现代意义上的大学,他们秉承着学术自由、学校自治、教育治校的精神,在反对宗教神学、促进近代科学产生与发展过程中起了举足轻重的作用。今天,纵观全世界,可以说没有一个科技强国是不重视教育的,他们既是科技强国,又是教育强国。

当然,影响科技进步的文化因素还有很多,如制度层面因素、民族文化心理,等等,不能详加枚举和论证。但仅从以上分析,已经不难看出民族文化在科技进步当中的重要作用。今天,我们要实现中华民族的伟大复兴,必须重视科学技术的发展,善于挖掘民族传统文化当中促进现代科技发展的文化因素,同时以海纳百川的开阔胸怀吸收世界各民族的优秀文化、优秀成果,不失时机地发展科学技术,以早日实现成为世界科技强国的伟大梦想。

第三节　科学技术中的伦理问题

一、现代技术的状况

在现代社会,科学技术渗透了一切与人相关的领域。医学技术处于生命与死亡领域中,脑科学、各种激素的应用等技术进入了我们的心灵和情感领域。我们的生活包含着各种各样物理的、化学的、生物的技术元素,放眼望去,就连路边的一棵树都是由技术

---

① 李茗公,叶青山:《传统文化的"三大谜团"》,载《书屋》,2009 年第 5 期。

生产出来——它依赖于移栽的生物技术存活,靠汽车这种由力学技术、机械技术生产出来的产品运送到此。我们的精神世界也要靠技术来维持。人口普查的统计数据、塔基尼指数等,也都依赖于现代技术得到精确统计,国家政策的制定与执行则会参照这些数据。任何一个小小的物件都可能汇集了大量的技术元素。在今天,无论是肉体还是灵魂,物质世界还是精神世界,都逃不开技术的洪流。技术还在向前发展,我们身处其中,迈向未来。我们是透过技术来打量自身和世界的,技术构成了我们自身以及世界的本质。现代社会就是一个技术化的社会,那么现代技术同古代技术有什么区别呢?

现代技术同古代技术有着本质区别,绝不只是前者比后者更先进,前者比后者有更大的生产潜能。在古代世界,技术只是人们生产活动的工具;而在现代世界,技术已经脱离了工具的范畴,成为人类进步的支配性力量。在古代世界,尽管人类也创造出了辉煌的文明和巨大的技术财富,比如火药、指南针、纺织技术、炼钢炼铁技术等,但是无论从生产的量上来看,还是从生产的某些形式来看,它们都完全不同。

第一,现代技术创造出的物质财富,古代技术是不可能生产出来的。将所有的古代技术生产的产品拿出来,也许还比不上现代社会在短短几年间生产出来的财富。现代人运用各种复杂的科学理论,极大地拓展了人类利用自然的空间,加深了人类利用自然的精度。在宏观上,人类技术的触角已经伸向了宇宙空间;在微观上,人类已经可以利用各种基本粒子了。我们不知道技术在未来的日子里还会扩展或精确到什么程度。现代技术除以上直观的优越之处外,其构建的形式也与古代技术有本质性的巨大差别,而且正是因为这种差别,才使得现代技术在它持续发展的过程中将古代技术远远得甩在了身后。

第二,现代社会拥有一整套组织体系和方法来组织技术、研究技术,它将技术的进步视为技术研究的目的。古代社会拥有技术,但从来没有要让技术持续进步的理念,也从来不会发动整个社会的力量来推进技术的发展,或形成一种井井有条的推进技术发展的社会组织形式、一种严格规范的推进技术的科学方法。现代的儿童从小就会被送入学校,学习基础知识,到了一定年龄就会让他们服从社会的分工,选择专业学习,完成学业之后,他们或者进入层次较低的技术应用性部门(比如工厂),为技术产品的生产出力,或者进入更高层次的领域为技术的更新出力(比如在某些研究机构或高校)。在技术应用或研究时,还会有一系列的操作方法对我们的行为进行指导,同时也有相应的法律规范以及行业规则、道德条款等进行约束。总的来说,现代技术是在一套规范化的体系中有条不紊地向前推进的。

第三,在现代技术的领域中,手段与目的的关系被模糊化了,它们不再有单向的、清晰的区别,而是可以在技术的发展过程中相互转化。一方面看来,现代技术的发展会推动人类生产力的快速提高,同时也会满足人们各种各样的欲望,技术的发展就是为实现这些目标服务的。但从另一方面看,技术的发展也会为人类带来新的目标。随着技术的发展,人的欲求目标越来越多,生活的可供选择性越来越让人眼花缭乱。比如电子技术和信息技术的兴起,让我们产生出在虚拟世界中得到满足的欲望;化学产品、生物制剂的出现让现代女性对体型和容貌的追求愈来愈细化;汽车、火车、飞机等大型运输工具的出现让环球旅行的愿望产生出来;航天技术也让人们拥有了征服宇宙的欲望,等等。因此,技术就不仅仅是满足某种目的的手段,它同时也是目的生产的源泉,或者直接转化为目的本身。技术本身就成为社会发展的推动因素,而不只是技巧、工具的储存库。

第四,在技术全球化的时代,人类不再能够以独立于技术的超然姿态存在了。人类从技术中受益,依赖技术,但同时技术的发展也日益威胁着人类。悬临于每个人头上的核弹头、日益严重的环境污染和全球变暖、转基因农作物,等等,无一不是人类在技术化的今天与未来都要面对的难题。人类通过技术来理解、规划自身和世界,享受着技术为他们带来的欲望满足,同时又处于技术的威胁之中,并且也深知唯有依赖技术的发展才可能消除这种威胁。技术为人类创造了一个矛盾的生存环境,在这种矛盾中,人类的生活同技术复杂地联系在了一起。

第五,技术化关乎整个人类命运,没有人能够置身事外。电子化和信息化是每个国家都试图走上的道路,核弹头威力的威胁是世界性的,联合国每年都会召开世界气候大会,等等,这些都是与人类生存密切相关的事件。有人认为过上隐居生活,同大众脱离开来,就可以和技术脱离关系,这无疑是痴人说梦。他可以从心态上、生活方式上淡出这个技术世界,但在客观方面,世界的技术化进程仍然决定着他的未来。无论是技术带来的益处还是灾难,它们最终都将演变为全球性事件。

综上所述,我们看到,技术将人类置于一个复杂的世界之中:我们享受技术,我们的生活方式由技术规划,我们的未来受到技术的制约。正是在这种情形之下,人类才需要进行新的伦理思考,思考如何在这个矛盾的现代环境中生活,人类应该做什么,应该追求什么,怎样才能好好生活,等等。因此,关于科技的伦理学是响应着时代的召唤而诞生的。

二、科技伦理的定义

伦理学是一种对人的行为提供规范的学说,它能够对人的行为以及该行为所造成的结果进行价值评估,以确定某人行为的价值内涵:它是善的还是恶的,个体或者某个团体应该还是不应该实行这种行为,等等。它的最终目的是引导人们过上善的生活。在不同的历史境况和不同的生活领域中,人类的行为和相关事实都是不同的。面对现代技术社会这样一种特殊境况,我们应该构建一门专门处理这种境况的学科,即科技伦理学。

现代技术所构成的领域和在现代技术中生活的人类,处于一种矛盾的状态当中。其实早在 19 世纪马克思就指出了这点:"在我们这个时代,每种事物好像都包含自己的反面,我们看到,机器具有减少人类劳动和使劳动更为有效的神奇力量,然而却引起了饥饿和过度的疲劳。新发现的财富由于某种奇怪的、不可思议的魔力而变成贫困的根源,技术的胜利似乎是以道德的败坏为代价的。人类愈益控制自然,个人愈益成为别人的奴隶或自身卑劣行为的奴隶,科学的纯洁光辉仿佛也只能在愚昧无知的黑暗背景上闪耀。我们的一切发现和进步,目的是使物质力量具有理智生命,而人的生命却化为了愚钝的物质力量。现代工业、科学与现代贫困、衰颓之间的这种对抗以及我们时代的生产力和社会关系之间的对抗是显而易见的、不可避免的和毋庸争辩的事实。"因此科技伦理学是在一种复杂的、对抗性的现实中构建起来的伦理学,在这种辩证的境况下,学者提出的伦理问题的难度比先前提出的要大得多。没有哪个时代的人类会面对如此多的选择,也从没有哪个时代如此纷繁复杂。

在这样的时代中,科技伦理关注人类的权力问题。在现代科技社会中,人类运用科技的力量,完完全全地凌驾于自然之上。人类似乎已经取代了中世纪的上帝而坐上了世界霸主的宝座,地球上的一切自然资源——无论是有生命的还是无生命的——都处于人类的操控之下,人类已经不再臣服于上帝或者自然,而成为自己的主人,甚至成为世界的主人。一切有关自然的、地球环境的、地球生物生死存亡的问题都由人类带来,并且也只能由人类解决。没有任何别的物种能够进入到技术带来的问题域中,人类却将技术带来的问题强加给了地球上的其他物种。技术是人类权力的体现,拥有这种权力的人类应该认真检视自己的行为,考虑其会带来的后果、对其他物种以及后代带来的影响,考虑自己的行为所应具备的道德规范。也就是说,在拥有技术这种权力之后,人类也被赋予了相应的责任。技术不是一种可以被滥用的力量,就像某位拥有了至高无上权力的人也不可以用他的权力来横征暴敛、滥杀无辜一样,当代的人类也不可因一己私欲而滥用技术权力。这不仅仅是因为滥用技术的后果将是自然对人类的反噬,更重要的是拥有权力的人类应该在自己的行为中体现出现代人该有的尊严和价值。一些伦理信条应该时时被现代人谨记。限制人类的技术权力,既是为了守护自然,也是为了人类的可持续发展。

科技伦理学所思考的范围要比古典伦理学广。哲学家汉斯·约纳斯在上世纪中叶提出了科技伦理,即责任伦理的思想,他还指出,科技伦理学不仅仅要处理古典伦理学的人与人之间的伦理关系问题,还要处理人与自然之间的伦理关系问题。人拥有了凌驾于自然之上的权力,科技伦理学涉及的就是权力如何应用的伦理学问题,只不过这里权力应用的对象发生了扩展,从人类扩展到了整个自然界。

综上所述,科技伦理学是一种应对现代世界的新情况而产生的新型伦理学,它以责任伦理为核心,比古典伦理学有更宽的视阈。

三、科技伦理学的形式区域

我们可以从形式与实质两个方面来分析科技伦理学,看它应该处理哪些基本问题,拥有哪些基本原则。所谓从形式方面来分析,就是指不考虑实际的科技运用领域,不考虑科技伦理在各个实际的科技运用领域应处理哪些什么问题,而是直接抽象研究行为主体和行为对象,得出一些普遍的责任原则。而从实质方面研究,则是指进入到当代实际的科技领域中,对人们面临的各种科技伦理难题进行思考。形式研究和实质研究都是必不可少的。从形式研究我们可以得到一些普遍原则,这些普遍原则又可以在实质的科技伦理学领域中得到运用。随着科技的发展,许多新的科技领域将被开发出来,比如信息科技领域。伴随着新的科技领域的诞生,也将有新的科技伦理学领域诞生,这些普遍原则能够初步地引导我们在新领域中进行思考,随着时代的发展,这些原则也可以做适当的调整。而实质领域的研究则可以为我们解决某些具体的科技伦理问题。

科技伦理的核心是责任伦理。唯有能够以自身的意志决定自身行为的主体才是负有责任的主体。在行为主体方面,我们可以区分出研究技术的主体和使用技术的主体;在行为指向的对象方面,我们可以区分出自然和人类两类对象。按照责任的承担群体或承担人的不同,以及人类行动指向的对象种类的不同,我们可以将科技伦理的责任原则分为四点来讨论:

第一,作为研究者所应承担的责任。作为研究者,他应当对自己的技术研究或技术成果所带来的作用负责,他应当遵守一些基本的伦理规范和道德准则。在科技研究中,科技伦理应该考虑的问题有,研究者能否向公众隐瞒一些研究程序,能否将动物乃至人体等作为开发技术的手段,在开发过程中研究者应遵从哪些准则,对放射性元素或者污染物应如何处理,等等。比如,2012年曝光的在湖南小学生中进行转基因大米实验的丑闻,就反映出研究者对某些基本规范的不遵守。对于自己的研究成果造成的后果,研究者也应承担相应的责任。很多科学研究者认为搞科研是一种价值中立的活动,目的仅仅是创造出某种东西,或者揭示出某种真理,至于创造出的对象会在后来的使用者中造成什么样的影响则与他毫无关系,且认为当遵从了科学研究中的伦理准则后,科学研究就是一个价值无涉的过程。实际上这是一种错误的看法,因为很多科技的成果是有善恶之别的。对于一些明知会造成灾难的研究(比如研究生化武器),研究者应该自觉抵制,对于一些后果不明显的技术成果，工作者也应警惕。例如，1972年，分子生物学家伯格用连接酶将两种来源不同的DNA片段连接了起来，创造了一种自然界从来没有过的基因，这标志着遗传工程的诞生。但两年后，他联合了20余位生物学家向社会呼吁：在社会没有确立有效安全对策之前，暂停DNA实验，因为这些实验可能被用作基因武器，甚至会导致生态爆炸。

第二，作为使用者应承担的责任。使用者应当担负的责任要比研究者大得多，他与技术成果有更加直接的关系。技术使用者理应对他所使用的技术会造成的后果作出准确评估。对在使用过程中可能造成的危害、有哪些行之有效的防范措施有全面的把握，并在应用过程中严格执行这些措施。如果在使用过程中造成了相应的损害，他又应当作出哪些补偿，等等，这些都是使用者应该承担的责任。比如，当今核电技术已经得到了广泛应用，不过在使用过程中核泄漏事故却偶有发生，无论是切尔诺贝利核电站的核泄漏还是福岛核电站的核泄漏，其造成的后果对人类和对自然的危害都是致命的，那么责任在谁？电站的制造者、设计者、操作电站的工作人员？制造错误的人不仅要受到法律的责任追究，还要在伦理道义上受到谴责。因为现代技术"双刃剑"性质愈来愈明显，所以使用者应该具有高尚的道德素养和强烈的责任感，能在技术使用中规范自己的行为，时时关注技术带来的后果和可能造成的危害，避免危险情况的发生。同时，现代社会对于技术的使用也应形成一整套监督机制，监督者在此中承担责任。

第三，由于人类已经凌驾于自然之上，所以人与自然之间产生了伦理关系，这种关系在原来的时代是不存在的。人类与自然的伦理关系首先表现为守护与被守护的关系，人类在技术扩张的同时也应该守护自然。随着环境污染、全球气候变暖、核泄漏、植被大面积沙漠化等现象的愈演愈烈，人们逐渐发现了技术为自然带来的危害。人有责任守护自然，并不是因为自然被技术破坏后会反噬人类、破坏人类的生存环境，使人类无法在地球上存活下去。人与自然的伦理关系不能仅仅建立在实用主义的伦理前提之下，这样我们依然无法摆脱"人类中心论"，自然依然是人类操控的对象。自然与人类之间的关系应该是纯粹的，而不是出于实利的，就像见义勇为这个行为本身是美好的，而不是因为利益才去这样做。人类与自然间纯粹伦理关系的建立，需要人类对自然拥有感恩的心，而不只是一味索取，要克服"人类中心论"的心态，将自己作为自然中的一员，建立和谐的人与自然间的关系。其次是更深层的问题，当基因技术创造出新物种，或改变其余物种以满足人类的需求时，我们会反问自己，人类是否拥有这样做的权利？当克隆羊多利诞生时，在西方社会就爆发了巨大的争议，因为以基督教文明为基础而发展起来的西方文明根深蒂固地认为，只有上帝才能创造新的物种，而当人类也拥有了这种创造力后，他是否就顶替了上帝，成为自然界的主宰？不难想象，在基因技术飞速发展的将来，人类也许能创造出很多千奇百怪的物种，处理人与自然关系的伦理学能够容许人类在这个领域进展到什么地步？当一个物种被创造出来后，对于它的存活和延续，人类是应该置之不理还是像养育自己的后代那样来照顾它？人类不能对该物种不负任何责任，科技伦理学需要在此确定人类与它的伦理关系。

第四，当技术作用的对象是人自身的时候。在技术时代，自然与人类处于一种不对等的关系中，因此确立伦理原则的关键是克服"人类中心论"；而人与人之间则是平等的，当技术作用对象变成了人之后，就要以平等和尊重作为伦理原则的核心。无论是在研究还是在应用中，我们都要秉持尊重他人的原则。比如在科技研究中，研究的目的是为了造福人类，但是现代科技的研究往往用人体做实验，特别是医学实验。我们不能以造福人类为借口就随意利用人体乃至活人做实验。当维萨里偷偷用尸体做解剖学实验时，就在西方引起了轩然大波。虽然他的研究极大地推动了医学的发展,但是用今天科技伦理的眼光来看,维萨里的做法是不恰当的。进行人体研究的首要原则是尊重他人,我们需要在当事人或当事人家人同意的情况下才能将人体用于实验。在科技应用中也是如此,当某些可能导致不明确后果的科技产品,如转基因食品要在大众中广泛使用时,必须要以争得民众的同意和让公众拥有知情权为前提。现代社会中,人体在各方面都成为技术指向的对象,试管婴儿实验、人体器官替换、以人体作为对象进行生物实验、以击杀或致残人为目的的武器生产、制造大规模的杀伤性武器等都与人体有千丝万缕的联系。

四、科技伦理学的各种实质区域

按照现代科技不同的研究和应用领域,科技伦理还能区分出各种不同的研究领域。在不同的研究或应用领域中,不同的科技伦理准则将被建立起来。基于今天的技术分类,我们大致可以将科技伦理的实质性专题区域分为下几类。

第一,生态伦理。从技术在人类社会开始逐渐显现出统治性起,生态伦理就是一个绕不开的话题。恩格斯早在一个多世纪以前就指出过"我们不要过分陶醉于我们人类对自然界的胜利。对于每一次这样的胜利,自然界都对我们进行报复"。随着时间的推移,恩格斯的话愈显深刻。尽管现代技术发展越来越快,相较于100多年前,人类能够创造出更大的生产力、更多的社会财富,但是生态环境问题却没有得到相应的解决,相反却在技术全球性扩张的同时变得越来越严重。技术导致的生态危机不仅在空间范围上扩展了、量上增加了,而且对生态造成的威胁有了质的改变,现代技术对生态造成的伤害是原来人类完全无法想象的。随着技术的发展,人类对大自然进行了长期的掠夺性开发,废水、废气和废渣的无节制排放,各种化学原料与农药的任意使用,造成生态环境污染严重,正常的生物链被破坏,植被大面积沙漠化,大量的动植物濒临灭绝。虽然人类也开发出了减轻或消除污染的科学技术,制定了严格的控制生态破坏的法律法规,全球性的气候、环境大会也会每年召开,但是生态破坏的情况照样愈来愈严重,气温也在逐年升高。而且我们还会惊奇地发现,当更加先进的技术被开发出来并投入使用时,环境问题不会得到改善,反而会变得更加严重。从空间范围和量上来看,自然资源开采的触角已经从地面深入到了海洋,城市化建设的进程愈演愈烈,各种动植物都需要按照人类的意志来确定生存的空间和方式,污染物的排放量也在增加。从威胁的可能性来看,现代技术对生态造成的危害有了质的改变。比如,基因技术的使用不慎极有可能引发生态链的爆炸或者大面积的生物死亡,一次核泄漏事故造成的污染是不可想象的,等等。1986 年发生的切尔诺贝利事件,使俄罗斯约 4300 个村庄和城镇都受到了了严重污染,不只是人受到了放射性元素的侵害,核电站周围的动植物也受到了核污染,而且核污染还具有存留性和遗传性,后代的人和动植物只能在这种受到污染的环境中生活。据联合国统计,截至 2006 年,还有约 150 万人在受到过污染的土地上生活,以受到污染的蔬菜、牲畜为食物。又如现代信息技术的兴起,使人类以及动植物的生存空间中各种各样的辐射随之增多,电脑、手机等飞速更新换代后产生的电子垃圾也只能交给大自然处理。我们可以说,每当技术前进一步,地球生态就会承担更大的压力。

构建生态伦理的核心就是要抛弃"人类中心论",承认自然中其他物种的价值,以一种成员的姿态而非统治者的姿态生活在自然之中。人类并不是生来就能超越自然,而要从自然中得到馈赠,才能发展现代技术,并凌驾于其他物种之上的。因此人类应该在技术的研究和应用中怀有感恩的心态,唯有与自然和谐共处,才能实现可持续发展。"人类中心论"从根本上讲是与可持续发展相悖的。尊重自然、怀有感恩、与自然和谐共处是构成生态伦理学的核心内容。

生态伦理学也涉及人类成员之间平等的伦理。生态问题不是关于某一个人的问题,而是与全人类都有关系。不能以牺牲某部分人的利益为代价,来满足另一些人,比如发达国家的污染物不能排放到落后国家,让落后国家的自然来处理技术垃圾。同时它也不只关系到人类的代内平等,还关系到代际平等。所谓尊重代际平等,就是不能为当代人的利益而牺牲后代人的利益。我们的后辈同我们一样,都有平等地享有自然资源的权利,我们不能只顾自身利益而将自然资源消耗殆尽,让后代陷入困苦之中。当今代际不平等现象非常严重,资源短缺、人口急速膨胀、老龄化现象与日俱增,生态失衡已对后代生存造成了严重威胁。代际不平等的现象也许最终会导致人类的灭亡。作为人类社会中的成员,每个人都有责任为人类的可持续存在作出贡献,使人类可以在地球上继续生存。构建生态伦理是解决代际问题的钥匙,也是人类持续生存和发展的关键,我们要自觉地担负起责任,以理性约束行为,树立可持续发展的生态伦理观念。

第二,生命伦理。生命伦理领域同样也是一个很重要的科技伦理领域,它主要研究生物学和医学中的伦理问题,包括对人类的生殖、生育和遗传的控制,以及优生、安乐死、器官移植等问题,此外还涉及环境与人口、动物实验和植物保护的伦理问题,是一个非常宽泛的伦理学领域。生命伦理学兴起于上世纪六七十年代,第二次世界大战为人类带来的灾难,使诸多学者不得不反思在技术中生存的人类所面对的困境。原子弹的爆炸,德国、日本的纳粹分子进行惨无人道的人体实验,以及1965年卡尔逊发表《寂静的春天》一书揭露农药给自然界带来的灾害,这三件事情一同推进了学者对生命伦理的反思。随着技术统治在人类社会中的加深,生命伦理学也有了进一步的发展。基因技术和克隆技术的诞生使人类不得不面临一些新的生命伦理问题,比如我们是否有权利根据自己的喜好改变下一代的性状?有钱的阶级是否能够通过基因操作优化自己的下一代?这样是否会造成阶级之间的差距不仅体现在所受的教育和衣食住行上，还体现在天生的可能性上？诸如此类的问题还有很多。

同时，对生命伦理的反思不仅仅是针对灾难或者不平等这些负面状况，它还针对一些良性的技术作用。比如，随着医疗技术的发展，对于不合理的医疗制度、医疗不平等等问题的反思也随之产生。又比如，当现代科技认清了艾滋病的发病缘由、传播途径和预防方法后，艾滋病人是否能拥有与正常人在某些方面相似的权利？能否为大众所接受？这些都是生命伦理学应考虑的问题。

随着人类操纵生命的科学技术的进一步发展，在生命伦理学领域还会产生许多新的问题。当生物技术发展到可以制造克隆人、生产机械器官、进行脑操控时，生命伦理学面对的问题将比现在的要复杂得多。

第三，军事伦理。任何新技术一经开发，必定会被考虑应用于军事领域。早期资本主义全球扩张的成功就得益于新工业技术在军事中的使用。在军事领域中使用科学技术，就是将技术应用于暴力。美、俄两个核大国始终致力于开发新的核武器技术，从而实现对别国进行核威慑的战略目的。当基因技术兴起后，如何限制生物武器的开发和应用就成了国际社会的难题。生物武器成本低、杀伤力强、造成的疾病难以防治，更令人惊奇的是，现代基因武器可能会实现所谓的"种族打击"，即只针对拥有某种特定的遗传基因的生物进行生物性打击。尽管在1972年缔结了《禁止生物武器公约》，但总是会有国家暗中进行这方面研究。

技术在军事中的运用，无论是为了侵略或威慑他国，还是维护正义或保护自己，都必须要用伦理道德来严格约束。人类在军事技术兴起的初期并未意识到它会带来的灾难，当下，军事技术的发展已经构成了核威胁、生物武器威胁，各国也争相展开军备竞赛的局面，当务之急是确立一套伦理的、法律的军备生产规范准则，限制军事武器的生产。

第四,信息伦理。信息伦理是一种新兴的科技伦理。从 20 世纪 90 年代开始,以数字技术、多媒体技术和网络技术为核心的现代信息技术推动着人类从后工业社会向信息社会迅速转变。在这短短 10 多年中,人类社会的构成形态、人与人之间的交流方式、个人的意识形态、生活方式等均发生了巨大的变化,信息伦理的问题也应运而生。

信息技术迅速崛起的标志是,网络逐渐渗透进人们的生活,在该技术兴起时长大的"70 后"、"80 后"和"90 后"乃至现在的"00后",他们的生活已经不可能离开网络,无论是交流、娱乐,还是接触外部世界等,都依赖网络。同其他技术一样,网络方便了人类,同时也造成了人类对它的依赖。

由于信息技术是新兴起的技术,所以信息伦理也才诞生不久,很多规范标准、批判标准还没有成型,但是根据科技伦理的形式原则,自律和自我负责是在信息领域中生活的首要原则。信息技术的发展会带来信息犯罪、隐私权受侵犯、知识产权受损、信息垄断、信息漏露、信息污染等后果,比如在网络上造谣,引起社会恐慌,或者黑客袭击,侵入他人电脑,将他人隐私曝光。对于这些后果,我们一方面需要通过立法来严格防范,另一方面也要确立一套网络生活的伦理法则,让个体能够自我约束。

当然,除了上述四个大的实质性的科技伦理领域,还存在其他的科技伦理领域,比如纳米材料兴起后引发的伦理思考。而且随着科技的发展,必定还会产生新的人类生活的领域。在新的领域中怎样生活,我们应该遵守哪些准则,这些都是科技伦理学将要处理的问题。科技伦理学必须紧跟时代的发展步伐,引导人类在未来社会中更好地生活。

第四节　科学共同体及其演变与发展

随着科学技术研究不断由业余爱好转向职业研究、由单兵作战转向协同作战、由国内研究转向国际研究,科学共同体发挥着越来越重要的作用。但是科学共同体仍然是一个明确而又模糊的概念,说其明确就在于人人都知道什么是科学共同体,说其模糊就在于很难回答这样一个问题——科学共同体是什么。简单理解,科学共同体就是科学家的自治组织,是科学研究社会建制化的产物。众所周知,科学共同体最早产生于 12 世纪的意大利,它是欧洲文艺复兴的发源地,也是世界科学技术的中心。科学共同体发展到现在已有好几百年的历史,这段时期也是科学共同体不断发展完善的历史进程。而我国的科学共同体则出现得相对较晚,近代以后才出现。

一、科学共同体概述

(一)科学共同体的概念

科学共同体(Scientific Community)是由英国著名哲学家波兰尼,于 1942 年在《科学的自治》一文中首次提出的。波兰尼是从科学家的职业特征来解释科学共同体的意义,认为科学共同体就是科学家的群体。据考证,"'科学共同体'来源于社会学中'社区'的概念,但它舍弃了'社区'概念中地域划分的特征,从而区别于一般的社会群体和社会组织"。一般公众理解的科学共同体就是"一群专注于相似研究对象、使用相似的实验仪器和表述言语、集中在少数几个刊物上发表研究成果、定期或不定期召开和参加相关学术会议的科学家群体"。简而言之,科学共同体就是科学家的自治组织。

自波兰尼提出科学共同体这个概念至今,人们对其的理解主要有三点：

第一，范式视野下的科学共同体。"范式（Paradigm）"一词是由库恩首先提出的。库恩认为，科学活动的发展规律就是范式的更替过程：保持稳定的范式就意味着科学活动处于常规时期；一旦原来的范式被颠覆了并为新的范式所代替就意味着科学革命的暴发。在科学活动的常规时期，科学家都是围绕着一个稳定的范式从事解谜的研究活动，因而就形成了一个研究问题的科学家群体，即科学共同体。因此，库恩认为："'范式'一词无论实际上还是逻辑上都很接近'科学共同体'这个词，一种范式是，也仅仅是一个科学共同体成员所共同的东西。反过来，也正由于他们掌握了共有的范式才组成了这个科学共同体，尽管这些成员在其他方面并无任何一致性。"在库恩看来，"科学共同体是由一些学有专长的实际工作者所组成的。他们因所受教育和训练中的共同因素结合一起，他们自认为也被人认为专门探索一些共同的目标，包括培养自己的接班人。这种共同体具有这样一些特点：内部交流比较充分，专业方面的看法比较一致，同一共同体在很大程度上参考同样的文献，引出类似的教训"。总体来说，库恩眼中的科学共同体就是建立在同一范式基础上的科学家群体组织。

第二，规范视野下的科学共同体。默顿认为科学家的根本目的就是创造确证无误的知识。要达到这一目的就需要属于科学家的一整套特殊规范，也就是科学的精神气质，主要包括普遍主义（Universalism）、公有主义（Communism）、无私利性（Disinterestedness）和有组织的怀疑（Organized Scepticism）四个方面。这四条规范把科学共同体与其他社会群体区别开来。科学的精神气质既构成科学共同体区别于其他社会群体的本质特征，也是其赖以形成的规范基础。正是在科学的精神气质的作用下，科学奖励系统就成了科学共同体不断发展的内在动力。默顿认为，科学家从事科学研究活动的根本目的是获得承认、争夺优先权。这样，科学奖励系统既可以促使科学家积极做出独创性的科学成果，又可以保证科学共同体的良性运行。因此，规范视野下的科学共同体实质上就是在科学的精神气质约束下的科学家群体组织。

第三，相对主义视野下的科学共同体。库恩与默顿的研究都没有深入到科学知识本身，或者说都没有深入到微观领域，这就直接导致了传统科学社会学的式微和科学知识社会学（Sociology of Scientific Knowledge，SSK）的兴起。SSK 认为，科学共同体不仅仅是科学知识的"生产主体"，更是科学知识的"构造主体"。他们特别强调社会因素对科学知识生产的重要影响，甚至是决定性的影响。因此 SSK 也被认为具有强烈的相对主义倾向。SSK 的研究直接深入到了科学知识生产的实验室，指出科学知识不是简单的生产结果，而是科学家高度构造的产物，因为实验室的仪器设备是科学家按照试验的要求构造出来的，进入实验室的原材料也是经过科学家精心挑选出来的，试验的结果更是科学家协商一致的产物。因此，SSK 认为，与其说科学知识是科学家通过试验反映客观知识的结果，倒不如说是科学家按照实验室之外的社会需求构造的结果。科学家不是为了获得确证了的知识，而是为了获得能够持续资助他们从事科学研究的"信用（Credit）"——确定了寻求奖励的因素对科研人员的激励作用，人们也只能解释科学家行为的一小部分。但是，假如他们是在寻求可信性，人们便可以更好地解释他们的不同兴趣及功绩从一种形式转化到另一种形式的原因。科学家认为，科学研究不仅受到了来自实验室条件的制约，还受到了实验室之外的政府、企业、大众等社会环境的干扰，科学研究就变成了一个"行动者网络"，这就导致了科学研究的不确定性。因此，相对主义视野下的科学共同体就是指，在实验室之外的社会因素制约下，创造科学知识的科学家群体组织。

(二)科学共同体的特点

科学共同体作为区别于其他社会群体的科学家群体组织,内部结构是非常复杂的。为了能够使之正常运转,科学共同体就需要一整套独特的结构体系,这也是其区别于其他社会群体组织的特点所在。简单概括,主要包括以下四个方面:

第一,独特的层级结构。科学共同体是一个高度分层的科学家群体组织。在科学共同体内,科学家之间绝对不是平起平坐的,而是分等级、层次的。在一个科学共同体内,有处于顶端的一流科学家,依次是二流科学家、三流科学家……人数上则是由少到多,呈现出典型的金字塔式。朱克曼在《科学界的精英》一书中就对美国科学家进行了分层,由低到高依次是"美国全体科学家总和"、"列入《全国科技人员登记册》的科学家"、"列入《美国男女科学家》的科学家"、"获得博士学位的科学家"、"美国科学院院士"和"诺贝尔奖金获得者"。中国也有类似的分层,由高到低依次是两院院士、首席科学家、首席专家、总工程师、博导、教授、研究员、教授级高级工程师、副教授、副研究员、高级工程师、助理研究员、讲师、工程师、其他科技人员。总体来说,科学共同体的分层依据是科学家做出的科学研究成果所获得的承认大小。

第二,独特的奖惩系统。马克思曾说过:"人们为之奋斗的一切,都同他们的利益有关。"科学家从事科学研究的根本目的就是通过自己的科学研究成果获得科学共同体的承认,进而获得相应的科学奖励。这样一种独特的奖励方式,是科学家持续从事科学研究的"兴奋剂",能进一步确认和强化科学家的角色。一旦科学家做出了独创性的科研成果并得到了相应的承认,社会就会进一步强化科学家的角色,促使科学家持续努力,做出系列的独创性成果来。同时,该种奖励方式还可以为工作中的科学家关注某些重要问题提供激励,进而巩固有效的研究产出的行为模式。当然,对于科学研究中的越轨行为,科学共同体也会采取相应的控制措施。

科研中的越轨行为主要包括伪造数据与信息（Fabrication）、篡改试验观察结果（Falsification）和剽窃（Plagaiasism）等 10 种。越轨行为一旦发生，科学家必然要遭受不同程度的惩罚，最严厉的惩罚就是终止其科学研究生涯。

第三，独特的交流系统。科学家之间的科学交流是促进科学研究不断进步的重要润滑剂，特别是在大科学时代，科学研究已经走出了单打独斗的单干模式，走向了协同作战方式。科学交流主要有正式和非正式两种。正式交流主要是科学家和科学共同体之间的交流，即科学家正式发表学术成果，在正式大会上宣读学术成果或者作学术报告等；非正式的科学交流主要是科学家之间的私下交流，包括口头交谈、书信来往等方式。随着网络时代的到来，网络交流已经风靡全球，在科学领域也是如此，通过网络，科学交流已经完全超越国界，在全球范围内展开了。虽然说这是科技进步的结果，但更重要的是因为科学交流载体的特殊性，即科学交流使用共同的语言。任何一个领域的科学家都使用着同样的语言、运用着同样的符号，甚至进行着同样的运算。因此，无论是中国的科学家，还是美国的科学家，甚至地处最偏僻国家的科学家，他们都能够进行科学交流；无论科学家的母语是汉语，还是英语，亦或其他语言，他们都能够无障碍地进行科学交流；无论是中国科学家，还是美国科学家，亦或其他国家的科学家发表的重要研究成果都能够为别国的科学家所理解。

第四，独特的权威系统。科学权威是科学家由于做出了重要成就而获得的一种社会承认，这种社会承认一般分为职位承认和名望承认。职位承认的形式是科学家位居重要的职位，比如某知名大学的系主任（院长）、某重点实验室主任、某学会组织的领导人等。名望承认则是依据科学家的成果产生的影响（如获得引证数、学术荣誉等）而获得的权威。名望承认更为基本和重要。科学权威是完全建立在自愿服从的基础之上的，也是维护和巩固科学共同体的重要力量。科学权威是多方面的,包括学术权威、导师权威、管理权威、政府官员权威等。但是,如果科学权威使用不当,就会严重阻碍年轻科学家的成长,扼杀创新性成果。普朗克就曾经悲观地认为:"一项重要的科学发明创造,很少是逐渐争取和转变它的对手而获得成功的,扫罗变成保罗是罕见的。而一般的情况是,对手们逐渐死去,成长中的一代从一开始就熟悉这种观念。"这就是"普朗克效应"。

(三)科学共同体的作用

科学作为一项社会事业,其职业化已经愈加凸显,科学共同体对经济社会的全面发展发挥着越来越重要的作用。

第一,确定研究主题。确定研究主题是指在一定时期内,科学共同体根据经济社会发展的需求以及科学研究发展规律的内在要求,提出科学研究的主题,引导科学共同体内的科学家有重点地进行科学研究,使科学研究有计划、有步骤地展开。科学共同体发挥这方面的作用主要是基于科学研究可以规划的特点。科学研究的资源是有限的,需要集中力量解决迫切需要解决的科学问题。

第二,进行科学评价。科学评价涉及的是荣誉的分配问题。一旦科学家取得了相应的科学研究成果,科学共同体就需要做出恰当的评价,进而分配相应的荣誉。科学评价是促进科学研究持续发展的关键力量。如果没有恰当的科学评价,科学研究这座大厦就会轰然倒塌,科学家就会失去前进的动力。因此,科学评价必须是及时、客观、公正、准确的。当然现在的科学评价不仅仅包括科学研究后的评价,即结果的评价,还包括科学研究前和科学研究中的评价,如对项目申报书的评价和科研项目的中期检查。

第三,提供决策咨询。科学共同体作为科学家的群体组织,有能力为政府、社会和企业等提供重要的决策咨询。一方面,科学共同体成员都是职业的科学家,是重要的科技劳动力,能够对科学技术的社会运用做出预测和进行恰当的社会控制。另一方面,现在的科学共同体本身就已经成为政府决策的智囊团,以实现决策的科学化与民主化。比如中国科学院和中国工程院,在我国政府的科学技术体制改革和政策的制订方面承担着顶层设计的咨询工作。

第四,促进科学传播。公众理解科学是科学发展的重要社会条件,如果丧失了这一社会条件,吸引更多有潜质的年轻人参与到科学研究的职业中就会成为空话。因此,科学共同体必须承担起科学传播这一重要社会责任,使一般的社会公众也能够获得相应的科学资源,以实现公众理解科学,进而支持科学研究事业的理想。这就要求,科学共同体要充分利用自己的专业和人才优势,不仅要编辑出版各类学术期刊和科普读物,还要在提升公民科学素质的任务中发挥主力军作用。

科学共同体对整个经济社会的作用是巨大的,除了上述 4 个主要的作用外,还有对科学技术的社会运用进行预测、控制和监督的作用,促进国家科技体制政策改革与调整的作用,发布科学、准确、权威的信息以稳定社会的作用等。

二、科学共同体的演变与发展

科学共同体是近代科学技术的社会建制的产物。所谓的科学技术的社会建制,是指"科学技术成为社会构成中的一个相对独立的社会部门和职业部类的一种社会现象"。科学技术的社会建制意味着科学的职业化,即科学家作为一种全新的社会角色诞生了,科学家的群体组织也就应运而生。因此,要了解科学共同体的演变与发展就必须结合科学技术的社会建制历史来研究。

(一)科学共同体产生的历史背景

科学共同体是近代科学发展到一定阶段的必然产物。近代科学出现在西方。如果没有近代科学的出现,就没有科学的职业化,也就不可能产生科学共同体。因此,科学共同体的产生有其深厚

的历史背景,主要包括以下四个方面:

第一,哲学观的变革。近代的欧洲经过了文艺复兴的洗涤,中世纪的宗教哲学已经丧失了昔日的统治地位,怀疑主义、自由主义和人文主义思潮成为主流,经过恢复、发展而形成了崭新的自然哲学观。人们重新认识了上帝——"创造出天地的全知全能的造物主,给了我们两本最重要的书籍,一本叫做"自然",另一本叫做《圣经》"。哥白尼在《天体运行论》中也指出:"在上帝赋予人类理性所能到达的范围中,对所有真理的探求乃是哲学家的使命。"这样的一种全新自然哲学观引导了包括哥白尼在内的广大科学家不断探索自然的奥秘。在这里,不得不提到培根(Francis Bacon,1561—1626)。培根晚年的《新工具》一书特别强调了实验与观察的研究方法,这不仅是研究方法的历史变革,更是思维方式的转变。

第二,清教主义(Puritanism)的影响。宗教与科学的关系并不是简单的对立关系,宗教也完全有可能促进科学进步。近代欧洲经过了宗教改革之后,宗教对科学的进步也发挥了重要作用。默顿的博士论文《十七世纪英国的科学、技术与社会》对此问题进行了详尽阐述。现在这个问题也被誉为"默顿命题"。按照默顿的观点,当时英国的清教徒持有强烈功利主义、经验主义和理性主义的价值观,希望不断研究,通过揭示大自然的奥秘来接近上帝,而不是盲目地信仰上帝,"清教徒认为,研究由上帝所创造的自然是理解上帝的智慧、力量和善意的有效手段,那些研究可以促进人们的善"。

第三,科技的进步。近代欧洲,哲学逐步从神学中脱离出来,科学得到长足发展,出现了一大批著名的科学家,比如伽利略、哥白尼、达·芬奇、维萨里等。哥白尼的《天体运行论》详细阐述了太阳中心论,指出了包括地球在内的所有行星都是围绕着太阳旋转,这直接颠覆了传统的神学天文观,被誉为"哥白尼的革命"。这些科技成就为科学体制化、科学共同体的诞生奠定了坚实的科学技术基础,促使人民越来越认识到科学技术的魅力,也促使人们深刻体会到宗教哲学的愚昧。

第四,大学的变革。最早的大学起源于 12 世纪。当时设立大学的目的还是为了研究和传播神学,如被公认为最早成立的两所大学——意大利的博洛尼亚大学(1088 年)和法国的巴黎大学(1150 年)都是起源于基督教的教会学校和神学院。但是,随着城市手工业和商业的发展以及科学技术的进步,人们对科学技术的需求越来越大,这一方面导致了大学数量的不断增加,据统计,"截至 1500 年,其总数已经接近 80 余所"。另一方面,这些大学的教学内容也逐步发生了变化,不再只是一成不变的神学内容,而是逐步增加了自然科学知识(虽然居于次要地位)。随着中世纪的衰落,自然科学的研究与学习被放到了越来越重要的位置,大学就不仅仅是欧洲学术的中心,也是科学家的摇篮,从某种意义上讲就是近代科学共同体的雏形。

哲学观的变革使人们重新认识了上帝,宗教的改革促使人们努力探究自然的奥秘,而科学技术的进步则进一步吸引人们加入到科学家的行列中。大学的变革为科学技术的持续进步提供重要的智力支持,但是与大学变革紧密相关的还有各类学会的兴盛,比如意大利的柏拉图学院、林琴学院、齐曼托学院等,这些学会为科学家提供了科学交流的场所。正是在这样的时代背景之下,科学共同体应运而生了。

(二)科学共同体的形成

科学共同体形成的标志是 1660 年英国皇家学会(Royal Society)的成立。此前也已经有了科学共同体的雏形,比如欧洲的大学和各类学会,但是这些大学和学会都还不是真正独立的科学家群体组织,因为此时的大学还是受到了宗教的影响与制约,神学的教育在这些大学中享有较高的地位,而相应的学会组织基本上也不是科学家的自组织,往往都是私人或家族资助和保护下的产物。因此,不能说这些组织是真正意义上的科学共同体。

英国皇家学会虽然冠以"皇家"的称谓,但是和英国皇室并无实质上的关系,只不过是在成立英国皇家学会时得到了国王查理二世的批准,也就是说,英国皇家学会是获得英国皇室认可的权威机构。在英国皇家学会成立之初,有相当部分的会员是皇室成员,但是英国皇室成员必须是以会员的身份加入其中,并且英国皇室并不能具体介入英国皇家学会的运转。特别是,英国皇家学会的活动经费并不来自英国皇室,而是来自于英国皇家学会的会员,这样就能保证英国皇家学会的自主性。

英国皇家学会为了更好地实现"促进自然科学知识"的宗旨,会在每周三下午定期进行聚会,任何人都可以到聚会地展示自己的研究成果,如波义耳、胡克都曾在英国皇家学会的定期聚会中演示过自己的实验成果,牛顿也曾于 1672 年提交过关于光与色的实验论文,等等。为了更好地在学会内部进行学术交流,在 1665 年英国皇家学会还创办了《哲学汇刊》,规定在每个月第一个星期的星期一出版发行。《哲学汇刊》的创办与发行,进一步促进了科学家之间的学术交流,也成为科学评价的重要标准,因为凡是在《哲学汇刊》发表的学术论文都会被认为是最重要和最有价值的研究成果,并且也是科学传播的重要载体。

但是英国皇家学会在成立后不久就逐渐走向了衰落。衰落的主要表现有三个方面:一是皇家学会定期的实验展示逐年减少,到 1674 年达到了谷底,1674 年全年只进行了 10 次左右;二是自1671 年以后,《哲学会刊》上刊载的学术论文数量也逐渐减少;三是英国皇家学会的会员中,科学家的数量也逐渐减少,到 1830 年,英国皇家学会的会员中仅有三分之一是科学家,并且只有不到30%的会员提交学术论文。当然,这跟英国皇家学会吸收会员的制度有关。由于英国皇家学会吸收会员采取的是全面开放的原则,很多出得起会费的、注重"皇家"这一声誉的各类名流绅士也成为英国皇家学会会员。虽然这样可以吸引各专业领域的科学家加入其中,使其成为一个非专业性的科学共同体,并且有利于广泛的科学交流,也能很好地解决英国皇家学会的经费问题,但是从某种程度上说,过多非科学家的参与导致了英国皇家学会偏离"科学共同体"这一称谓的本来含义。

总体来说,英国皇家学会是科学史上出现的第一个真正意义上的科学共同体,让众多科学家真正找到了自己的"家",为以后科学技术的社会体制化树立了典范,大大促进了科学技术的进步。

(三)科学共同体的发展

随着科学技术的发展在英国放缓,法国和德国则相继追了上来。几乎与英国皇家学会同时,法国也建立了自己的真正科学共同体,即巴黎科学院。1666 年在法国国王路易十四批准下成立了巴黎科学院。巴黎科学院与英国皇家学会的最大区别就在于,前者具有强烈的官方色彩。当时的法国已经达成了一个共识:科学研究不能完全依赖于私人的赞助,国家的援助是必须的。因此,巴黎科学院是国家资助下直接运行的研究机构,众多的成员也是拿着国家的薪水从事科学研究的。在成员的吸收方面也不是像英国皇家学会那样遵循全面开放的原则,而是经过层层筛选之后吸收少数科学家。据统计,巴黎科学院在创立初期只有 20 人,1669—1785 年大约有 50 人,而到 18 世纪末,英国皇家学会的会员人数约有巴黎科学院的 10 倍之多。直到现在,法国科学院的院士人数也控制在 40 位,除非院士去世,否则就不会增选新的院士。这就保证了巴黎科学院是一个真正的科学家组织。

随着英国皇家学会和法国巴黎科学院的成立,各类学会和大学在 18 世纪的欧洲也开始如雨后春笋般发展起来,如意大利的科学研究会(1714 年)、皇家科学文艺研究会(1778 年),英国的爱丁堡皇家学会(1783 年)、皇家爱尔兰研究会(1785 年),法国的皇家科学研究会(1706 年)、皇家科学文艺研究会(1712 年)等。各类理工类的大学也纷纷建立起来,如 19 世纪的法国拥有的专科学校就多达 13 所,各主要的大学区拥有的理学院就有 16 所,特别是 1794 年成立的中央公共工程学校,即巴黎综合理工学院的前身,是世界上最早培养高等科技人才的机构。该校拥有包括拉格朗日、蒙日、拉普拉斯等在内的法国一流科学家。因此,此时欧洲的大学不仅仅是自然科学教育与传播的中心,更是科学家聚集的中心和科学研究的中心。

　法国的科学共同体如巴黎科学院一样,具有中央集权、精英主义的特点,与国家政权存在着非常密切的关系,因此,法国动荡的政治局面也给法国科学共同体的运行带来了严重的负面影响,导致了科学技术的中心由法国转向了德国。与法国相反,德国形成了强烈的地方分权色彩,这一特点促使德国形成了具有强烈的学术自由竞争的氛围。特别是导师制和工业实验室的建立,最终使科学共同体走向了成熟。

　从 18 世纪开始,德国一些皇家学院也相继建立:柏林(1700 年)、哥廷根(1752 年)、慕尼黑(1759 年)。但是这些皇家学院都是处于条块分割的封闭状态。德国的 30 余所大学,从 18 世纪开始也走上了全面衰退的道路。1716—1720 年,全德国的大学生约 8900 人,而在 1801—1805 年间则下降到了 5800 人左右。这就导致了 18 世纪末到 19 世纪初,德国关闭的大学就多达 20 所。因此,要改变这全面衰退的境况,就必须在高等教育体制方面进行全面的变革。在这个方面有两个关键性的人物,分别是洪堡和李比希。洪堡在德国的高等教育改革中提出了两个重要的基本原则:"教的自由"和"学的自由"。为此,洪堡在大学中建立了研讨会制度:选出 10 名左右的学生,在专门教室里围绕教授进行演习、报告和讨论;对大学教师建立充满竞争的分层制度:正教授、编外教授和私人讲师。正是在洪堡的改革之下,德国的研究型大学才开始纷纷建立起来。吉森大学的年轻化学家李比希则建立了吉森教育模式,这种模式的特点就是建立以学生实验为主的教育体制。李比希在早年求学的过程中,深刻体会到学生很少有机会直接进入实验室进行操作,导致化学的学习效果不佳。为此,李比希在吉森建立了一个面向全体学生的现代化实验室,使学生成批次地进入实验室进行学习。通过这样一种模式,德国培养出了一批又一批的化学家。据统计,截至1900年,德国的著名化学家中,没有取得博士学位的人几乎没有。

随着化学领域在德国的逐渐发展,与化学相关的产业迅速发展起来。在这样的境况之下,光靠大学和研究院的科学研究已经远远不能满足当时德国化学产业的发展,因此在德国的企业中出现了"工业研究实验室"。"德国企业'工业研究实验室'的兴起,开始于化学工业巴斯夫、赫斯特、拜耳等企业的示范"。在这些企业的示范之下,企业的工业研究实验室在全球范围内开始逐步兴起。

从整个科学共同体的发展历程来看,如果没有工业研究实验室的出现,科学共同体就会仅仅停留在研究院、大学和学会的层次,科学家的科学研究就会停留在学术或者学理层次,并不会发挥出科学技术是第一生产力的功能。只有出现了工业研究实验室,科学技术的研究才能深入到经济社会发展的各个层次,科学技术的社会建制和科学的职业化才能真正完成;只有工业研究实验室才能带来基础研究→应用研究→促进经济社会全面进步的线性创新模式,也才能出现高等院校、科研院所和企业的协同创新模式。工业研究实验室虽然是科学共同体的一种形式,但是是在科学技术对经济社会发展的影响深入到一定的程度后才出现的,可以说,工业研究实验室是科学共同体发展成熟后的形式。

三、我国科学共同体的演变与发展

我国科学共同体的演变与发展大致经历了产生、重建、曲折和发展的历程。

（一）我国科学共同体的产生

一般认为,我国最早的科学共同体是 1915 年正式成立的中国科学社。中国科学社是 1915 年 10 月 25 日留美青年学生胡明复、胡刚复、任鸿隽、杨杏佛、赵元任、周仁、秉志等人以"联络同志,研究学术,以共图中国科学之发达"为宗旨,正式成立的中国第一个综合性自然科学学术团体。随后,包括中国地质学会、中国物理学会在内的各类学会性组织在我国纷纷建立起来,并定期开展学术活动,创办定期出版的学术期刊,以加强自然科学研究的交流。我国科学共同体形成的标志是 1928 年建立中央研究院和 1929 成立国立北平研究院。但是由于当时社会条件的限制,特别是后来爆发了抗日战争,中央研究院很难正常地开展活动,直到 1948 年才选举出第一批院士,共 81 人。但是随后,国民党在内战中失利而退居台湾,中央研究院也就寿终正寝,没有发挥出应有的历史价值。

（二）我国科学共同体的重建

新中国成立后的一个月,即 1949 年 11 月 1 日,中国科学院就宣告成立,并立即着手建立学部,但是当时放弃了直接继承和发展国民政府建立的、模仿法国科学院的中央研究院院士制度,转而学习苏联。当然也没有完全照搬苏联,立即建立院士制度,而是首先建立学部委员制度,这就意味着我国的科学共同体得到了全面重建。我国于 1952 年仿照前苏联的高等教育体系,进行了全国范围内的高等院校院系调整。经过全盘调整后,全国许多所高等学校被拆分,以大力发展独立建制的工科院校,相继新设钢铁、地质、航空、矿业、水利等专门学院,综合性院校则明显减少,私立教育也开始退出历史舞台。特别是 1958 年,经党中央批准,全国科联和全国科普合并成立了中国科学技术协会,各类自然科学学会也得到了重建和发展。

(三)我国科学共同体的曲折

我国科学共同体的发展并没有顺利地进行下去,随着反右扩大化的进行,我国的科学共同体得到了不同程度的冲击,特别是文化大革命暴发后,各类科学共同体的活动几乎处于终止状态。比如,中国科学院的各学部名存实亡,因为科学家基本上停止了科学研究,而是被下放到农场等地参加生产劳动。这不仅是我国科学共同体发展的曲折,也是我国科学技术事业发展的曲折。

(四)我国科学共同体的发展

随着"文化大革命"的结束,刚刚恢复领导职务的邓小平同志主动要求分管教育与科技工作。在他的主持下,1978年召开了全国科学大会。中国迎来了"科学的春天"。正是在这样的历史条件下,我国的科学共同体才得到了前所未有的发展,主要表现为:第一,中国科学院学部活动正常化,特别院士的增选趋于常态化,并于1994年成立了中国工程院,以促进我国工程科学的发展。第二,高等院校的教学与研究得到了恢复与发展,并且进行了高等院校的第二次调整,经过这次调整,高等院校的数量大幅提升,综合性高等院校居多,我国还相继开展了"211工程"和"985工程"建设,私立教育也取得了"合法"地位并得到了长足发展。第三,包括中国科学技术学会在内的各类自然科学学会得到了恢复和发展,各类学术期刊无论在数量上,还是在质量上都有所提升。第四,专门性的实验室,特别是企业实验室得到快速发展,现在我国的大型企业基本上都有自己的研发机构,以不断提升企业的科技实力。

思考题

1.简述科学技术与社会的相互作用。

2.一个国家的传统文化对科技进步会产生什么样的影响?

3.科技伦理的核心是什么？作为研究者，我们的伦理责任是什么？

4.什么是科学共同体？你如何看待科学家自治？

第七章 中国马克思主义科学技术观与创新型国家

中国马克思主义科学技术观是中国共产党人对当代科学技术及其发展规律的概括和总结,是马克思主义科学技术观与中国具体科学技术实践相结合的产物,是中国化的马克思主义科学技术观。创新型国家建设是现阶段我国正在进行的一项伟大的科学技术实践,是中国马克思主义科学技术观在现阶段的具体体现。

第一节 中国马克思主义科学技术观

一、中国马克思主义科学技术观的历史形成

马克思主义科学技术观是对整个人类社会从古到今的科学技术发展及其规律的概括和总结,是适应于世界各国的科学技术实践的普遍原理。中国共产党人将马克思主义科学技术观的普遍原理应用于中国的科学技术实践,在实践中完善和发展了马克思主义科学技术观,形成了中国化的马克思主义科学技术观——中国马克思主义科学技术观。中国马克思主义科学技术观是马克思主义科学技术观的中国化,而马克思主义科学技术观中国化的过程本身也已经经历了四个阶段,形成了中国共产党四代领导集体的科技思想,每一代领导集体的科技思想又与当时中国的社会历史状况密切相关。

（一）第一代中央领导集体的科技思想与历史背景

以毛泽东为核心的第一代中央领导集体的科技思想主要有：向科学进军；建立宏大的工人阶级科学技术队伍；科学技术促进生产力发展；开展群众性的技术革新和技术革命运动；自力更生为主，争取外援为辅的科学技术发展原则，等等。

"向科学进军"是中共中央 1956 年向全国发出的伟大号召。1956 年，我国第一个五年计划制定的目标大都提前完成。和建国初期相比，我国的经济实力得到了增强，工农业发展有了一定的基础，但是我国的科技水平和发达国家相比仍然非常落后，许多新技术和学科领域还是空白。① 在这种形势下，为了阐明我党的知识分子政策，充分调动广大科技人员的积极性，全国掀起了科学热潮，中共中央 1956 年 1 月在北京召开了关于知识分子问题的会议，并且在会议上向全国发出了"向科学进军"的伟大号召。向科学进军表明我党已经认识到现代科学技术对于社会主义建设的战略意义，同时也表明了我党带领全国人民赶超世界科学技术先进水平的气魄和决心。在关于知识分子问题的会议召开后不久，我国就制定了第一个科技发展规划——《1956—1967 年科学技术发展远景规划纲要》（简称《十二年科学规划》）。规划体现了毛泽东同志向科学进军的思想，他提出，"我国人民应该有一个远大的规划，要在几十年内，努力改变我国在经济上和科学文化上的落后状况，迅速达到世界上的先进水平"。②

建立宏大的工人阶级科学技术队伍是向科学进军的需要，毛泽东认为，"无产阶级没有自己的庞大技术队伍和理论队伍，社会

---

① 科技部：《中国科技发展 60 年》，北京：科学技术文献出版社，2009 年，第 35 页。

② 《毛泽东文集》卷 7，北京：人民出版社，1999 年，第 2 页。

主义是不能建成的"。① 早在革命年代,毛泽东等中国共产党人就已经认识到建立工人阶级科技队伍的重要性。1940 年 2 月,毛泽东在《＜中国工人＞发刊词》一文中写到:"工人阶级应欢迎革命的知识分子帮助自己,决不可拒绝他们的帮助。因为没有他们的帮助,自己就不能进步,革命也不能成功。"②建国后,新中国迫切需要发展壮大自己的科学技术队伍,因为当时国家的科学研究力量极其薄弱,新中国刚成立时科学研究机构只有 40 多个,科学技术研究人员也只有 600 余人,就是经过"一五"期间的较快发展之后,研究机构也只有 381 个,科学技术研究人员 2 万余人。③ 1956 年关于知识分子问题会议召开之后,我国的科技事业和科技队伍建设发展变得更加顺利,但遗憾的是,这种顺利发展的势头由于后来的反右倾扩大化运动遭受了挫折,在文化大革命时期更是遭到了灭顶之灾。

在社会主义建设的探索过程中,毛泽东等中国共产党人还系统总结了世界各国科学技术经济发展的经验,提出必须通过科学技术发展来促进生产力发展的思想。中国也独创性地开展了广泛的群众技术革新和技术革命运动。毛泽东等中国共产党人结合中国的国情,为中国的科学技术发展确定了根本的原则,那就是"自力更生为主,争取外援为辅"。

(二)第二代中央领导集体的科技思想与历史背景

以邓小平为核心的第二代中央领导集体的科技思想主要有:科学技术是第一生产力;尊重知识、尊重人才;进行科技体制改革;科学技术为经济建设服务;发展高科技,实现产业化;学习和引进

---

① 《毛泽东文集》卷 7,北京:人民出版社,1999 年,第 309 页。

② 《毛泽东选集》卷 2,北京:人民出版社,1991 年,第 728 页。

③ 科技部:《中国科技发展 60 年》,北京:科学技术文献出版社,2009 年,第 27 页。

国外先进科学技术成果,等等。

科学技术是第一生产力,这是邓小平同志根据世界科技经济发展的新趋势,在概括人类实践的经验和成果的基础上,提出的一个重大的马克思主义理论命题,它构成了第二代中央领导集体科技思想的核心。文化大革命结束后,中国社会走上了以经济建设为中心的正常轨道。在理论上,以邓小平为核心的中央领导集体通过探索,明确了社会主义的主要任务就是解放生产力,发展生产力。至于怎样发展生产力,邓小平等中国共产党人通过总结西方发达国家的经验,发现科学技术正在起着决定性的作用。邓小平说,"现代科学技术的发展,使科学与生产的关系越来越密切了。科学技术作为生产力,越来越显示出巨大的作用"。① "同样数量的劳动力在同样的劳动时间里,可以生产出比过去多几十倍甚至几百倍的产品。社会生产力有这样巨大的发展,劳动生产率有这样大幅度的提高,最主要的是靠科学的力量、技术的力量"。② 在对科学技术发展和生产力发展的历史进行进一步分析之后,邓小平对马克思主义关于科学技术是生产力的命题进行了新的更加准确的表述,"马克思讲过科学技术是生产力,这是非常正确的,现在看来这样说可能不够,恐怕是第一生产力"。③

十年"文化大革命"中,遭受"四人帮"践踏最严重的是科技和教育领域。粉碎"四人帮"之后,以邓小平为核心的党和国家第二代领导人以科技和教育为突破口,开始大胆果断地进行拨乱反正。1978 年 3 月 18 日召开的全国科学大会为我国的科技事业迎来了一个新的春天。在科学大会上,邓小平提出了"科学技术是生产力"、"知识分子是工人阶级的一部分"、"四个现代化的关键是科学

---

① 《邓小平文选》卷 2,北京:人民出版社,1994 年,第 87 页。

② 《邓小平文选》卷 2,北京:人民出版社,1994 年,第 87 页。

③ 《邓小平文选》卷 3,北京:人民出版社,1993 年,第 275 页。

技术现代化"等重要论断。邓小平代表中央提出知识分子是工人阶级的一部分,这是在重新肯定知识分子的地位和作用。知识分子的政策重新得到落实,国家因此再次形成了一个尊重知识、尊重人才的良好氛围,一定程度上实现了邓小平同志的愿望,他在1977年曾明确提出:"一定要在党内造成一种空气:尊重知识、尊重人才。"[①]

以邓小平为核心的第二代中央领导集体开创了中国改革开放的新时代。中国的改革首先是生产关系的调整,而后逐渐深入到上层建筑。无论是生产关系还是上层建筑的改革,目的都是为了解放生产力。为了解放生产力,我国开始对科技体制进行改革。1985年3月7日,邓小平在全国科技工作会议上发表了题为《改革科技体制是为了解放生产力》的讲话,明确指出了科技体制改革的任务和目的:"经济体制、科技体制,这两方面的改革都是为了解放生产力。新的经济体制,应该是有利于技术进步的体制。新的科技体制,应该是有利于经济发展的体制。双管齐下,长期存在的科技与经济脱节的问题,才有可能得到比较好的解决。"[②]邓小平发表讲话6天后,中共中央发布了《关于科技体制改革的决定》,正式开启了我国科技体制改革的序幕。自此,中国的科技体制改革不断深入,邓小平等党和国家领导人也不断总结实践经验,形成了很多关于中国科技发展规律的思想。

根据我国科学技术发展的实际情况,邓小平还明确提出了科学技术要为经济建设服务的思想,中央也因此制定了"经济建设必须依靠科学技术,科学技术工作必须面向经济建设"的科技改革基本方针。根据世界高科技发展的趋势,结合我国的实际情况,1991

---

① 《邓小平文选》卷2,北京:人民出版社,1994年,第41页。

② 万钢:《中国科技改革开放30年》,北京:科学出版社,2008,第40～41页。

年,邓小平在为全国"863 计划"工作会议题词时,提出"发展高科技,实现产业化"的思想。在科学技术对外开放方面,邓小平认为应该坚持独立自主、自力更生的方针,并批评闭关自守和盲目排外的思想,主张学习和引进国外先进的科学技术成果。

(三)第三代中央领导集体的科技思想与历史背景

以江泽民为核心的第三代中央领导集体的科技思想主要有:实施科教兴国战略;科学技术创新是经济社会发展的重要决定因素;科学技术是先进生产力的集中体现和主要标志;重视和关心科学技术人才;科技体制改革和科技法制建设;科学技术伦理问题是人类在 21 世纪面临的一个重大问题,等等。

上世纪末,世界科技革命正在形成新的高潮,各国加紧调整自己的科技和经济战略,以提升综合国力为目标的国际竞争越来越激烈。从国内来看,党的十四大确立了建立社会主义市场经济体制的经济改革目标,全国人民正在为实现改革开放"三步战略"的第二步目标而奋斗。基于国内外的这种形势,党中央和国务院1995 年决定在全国实施科教兴国战略。什么是科教兴国,江泽民同志在 1995 年全国科学技术大会上发表的讲话中这样写道,"科教兴国,是指全面落实科学技术是第一生产力的思想,坚持教育为本,把科技和教育摆在经济社会发展的重要位置,增强国家的科技实力及向现实生产力转化的能力,提高全民族的科技文化素质,把经济建设转到依靠科技进步和提高劳动者素质的轨道上来,加速实现国家繁荣强盛"。① 科教兴国把科技和教育提高到事关国家兴衰的战略高度。

以江泽民为核心的第三代中央领导集体特别重视科技创新,强调科学技术创新是经济社会发展的重要决定因素。江泽民同志认为,"创新是一个民族进步的灵魂,是一个国家兴旺发达的不竭

---

① 《江泽民文选》卷 1,北京:人民出版社,2006 年,第 428 页。

动力。科技创新越来越成为当今社会生产力解放和发展的重要基础和标志,越来越决定着一个国家、一个民族的发展进程。如果不能创新,一个民族难以兴盛,难以屹立于世界民族之林"。① 江泽民还特别强调,"全面实施科教兴国战略,加速全社会的科技进步,关键是要加强和不断推进知识创新、技术创新"。② 中央领导人的这些思想既是对当时我国科学技术实践的概括和总结,同时也对我国科学技术实践提出了进一步的指导。1996 年,我国开始正式实施国家技术创新工程,国家技术创新工程在"九五"期间的目标是:初步形成以企业为主体,政府宏观指导,社会服务组织积极参与以及各方面协同配合的技术创新体系和运行机制。③ 1998 年,国家还在中国科学院开始试点实施知识创新工程。知识创新工程的目标是要建立国家知识创新系统。科学技术创新的地位和作用越来越得到党和国家领导人的充分肯定,江泽民后来明确指出,"科技进步和创新越来越成为经济社会发展的重要决定性因素"。④

党的第三代中央领导集体把科学技术看作是先进生产力的集中体现和主要标志。这一代的中央领导集体也非常重视和关心科学技术人才,提出了"人才资源是第一资源"的科学论断。科技体制改革在继续深入,国家在这一时期注重加强科技法制建设,颁布了《科学技术进步法》、《促进科技成果转化法》、《农业技术推广法》等重要的科技法律。江泽民还对当代科学技术发展进行了思考,指出科学技术伦理问题是人类在 21 世纪实际面临的一个重大问

---

① 《江泽民文选》卷 2,北京:人民出版社,2006 年,第 392 页。

② 《江泽民文选》卷 2,北京:人民出版社,2006 年,第 392 页。

③ 科技部:《中国科技发展 60 年》,北京:科学技术文献出版社,2009年,第 222 页。

④ 《江泽民文选》卷 3,北京:人民出版社,2006 年,第 261 页。

题,并且提出了科学技术发展要为全人类服务的科技伦理原则。

(四)第四代中央领导集体的科技思想与历史背景

以胡锦涛为核心的第四代中央领导集体的科技思想主要有:提高自主创新能力,建设创新型国家;重视科学技术和环境的和谐发展;加强科学技术人才队伍建设,实施人才强国战略;深化科学技术体制改革;选择重点领域实现跨越式发展;大力发展民生科学技术,等等。

在党的十七大报告中,胡锦涛同志明确指出,"提高自主创新能力,建设创新型国家,是国家发展战略的核心,是提高综合国力的关键"。①"提高自主创新能力,建设创新型国家"因此也成为第四代中央领导集体的核心科技思想。"提高自主创新能力"是指要加强原始创新、集成创新和引进消化吸收再创新的能力。改革开放以来,虽然中央一直强调在科学技术发展上要独立自主、自力更生,但是我国的经济发展一直是粗放型的,技术上依赖进口,产业核心技术受制于人。在这一背景下,中央做出建设创新型国家,以提高自主创新能力为核心目标的战略抉择。胡锦涛指出,建设创新型国家,核心就是把增强自主创新能力作为发展科学技术的战略基点,走中国特色自主创新道路,推动科学技术的跨越式发展;就是把增强自主创新能力作为调整产业结构、转变增长方式的中心环节,建设资源节约型、环境友好型社会,推动国民经济又快又好发展;就是把增强自主创新能力作为国家战略,贯穿到现代化建设的各个方面,激发全民族创新精神,培养高水平创新人才,形成有利于自主创新的体制机制,大力推进理论创新、制度创新、科技

---

① 《十七大以来重要文献选编》(上卷),北京:人民出版社,2009年,第577～578页。

创新,不断巩固和发展中国特色社会主义伟大事业。①

以胡锦涛为核心的第四代中央领导集体非常关注环境保护和生态文明建设,提出了科学技术和环境要和谐发展的思想。科学技术和环境的和谐发展是科学发展观的应有之义。胡锦涛指出:"大量事实表明,人与自然的关系不和谐,往往会影响人与人的关系、人与社会的关系。如果生态环境受到严重破坏,人们的生产生活环境恶化,如果资源能源供应高度紧张,经济发展与资源能源矛盾尖锐,人与人的和谐、人与社会的和谐是难以实现的。"要保护环境,建设生态文明,科学技术就必须与环境和谐发展。

第四代中央领导集体一如既往地重视科学技术人才队伍建设,提出并且实施人才强国战略,国家不仅加强人才的自主培养,并且创造条件积极引进人才,特别是引进海外高端人才。国家也在继续深化科技体制改革。在科学技术,特别是高技术领域的发展方向上,中央决定要有所为、有所不为,国家正在选择事关国民经济发展,以及国家安全和人民生命健康的重点领域,实现跨越式发展。以胡锦涛为核心的第四代中央领导集体强调以人为本的执政理念,因此特别关注民生,提倡大力发展民生科技。

二、中国马克思主义科学技术观的基本内容

中国马克思主义科学技术观的内涵非常丰富,包括科学技术的功能观、战略观、人才观、和谐观和创新观等,涉及科学技术的功能、目标、机制、战略、人才和方针等重大问题,是一个科学、完整的思想理论体系。②

---

① 科技部:《中国科技发展 60 年》,北京:科学技术文献出版社,2009年,第 345～346 页。

② 郭贵春:《自然辩证法概论》,高等教育出版社,2013 年,第 275 页。

（一）科学技术功能观

中国马克思主义包含了丰富的有关科学技术功能的思想和观点。中国共产党人对科学技术的经济和社会功能有深刻的认识。马克思主义一般原理中提出过科学技术是生产力的观点，中国共产党人不仅继承了这个观点，而且结合中国的社会主义建设和科学技术实践，对这个观点进行了极大的丰富和发展。毛泽东总结了发达国家的发展经历，提出要依靠科学技术来发展我国的生产力，改变我国工农业落后的面貌。邓小平在总结前人的理论和实践成果的基础上，以大无畏的勇气提出"科学技术是第一生产力"的科学论断，将马克思主义关于科学技术与生产力关系的认识提高到一个新的理论高度。结合社会主义的本质是解放生产力和发展生产力等理论，"科学技术是第一生产力"的思想，一直在指导我国的科学技术实践。科教兴国是为全面落实"科学技术是第一生产力思想"而提出的国家发展战略。提高自主创新能力和建设创新型国家说到底也是为了发展生产力。科学技术是第一生产力，发展经济主要依靠科学技术，这就是中国共产党人对科学技术经济功能的深刻认识。

除了提出并践行科学技术是第一生产力的思想外，中国共产党人还意识到科学技术事关一个国家和民族的安危。早在建国之初，毛泽东等中国共产党人就意识到，要维护国家的安全和独立就必须大力发展国防科技和工业科技，提高国家的防卫能力。1955年1月，为了打破帝国主义的核威胁和核垄断，保卫国家安全，维护世界和平，中共中央做出了发展原子能、研制原子弹的决定。1956年，党中央向全国发出"向科学进军"的号召，随后制定了我国第一个科学技术发展规划。发展规划把原子能技术列为首个重点研究的任务。1964年我国成功试爆第一颗原子弹，1967年又成功试爆第一颗氢弹，与此同时导弹技术也被攻克。"两弹"（核弹和导弹）以及后来"一星"（卫星）的研制成功，打破了西方国家对原子能和空间技术的垄断,增强了我国的防卫能力,提高了我国的国际地位,鼓舞了全国人民的士气。邓小平后来曾感慨地说,如果没有六七十年代国防科技的突破,也就没有中国后来的国际地位和世界和平。今天,世界的主题是发展与和平,但是科技进步仍然还是国防安全的保障,特别是现在国家之间的竞争变成了综合国力之间的竞争,在现代综合国力竞争中,科技实力仍然反映着一种最主要的国力。所以,为了提高我国的综合国力,我们仍然需要大力发展我国的科学技术事业。

(二)科学技术战略观

中国马克思主义一直将科学技术提升至国家层面,并予以高度重视。建国初期,中共中央号召全国人民向科学进军。国家制定科学发展规划,举全国之力发展重点的科学技术。同时国家还在厂矿企业开展普遍性的全国技术革新和革命运动。党和国家领导人把科学看作是维护国家独立与世界和平的事业。文化大革命结束之后,国家实行改革开放政策,科学事业再次迎来自己的春天。邓小平同志提出"科学技术是第一生产力"的科学论断,科学技术被提升至国家发展的最高地位。社会主义的本质是解放生产力和发展生产力,而科学技术乃是第一生产力。国家发展的中心是进行经济建设,但经济发展必须依靠科学技术,科学技术发展也必须为经济建设服务。上世纪九十年代中叶,党中央根据国内外新的科技经济形势,决定在全国实施科教兴国战略。科教兴国战略把科技和教育摆在经济社会发展最重要的位置,把增强国家科技实力以及向现实生产力转化的能力、提高全民族科技文化素质、依靠科技进步和提高劳动者素质发展国家经济确立为国家发展的最重要任务。科教兴国战略是对"科学技术是第一生产力"思想的全面落实,是中央确保"三步走"战略目标顺利实现的战略抉择。科教兴国战略第一次明确地把科学技术和教育提高到决定国家兴衰的理论高度。本世纪初,第四代中央领导集体提出的创新型国家战略和科技发展战略一脉相承,都体现了党对科技事业的高度重视。创新型国家战略目标更加明确。建设创新型国家的核心是要提高我国的自主创新能力,自主创新是提高我国科技和经济竞争力的根本途径。

(三)科学技术人才观

中国马克思主义重视人才对于发展科学技术的关键作用。还在革命年代,毛泽东同志就指出工人阶级需要知识分子的帮助,工人阶级应该欢迎革命的知识分子。建国后,毛泽东强调要建立一支宏大的工人阶级科学技术队伍,建设社会主义,工人阶级必须要有自己的技术干部队伍,就少不了人才。1956年在北京召开的关于知识分子问题的会议,贯彻了党的这些正确思想,极大地调动了工作在各条战线上的知识分子的积极性。"文化大革命"结束后不久,中央开始在邓小平的主持下着手对科技和教育战线进行拨乱反正的工作。1978年的科学大会上,邓小平提出"科学技术是生产力"、"知识分子是工人阶级的一部分"、"四个现代化的关键是科学技术现代化"等重要论断,知识分子政策开始逐步得到落实。邓小平强调一定要在党内造成一种尊重知识、尊重人才的氛围。以江泽民为核心的第三代中央领导集体高度重视科技人才的作用,明确提出"人才资源是第一资源"的科学论断。江泽民指出,"科学技术人员是新的生产力的重要开拓者和科技知识的重要传播者,是社会主义现代化建设的骨干力量。实施科教兴国战略,关键是人才"。[①] 国家通过实施《中国教育改革和发展纲要》大力发展教育事业,培养造就了千百万的年轻一代科学技术人才。进入21世纪,以胡锦涛为核心的第四代中央领导集体认识到,世界范围内的综合国力的竞争,归根到底是人才的竞争。国家开始实施人才强国战略,"坚持尊重劳动、尊重知识、尊重人才、尊重创造的重大方

① 《江泽民文选》卷1,北京:人民出版社,2006年,第435页。

针,形成广纳群贤、人尽其才、能上能下、充满活力的用人机制,努力造就数以亿计的高素质劳动者、数以千万计的专门人才和一大批拔尖创新人才,把优秀人才集聚到国家科技事业中来,开创人才辈出的生动局面"。①

(四)科学技术和谐观

中国马克思主义也高度关注人与自然的和谐问题。毛泽东同志曾经指出,科学技术向自然开战必须认清规律,否则自然会处罚我们。邓小平也曾经指出,科学技术发展不仅要成为提高社会生产的手段,也要成为处理环境问题的有效手段。1992 年,联合国在巴西召开环境与发展大会,呼吁世界各国走可持续发展道路。中国结合自己的国情,也开始更加重视环境保护。江泽民等党和国家的领导人多次强调科学技术发展必须保护环境、节约资源,要发展资源节约型经济。江泽民还从伦理的角度提出,科学技术应该服务于全人类,而不能危害人类自身。以胡锦涛为核心的党的第四代中央领导集体提出科学发展观。科学发展观强调以人为本,人与自然和谐相处。胡锦涛指出,要"发展相关技术、方法、手段,提供系统解决方案,构建人与自然和谐相处的生态环境保护发展体系"。② 科技进步要融入生态文明建设中去,发展生态科技,构建资源节约型、环境友好型社会。

(五)科学技术创新观

关于科学技术创新,中国马克思主义有着丰富的思想。毛泽东为核心的第一代中央领导人为发展我国科学技术事业确定的原则是:自力更生为主、争取外援为辅。独立自主、自力更生是我国

---

① 《十七大以来重要文献选编》(上卷),北京:人民出版社,2009 年,第498 页。

② 胡锦涛:《在中国科学院第十五次院士大会、中国工程院第十次院士大会上的讲话》,北京:人民出版社,2010 年,第 10 页。

革命和建设的成功经验,在探索科技发展道路时,毛泽东也强调,"我们不能走世界各国技术发展的老路,跟在别人后面一步一步地爬行。我们必须打破常规,尽量采用先进技术,在一个不太长的历史时期内,把我国建设成为一个社会主义的现代化强国"。① 毛泽东同时也强调要向发达国家学习,但是要有批判地学习,而不是盲目地学习。作为改革开放的总设计师,邓小平更加强调要学习和引进国外先进的科学技术成果。邓小平认识到科学技术本身是没有阶级性的。"科学技术是人类共同创造的财富。任何一个民族、一个国家,都需要学习别的民族、别的国家的长处,学习人家的先进科学技术。"②当然,邓小平也强调要坚持独立自主、自力更生的原则,他说:"提高我国的科学技术水平,当然必须依靠我们自己努力,必须发展我们自己的创造,必须坚持独立自主、自力更生的方针。但是,独立自主不是闭关自守,自力更生不是盲目排外。"③以江泽民为核心的第三代中央领导集体高度重视科技创新。江泽民认为,创新是一个民族进步的灵魂,是一个国家兴旺发达的不竭动力;创新是经济社会发展的重要决定因素,是当今社会生产力解放和发展的重要基础和标志。江泽民还特别强调,"全面实施科教兴国战略,加速全社会的科技进步,关键是要加强和不断推进知识创新、技术创新"。④ 在这些思想的指导下,1996 年我国开始正式实施国家技术创新工程,1998 年开始在中国科学院试点实施知识创新工程。中国共产党人对创新一贯重视,并于本世纪初提出了建设创新型国家的战略。在激烈的以综合国力为基础的国际竞争形势下,为了提高我国的自主创新能力,摆脱对国外技术的依赖,加

---

① 《毛泽东文集》卷 8,北京:人民出版社,1999 年,第 341 页。
② 《邓小平文选》卷 2,北京:人民出版社,1994 年,第 91 页。
③ 《邓小平文选》卷 2,北京:人民出版社,1994 年,第 91 页。
④ 《江泽民文选》卷 2,北京:人民出版社,2006 年,第 392 页。

快我国经济发展方式的转变,以胡锦涛为核心的第四代中央领导集体提出了建设创新型国家的战略。建设创新型国家,以提高我国的自主创新能力,是当前我国正在进行的一项伟大的科学技术实践的核心。

三、中国马克思主义科学技术观的主要特征

中国马克思主义科学技术观的特征鲜明,主要有时代性、实践性、科学性、创新性、自主性和人本性。[①]

(一)时代性

中国马克思主义科学技术观具有鲜明的时代特征,它是对当代中国科学技术实践的反映,并且每一代中央领导集体的科学技术思想也都反映了当时中国的社会历史背景。建国之初,社会发展百废待兴,国家科技水平极其落后,为了在全国掀起发展科学技术的热潮,中央向全国发出"向科学进军"的号召。进入改革开放时期,国家的发展转到以经济建设为中心的轨道上来。经过探索,中国共产党人认识到我国还处在社会主义的初级阶段,社会主义在初级阶段的根本任务是要大力发展生产力。对国际形势,中央也做出了新的分析,认识到世界已经进入到和平与发展的时期。在这种历史背景下,第二代中央领导集体不失时机地提出了"科学技术是第一生产力"的思想,从而在理论上明确了科学技术在国家发展中的地位和作用。第三代领导集体提出的科教兴国战略是对"科学技术是第一生产力"思想的全面落实,同时也反映了上世纪末的国际、国内形势,国内开始转变经济增长方式,国际竞争日趋激烈,科技实力逐渐成为决定性因素。第四代中央领导集体提出的以提高自主创新为核心的创新型国家建设战略更加明确地反映

---

① 郭贵春:《自然辩证法概论》,高等教育出版社,2013年,第286～287页。

了时代的要求。2000年我国加入世界贸易组织之后,我国的产业发展在西方国家构建的知识产权壁垒面前严重受阻。提高自主创新能力,降低对国外技术的依赖,切实转变经济增长方式,这些问题在本世纪初变得更加明显,中央也顺应时代的要求,及时地提出了一个伟大的方略——建设创新型国家。

(二)实践性

中国马克思主义科学技术观是建立在实践的基础上,对当代中国科学技术实践的总结和概括。以毛泽东为核心的第一代中央领导集体的科技思想,主要是对建国之后到文化大革命结束之前这段时期我国科学技术实践的概括和总结。举全国之力向重点科学领域进军,以及在厂矿企业开展广泛的群众性技术革新和技术革命运动都是这个时期开展的。以邓小平为核心的第二代中央领导集体的科技思想,主要是对改革开放早期我国科学技术实践的概括和总结。这一时期,国家开始改革集中办科研的科学技术体制,科技人员也投身于国家的经济建设大潮,国家同时大量引进国外先进的科学技术成果,所有这些科学技术实践都成为邓小平等中国共产党人进行理论概括的基础。以江泽民为核心的第三代中央领导集体的科技思想,主要是对世纪之交我国科学技术实践的概括和总结。上世纪90年代到本世纪头几年,我国科技体制改革不断深入,国家经济增长方式正在发生改变,国家技术创新和知识创新工程相继实施,这些科学技术和经济建设实践为第三代中央领导集体科技思想的形成提供了基础。以胡锦涛为核心的第四代中央领导集体的科技思想主要是对本世纪头10年我国科学技术实践的概括和总结。在本世纪的头10年,我国大规模地进行产业结构调整,科技对经济的贡献不断增长,技术创新工程和知识创新工程融合形成创新型国家战略,国家开始实施人才强国战略,等等,这些构成了第四代中央领导集体科技思想的实践基础。

（三）科学性

中国马克思主义科学技术观的科学性是指它具有客观真理性。建立在实践的基础之上，是在马克思主义一般原理指导下，对当代中国科学技术实践的概括和总结，中国马克思主义科学技术观的大多数观点也都经受住了实践的检验，是符合中国实际情况的真理。上世纪六七十年代，在毛泽东等党和国家领导人的科技思想指导下，我国取得了像"两弹一星"这样的伟大成就。改革开放以来，我国的科技经济事业坚持"科学技术是第一生产力"思想的指导，国家相继提出并实施科教兴国战略和建设创新型国家战略，我们的科技和经济实力一直在不断增强。所有这些都说明了历代中央领导集体科技思想的正确性。

（四）创新性

中国马克思主义科学技术观的创新性，一方面指它本身是一种理论创新，是对马克思主义科学技术观的发展和完善；另一方面则指中国共产党人重视科技创新，他们的科技思想中有很多关于科技创新的内容。中国马克思主义科学技术观本身就是对马克思主义科学技术观进行创新的结果。中国共产党人将马克思主义科学技术观应用于当代中国的科学技术实践，在实践中对马克思主义科学技术观做了很多重要的发展和完善。比如将马克思主义关于科学技术与生产力关系的理论发展为"科学技术是第一生产力"的思想，提出"以自力更生为主、争取外援为辅"的科学技术发展原则，以及开展群众性的技术革新和技术革命运动，等等。重视创新是中国共产党人的一贯传统。毛泽东指出，对国外的科学技术我们要有批判地学习。邓小平主张，对引进的技术要在消化吸收的基础上再提高。在以江泽民为核心的第三代中央领导集体领导下，我国开始实施技术创新工程和知识创新工程。中国共产党人对创新的重视在第四代中央领导集体中发展到一个新的高度，在以胡锦涛为核心的第四代中央领导集体领导下，我国提出并开始实施以提高自主创新能力为核心目标的建设中国特色创新型国家的伟大战略。

（五）自主性

中国马克思主义科学技术观的自主性是指中国共产党人一直坚持独立自主、自力更生的科学技术发展原则。"独立自主、自力更生"是我国革命和建设的一条重要的成功经验。根据过去革命和建设的成功经验，毛泽东将中国科学技术事业的发展原则确立为"自力更生为主、争取外援为辅"。邓小平虽然强调我们要学习和引进国外先进的科学技术成果，但他同时也强调要坚持"独立自主、自力更生"的原则。江泽民的创新思想实际上包含着"独立自主、自力更生"的内涵。以胡锦涛为核心的第四代中央领导集体提出建设创新型国家的战略，而建设创新型国家的核心就是要提高我国的自主创新能力。

（六）人本性

中国马克思主义科学技术观的人本性是指中国共产党人主张科学技术的发展要以人为本，要服务于最广大人民群众的利益，还要做到人与自然和谐共处。科学技术发展必须服务于广大人民群众的利益，这是马克思主义科学技术观的基本立场。以毛泽东为核心的第一代党中央，领导全国人民向科学技术进军；以邓小平为核心的第二代党中央，领导全国人民依靠科技大力发展生产力。他们都坚持这一基本立场。上世纪 90 年代，在全世界关注环境保护的大背景之下，我国也开始重视可持续发展的问题，江泽民同志在分析当代科技发展规律之后，提出科学技术要服务于全人类的科技伦理原则。进入 21 世纪，各种全球性问题更加受到世界各国人民的关注，我国也迫切需要调整产业结构，转变经济增长方式，在这种形势之下，以胡锦涛为核心的第四代党中央适时地提出"科学发展观"的理论。科学发展观的基本含义就包括以人为本，体现在科技方面就是科学技术的发展要服务于人民群众的利益，而且科技发展要有利于人与自然、人与人和谐相处。

第二节　中国创新型国家建设

2005 年,国务院发布《国家中长期科学技术发展规划纲要(2006—2020 年)》(以下简称《纲要》)。2006 年 1 月,中共中央、国务院召开全国科学技术大会,做出《关于实施科技规划纲要,增强自主创新能力的决定》。《纲要》指出:"面对国际新形势,我们必须增强责任感和紧迫感,更加自觉、更加坚定地把科技进步作为经济社会发展的首要推动力量,把提高自主创新能力作为调整经济结构、转变增长方式、提高国家竞争力的中心环节,把建设创新型国家作为面向未来的重大战略选择。"建设创新型国家因此正式成为我国的国家战略。

一、创新型国家的内涵和特征

(一)创新型国家的基本内涵

创新型国家的概念来源于不同的经济社会发展方式。根据经济社会发展方式的不同,国际上将不同的国家划分为资源型国家、依赖型国家和创新型国家。资源型国家主要依靠本国丰富的自然资源,比如石油、天然气、矿产等,来增加国民财富。依赖型国家主要依附于发达国家的技术、市场和投资来发展本国的经济。而创新型国家则是和资源型国家以及依赖型国家类型都不同的国家。

创新型国家主要依靠科学技术创新来驱动本国的经济和社会发展,简单地讲,创新型国家就是依靠科学技术创新驱动本国经济和社会发展的国家。更具体地说,创新型国家是指将科学技术创新作为国家发展基本战略,大幅度提高自主创新能力,主要依靠科学技术创新来驱动经济和社会发展,以企业作为技术创新主体,通过制度、组织和文化创新,积极发挥国家创新体系的作用,形成具有强大国际竞争优势的国家。①

目前,世界上公认的创新型国家有 20 个左右,包括美国、日本、芬兰、韩国、以色列、瑞典、德国等。这些创新型国家大都把科学技术创新作为国家基本战略,形成了比较完善的国家创新体系,具有较强的自主创新能力,主要依靠科学技术创新来驱动本国的经济和社会发展。

(二)创新型国家的主要特征

1. 科学技术进步贡献率较高。科学技术进步贡献率是指科学技术进步对经济增长的贡献份额,它是衡量一个国家或地区科技竞争实力和科技转化为现实生产力的综合性指标。创新型国家的科学技术进步贡献率一般都在 70% 以上。20 世纪 80 年代以来,美国和日本的科学技术进步贡献率高达 80%,中国仅为 40% 左右。《纲要》提出,到 2020 年,我国的科技进步贡献率要力争达到 60% 以上。

2. R&D 投入占 GDP 的比例较高。国际上公认的创新型国家 R&D 投入占 GDP 的比例,即研发投入占国内生产总值的比重,为 2% 以上。根据经济合作与发展组织的统计数字,2012 年美国的研发投入占国内生产总值的比重约为 2.8%,日本的这一比重为 3.3%。全球这一比重最高的经济体是以色列,达到 4.4%,接下来分别是芬兰 3.9%,韩国 3.7%,瑞典 3.4% 和日本 3.3%。我国 2012 年研发投入占国内生产总值的比重约为 1.97%,与发达国家的差距还比较大。《纲要》提出,到 2020 年,我国研发投入占国内生产总值的比重要力争达到 2.5% 以上。

3. 对外技术依存度较低。对外技术依存度是指一个国家对国外技术依赖的程度。国际上公认的创新型国家对外技术依存度一般为 30% 以下,像美国和日本,它们的对外技术依存度仅为 5%,

---

① 郭贵春:《自然辩证法概论》,高等教育出版社,2013 年,第 291 页。

而我国的对外技术依存度则达到 54%。根据第二次全国科学研究与试验发展(R&D)资源清查结果,2009 年大型规模以上工业、企业中开展 R&D 活动的仅有 8.5%,大中型工业、企业中开展 R&D 活动的仅有 30.5%。大量国内企业没有自己的技术开发机构,也不开展技术开发活动,拥有自主知识产权核心技术的国内企业仅为 0.03%左右。我国的高技术含量产品,如航空设备、精密仪器、医疗设备、工程机械等,80%以上都依赖于从国外进口。作为进入创新型国家的一个子目标,《纲要》提出,到 2020 年,我国的对外技术依存度要力争降到 30%以下。

4. 自主创新能力较强。自主创新能力主要指一个国家的原始创新、集成创新和消化吸收再创新的能力。原始创新的目的是做出新发现和新发明;集成创新的目的是将现有技术成果整合形成有竞争力的产品或工艺;再创新的目的是在消化吸收的基础上对引进的技术进行改进。国家自主创新能力大小的基本指标是发明专利授权量和国际科学论文引用数。目前,国外 20 个创新型国家获得的发明专利约占世界发明专利数的 99%,并且大多数专利都是高技术发明,技术含量很高。根据世界知识产权组织的数据,中国在 2012 年提交的国际专利申请为 18627 件,已经进入世界前列,但是和美国、日本等创新型国家相比,仍然存在很大的差距。《纲要》提出,到 2020 年,本国人发明专利年度授权量和国际科学论文被引用数均要进入世界前 5 位。

二、创新型国家建设的背景

(一)科学技术革命使传统经济发展模式发生重大变革

近代以来,人类历史上总共出现了三次大的技术革命,第一次是发生在 18 世纪中叶到 19 世纪初,以蒸汽机技术的使用和推广为标志;第二次发生在 19 世纪 70 年代到 20 世纪初,以电力技术和内燃机技术的使用和推广为标志;第三次是从上世纪中叶开始至今,以信息技术、材料技术、能源技术、生物技术以及空间技术等高技术群的出现为标志。和前两次技术革命相比,第三次技术革命与科学发现及经济增长的关系更加密切。现在,科学发现能够迅速导致技术突破,更为重要的是,技术突破能够迅速转化为生产力,促进经济的增长。上世纪 70 年代,美国、日本和德国等发达国家就开始重视先进技术对经济增长的贡献。上世纪 80 年代,美国和日本就有 80％的经济增长来源于科学技术的进步。进入 21 世纪,特别是 2008 年的金融危机之后,世界各国都充分认识到,经济的增长主要依靠科技创新,而传统的、主要依靠扩大资源投入的经济发展模式已经不再适应时代的发展。

(二)科学技术竞争成为国际综合国力竞争的焦点

1991 年冷战结束之后,以军事对抗为主的国际竞争开始转变为以综合国力为主的竞争。一个国家的综合国力包括经济、政治、军事、文化和科技等各方面的竞争能力。在一个国家的所有竞争能力中,科技创新能力的地位和作用变得越来越突出。在新的经济发展模式下,科技创新能力决定了一个国家的经济竞争实力。一个国家经济实力的大小又在很大程度上决定了这个国家的政治、军事和文化实力。所以,现在世界上的主要国家都纷纷把推动科学技术进步和创新作为本国发展的国家战略。各国都在加大科技投入,重视基础研究,注重培育战略性新兴产业,不断促进科学技术成果向现实生产力转化。科学技术竞争已经成为国际综合国力竞争的焦点。

(三)我国已具备建设创新型国家的科学技术基础和条件

我国的党和国家领导人历来重视科学技术事业的发展,所以经过半个多世纪的发展,科学技术已为我国建设创新型国家奠定了良好的基础。上世纪六七十年代,“两弹一星”工程的成功使我国的原子能技术和空间技术进入世界先进行列,直到今天,我国的空间技术仍然处在世界领先的水平。改革开放之后,我国加大了科学技术的投入,国家设立了科技攻关计划和高技术研究发展计划(863 计划)等科技计划。以 863 计划为例,经过近 30 年的发展,我国在生物、信息、自动化、能源、新材料以及海洋等领域都取得了重要进展,在高性能计算机、生物工程制药、现代通讯设备、人工晶体及深海机器人等国际高技术竞争的热点领域形成了我们的优势项目,拥有了世界话语权。上世纪末和本世纪初,我国又相继实施了"技术创新工程"和"知识创新工程",这些工程的实施进一步为我国建设创新型国家打下了扎实的基础。所以我国已经具备了建设创新型国家的科学技术基础和条件。

(四)我国科学技术发展同世界先进水平仍有较大差距

尽管经过半个多世纪的发展,我国的科学技术事业已经取得了长足的发展,但是,同发达国家相比,我国的科学技术总体水平还比较低,主要表现为:(1)关键技术自给率较低,自主创新能力不强,特别是企业核心竞争力不强,发明专利数量少;(2)农业和农村经济的科学技术水平还比较低;(3)高新技术产业在整个经济中所占的比例还不高;(4)产业技术的一些关键领域对外技术依赖性较强,不少高技术含量和高附加值产品主要依赖进口;(5)科学研究实力不强,优秀拔尖人才比较匮乏;(6)科学技术投入不足,科学技术体制机制还存在一些弊端。[①]

三、中国特色的国家创新体系

1987 年,英国著名的技术创新研究专家弗里曼(C. Freeman)在研究日本的产业政策之后,首次提出了国家创新体系的概念。1997 年,经济合作与发展组织(OECD)在《国家创新体系》报告中采纳了这个概念。在我国,1999 年《中共中央、国务院关于加强技术创新,发展高科技,实现产业化的决定》开始提出建立国家创新

---

① 郭贵春:《自然辩证法概论》,高等教育出版社,2013 年,第 294 页。

体系的设想。2006 年,《纲要》正式把建立国家创新体系确立为深化科技体制改革的目标,并且把它列为建设创新型国家的重要任务之一。根据《纲要》,国家创新体系是指以政府为主导,充分发挥市场配置资源的基础性作用,各类科技创新主体紧密联系和有效互动的社会系统。中国特色的国家创新体系主要由 5 个部分组成。

(一)以企业为主体、产学研结合的技术创新体系

技术创新必须以企业为主体,因为只有以企业为主体,才能坚持技术创新的市场导向,有效整合产学研的力量,切实增强国家竞争力。企业是以营利为目的的组织,以企业为主体进行创新相比于以其他机构(如科研所或高等院校)为主体进行创新更容易以市场为导向。技术创新以市场为导向,根据市场需要来选题、研发和投产,对于企业来说,这样有利于技术成果向市场进行转化,从而获得利润,对国家来说,高效率的技术创新能够提高国家产业和经济的竞争力。

科技发达国家,如美国、德国和日本,长期实行市场经济体制,企业因此很自然地成为这些国家技术创新的主体。美国、德国和日本三国的企业都普遍建有工业实验室并且广泛开展研究与开发活动。美国的贝尔实验室、IBM 实验室、杜邦实验室以及通用电气实验室,德国的拜耳实验室、赫斯特实验室以及西门子实验室,日本的 NEC 实验室和日立实验室,等等,这些都是世界上著名的工业实验室。它们广泛开展研究与开发活动,有的甚至还培养出了大量的诺贝尔科学奖获得者。从研究与开发的投入来看,科技发达国家也以企业为主,美国、德国和日本企业的研究开发投入都超过本国研究与开发总投入的 70%。

过去,我国由于实行计划经济,科研和生产分别由科研院所和企业两套系统来进行,企业没有力量进行研究开发,同时也没有进行技术创新的动力。改革开放后,我国国有企业经历了"放权让

利"、"利改税"、"拨改贷"和"承包制"等改革,1992 年又实行股份制改革,之后开始建立现代企业制度。社会主义市场经济体制的建立激发了企业的活力,为了满足市场需求和自身发展需要,企业的技术创新主动性不断得到加强。1993 年,为了进一步提高我国企业的自主创新能力,国家经贸委、国家税务总局、海关总署联合发布了《鼓励和支持大型企业和企业集团建立技术中心暂行办法》。根据该办法,建立技术中心是企业行为,但是通过审定的技术中心可以享受税收优惠等政策。1993 年 11 月,国家经贸委、国家税务总局、海关总署联合发布《关于确认享受优惠政策企业(集团)技术中心名单的通知》,确认吉林化学工业集团公司研究院等 20 个单位作为第一批享受优惠政策的企业(集团)技术中心。此后,国家每年组织认定一批国家级企业技术中心。在国家的鼓励和支持下,我国企业技术中心的建设一直在快速地发展。截至 2011 年,仅国家级的企业技术中心就达到 793 家。

为了加大对企业技术创新的支持力度,2006 年 1 月,科技部、国资委和全国总工会三部门决定联合实施"技术创新引导工程"。2009 年 7 月,"技术创新引导工程"改名为"国家技术创新工程",科技部、财政部、教育部、国资委、全国总工会和国家开发银行六部门联合发布了《国家技术创新工程总体实施方案》。"技术创新引导工程"以及后来的"国家技术创新工程"的实施目的都是要通过发挥政府的引导作用,运用市场经济手段,运用资源配置和政策措施,实现创新要素向企业集聚,最终建立和完善以企业为主体、市场为导向、产学研相结合的技术创新体系。"技术创新引导工程"和"国家技术创新工程"的一个重要措施是由国家进行创新型企业认定和评价,目的是要引导形成一批拥有自主知识产权、自主品牌和持续创新能力的创新型企业。"国家技术创新工程"是我国政府引导建立中国特色技术创新体系的主要政策措施。

通过不断深化科技体制改革,我国企业自主创新的活力和能力不断得到增强,企业也正在逐渐成为技术创新的主体。

技术创新必须以企业为主体,但是企业也必须与高等学校以及科研院所结合起来才能真正提高自身和整个国家的自主创新能力。因为只有产学研结合起来,科技资源才能更加有效地进行配置,高等学校和科研院所的创新活力才能被激发,企业也才能获得持续创新的能力。高等学校和科研院所也是技术创新的重要参与主体,它们擅长基础研究和应用研究,与擅长技术开发的企业具有互补性,所以必须在大幅度提高企业自身技术创新能力的同时,使科研院所与高等院校积极围绕企业技术创新需求,形成产学研多种形式结合的新机制,实现企业与高等学校和科研院所的协同创新。为了鼓励产学研结合,提升我国产业技术创新能力和行业竞争力,2006 年 12 月,科技部联合财政部、教育部、国资委、全国总工会和国家开发银行成立了协调指导小组,共同推进产学研结合。六部门把构建产业技术创新联盟作为推进产学研结合的切入点,从 2007 年开始进行产业技术创新联盟试点,2008 年又联合发布了《关于推动产业技术创新战略联盟构建的指导意见》。产业技术创新战略联盟是指由企业、大学、科研机构或其他组织机构通过共同签订具有法律约束力的契约形成的,以提升产业技术创新能力为目标的联合开发、优势互补、利益共享、风险共担的技术创新合作组织。

建立以企业为主体,并且在企业、大学、科研机构和其他组织机构之间存在良性高效合作关系的技术创新体系,是我国建设有中国特色国家创新体系的重要内容。

(二)科学研究与高等教育有机集合的知识创新体系

知识创新是指通过科学研究(包括基础研究和应用研究)获得新的自然科学和技术科学知识的过程,它既是技术创新的基础,也是新技术和新发明的源泉,还是促进科技进步和经济增长的革命性力量。知识创新体系是国家创新体系的组成部分,是由与知识的生产、传播和转移相关的机构和组织构成的网络系统。① 知识创新的主体是国立科研机构和研究型大学,在我国,建设有中国特色的知识创新体系关键就是要实现科研院所和高等院校之间,即科学研究与高等教育之间的有机集合。

改革开放之前,我国的科研力量主要由中国科学院、高等院校、部门研究机构和地方科研机构四个方面组成。改革开放之后,为了提高科研机构的活力,使科研更好地为经济建设服务,我国对原有的科研机构进行了多次改革。1995 年,《中共中央、国务院关于加速科学技术进步的决定》提出"深化科技体制改革,建立适应社会主义市场经济体制和科技自身发展规律的新型科技体制"的目标,国家开始推动技术开发类科研机构的企业化转制工作。通过试点积累经验之后,1999 年发布的《中共中央、国务院关于加强技术创新,发展高科技,实现产业化的决定》明确提出:"应用型科研机构和设计单位原则上要转为科技型企业,整体或部分进入企业或转为中介服务机构等。"2004 年底,国家部委所属应用开发类科研机构企业化转制工作基本完成。在对应用开发类科研机构进行企业化转制改革的同时,国家对公益类科研机构也进行了改革。2000 年,《国务院办公厅转发科技部等部门关于深化科研机构管理体制改革实施意见的通知》(国办发 38 号文件)做出具体部署,要求社会公益类科研机构分不同情况实行改革:主要从事应用基础研究或提供公共服务、无法得到相应经济回报、确需国家支持的科研机构,仍作为事业单位,按非营利性机构运行和管理;有面向市场能力的科研机构要向企业化转制。② 目前,社会公益类科研

---

① 科技部:《中国科技发展 60 年》,北京:科学技术文献出版社,2009 年,第 228 页。

② 万钢:《中国科技改革开放 30 年》,北京:科学出版社,2008 年,第 105 页。

机构正在朝着建立"功能明确、运行高效、治理完善、监管有力"的现代事业制度的方向进行改革。具有现代事业制度的社会公益类科研机构将成为中国特色知识创新体系中的重要力量。

高等院校是中国特色知识创新体系中的另一支重要力量。1995 年科教兴国战略提出之后，国家加大了对高等教育的支持力度，先后实施了"211 工程"和"985 工程"。"211 工程"是我国政府计划在 21 世纪重点建设 100 所左右高等学校的高等教育提升工程。"211 工程"于 1995 年正式启动，当年，国家计委、国家教委和财政部经国务院批准共同发布《"211 工程"总体建设规划》。"211 工程"总体建设目标是：通过重点建设，使 100 所左右的高等学校以及一批重点学科在教育质量、科学研究、管理水平和办学效益等方面有较大提高，在高等教育改革特别是管理体制改革方面有明显进展，成为培养高层次人才、解决国家或区域经济建设和社会发展重大问题的基地。① "985 工程"是我国提升高等教育水平的另一项国家工程。1998 年 5 月 4 日，江泽民同志在庆祝北京大学建校 100 周年大会上向全社会宣告："为了实现现代化，我国要有若干所具有世界先进水平的一流大学。"为贯彻落实中共中央科教兴国战略和江泽民同志的号召，1999 年，国务院批准教育部《面向 21世纪教育振兴行动计划》，决定重点实施支持北京大学、清华大学等部分高等学校创建世界一流大学和国际知名的高水平研究型大学的建设工程，简称"985 工程"。② 建设中国特色知识创新体系的一项重要任务就是要发展研究型大学。

科研院所主要从事科学研究，包括应用研究和基础研究。高

① 科技部：《中国科技发展 60 年》，北京：科学技术文献出版社，2009年，第 234～235 页。

② 科技部：《中国科技发展 60 年》，北京：科学技术文献出版社，2009 年版，第 236 页。

等院校既从事高等教育也从事科学研究。科研院所和高等院校都是知识创新的重要力量，知识创新体系的建设需要将两者有机结合起来。整合科研院所和高等院校的重要力量，建立开放、流动、竞争、协作的运行机制，促进科研院所之间、科研院所与高等院校之间的结合和资源集成，同时还需要努力形成一批高水平的、资源共享的基础科学和前沿技术研究基地。我国在 2012 年启动的以"协同创新"为指导理念的"2011 计划"，起到了引导高等院校和科研院所以及其他创新主体进行有机结合的作用。2011 年 4 月 24 日，胡锦涛同志在清华大学百年校庆上发表讲话时，提出了"推动协同创新"的理念和要求。为落实胡锦涛同志重要讲话精神，2012年 5 月 7 日，教育部、财政部联合召开视频会议，正式启动实施"高等学校创新能力提升计划"，也就是"2011 计划"。"2011 计划"是我国高等教育领域继"211 工程"、"985 工程"之后又一项体现国家意志的重大战略举措，但是与"211 工程"以及"985 工程"中以单个学校为建设对象不同，"2011 计划"以协同创新为指导理念，鼓励高等学校和科研院所、行业企业、地方政府，还有国际社会等创新力量一起构建协同创新体和战略联盟。教育部和财政部每年组织一次"2011 协同创新中心"申报认定，并给予相关支持。目前协同创新中心主要分为面向科学前沿、面向文化传承创新、面向行业产业和面向区域发展 4 种类型。通过"2011 计划"等政策措施，我国政府正在不断探索整合科研院所和高等院校等创新力量的机制，将来，有中国特色的知识创新体系将会真正实现科学研究与高等教育的有机结合。

（三）军民结合、寓军于民的国防科技创新体系

国防科技创新体系是指满足国防和军队科学技术现代化建设需要的人员、科研生产单位、科学技术知识、设施及其环境的综合体，其核心是国防科学技术知识的生产者、传播者、使用者以及政府管理机构之间的相互作用，并在此基础上形成国防科学技术知

识在国家创新体系内循环流转和应用的机制。① 国防科技创新体系是国家创新体系的重要组成部分。

历史上,我国的国防科技和民用科技分属两套系统。经过长时间的改革之后,国防科技创新和民用科技创新相互脱节的状况虽然有了很大改善,但是良性互动的局面还没有最终形成。所以,针对我国国防科技创新的实际状况,《纲要》明确提出,要建立军民结合、寓军于民的国防科技创新体系,具体讲就是要从宏观管理、发展战略和研究开发活动、科技产业化等多个方面,促进军民科技的紧密结合,加强军民两用技术的开发,形成全国优秀科技力量服务国防科技创新、国防科技成果迅速向民用转化的良好格局。

军民结合、寓军于民的国防科技体制改革方向符合国内外形势和国防科技本身的发展规律。从国际形势来看,冷战结束,和平与发展成为世界的主题,国家在较长时间内不再需要进行备战,因此剩余的国防工业产能可以而且也应该用来为发展民生服务。从国内情况来看,我国已经确立社会主义市场经济体制改革的目标,国防科技产业因此也需要进行相应的改革。实际上从 1997 年至 1999 年,我国就已经按照军政分开、政企分开、明确管理职权、打破军工垄断等原则对国防科技工业体制进行重大改革。军民结合、寓军于民的国防科技体制改革方向也符合国防科技本身的发展规律。因为国防科技和民用科技本来就有很多的共性,所以国防技术可以转化为民用技术,提高民用产业的竞争力;民用技术水平的提高反过来也可以为攻克国防尖端技术提供更好的基础,特别是以民用产业为基础的国家经济增长为国防科技的发展提供了坚实的后盾。

在建设军民结合、寓军于民的国防科技创新体系方面,我国已经进行了相应的改革,也出台了很多政策。2008 年 3 月,为了将

---

① 郭贵春:《自然辩证法概论》,高等教育出版社,2013 年,第 301 页。

国防科技工业与民用工业彻底整合,加强整体规划和统筹协调,十一届全国人大一次会议第五次全体会议通过了关于国务院机构改革方案的决定,新组建工业和信息化部,同时组建国家国防科技工业局,由工业和信息化部管理,不再保留国防科工委,从而加强国防科技工业的市场化程度,促进军民技术创新体系的融合。[1] 近年来,国防科技工业的战略定位日趋明显,国防科技工业作为国家的战略性产业,是国防现代化的物质和技术基础,同时也是国家发展先进制造业、推动产业升级的一个重要力量。我国采用了很多政策措施,促进军民产业融合式发展,比如建立军转民开发区等。

(四)各具特色和优势的区域创新体系

区域创新体系是指一国之内、一定地理范围内,各种创新要素相互作用构成的一个创新网络。区域创新体系中的区域范围可大可小,可以是一个省,也可以是一个市甚至一个县。区域的范围跟行政区划也没有必然的联系,它可以在一个行政区划范围内,也可以跨越不同的行政区域,只要这些区域确实具有创新方面的互补性,能够产生整体效益。区域创新体系中的创新要素包括企业、高等学校、科研机构、地方政府以及中介机构等。区域创新体系中的这些创新要素在市场的推动下密切联系、相互作用。在成熟的区域创新体系中,企业一般处于主体地位,信息、知识、人才和物资根据企业的需要在各种创新主体之间进行合理地交换和流动,促使区域内的广大企业不断采用新工艺、开发新产品,并且取得投资回报,从而有效推动区域经济的发展。

区域创新体系是国家创新体系的基础,国家创新体系就是由一个个区域创新体系组成的。如果一个国家的区域创新体系没有活力,那么整个国家的创新体系也不会有活力。所以我国的《纲

① 科技部:《中国科技发展 60 年》,北京:科学技术文献出版社,2009年,第 403 页。

要》明确提出,"要充分结合区域经济和社会发展的特色和优势,统筹规划区域创新体系和创新能力建设。深化地方科技体制改革,促进中央与地方科技力量的有机结合。发挥高等院校、科研院所和国家高新技术产业开发区在区域创新体系中的重要作用,增强科技创新对区域经济社会发展的支撑力度。加强中、西部区域科技发展能力建设。切实加强县(市)等基层科技体系建设"。

区域创新体系的建设要结合区域的特色和优势。我国幅员辽阔,有特色的地方很多,地方政府需要结合本地区的实际情况,充分发挥主观能动性,把特色转化为优势,引导和团结各种创新力量,建立充满活力的区域创新体系。目前我国已经明确东部、中部、西部和东北四大板块的区域发展战略布局,以天津滨海新区、成渝经济区、福建海峡西岸、广西北部湾经济区、武汉城市圈、长株潭城市群等为主的特色经济区也正在加速推进,区域发展的新格局正在形成。可以预见,将来我国具有中国特色的国家创新体系建成之日,也必定是各个地方、各个层次的区域创新体系争奇斗艳之时。

(五)社会化、网络化的科技中介服务体系

科技中介是指市场经济条件下,专门向科技商品供方和需方提供支撑服务的第三方。科技中介的服务范围很广,任何有利于促进科技商品交换和流通的活动都可能被专业的科技中介服务机构转化为一种服务商品,包括信息咨询服务、科技评估服务、人才培训服务、融资担保服务、专业代理服务以及提供交易市场等。科技中介机构和科技中介服务是科技创新活动必不可少的要素和环节。科技中介服务机构通过自己的专业服务可以有效促进知识的扩散和技术的转移,能够有效降低创新成本、化解创新风险、加快科技成果转化、提高整体创新功效。所以,建设有中国特色的国家创新体系必须同时建立和完善社会化、网络化的科技中介服务体系。

我国的科技中介机构大多产生于 20 世纪 80 年代,主要包括技术交易市场、生产力促进中心、科技企业孵化器、国家大学科技园、知识产权中介服务机构等。还在改革开放初期,我国各地就纷纷自发建立起技术市场,举办技术交易会。1993 年 5 月,全国第一个国家级技术交易所——上海技术交易所成立,该交易所利用电脑网络技术改进技术信息的集散方式,大大增强了技术信息的扩散幅度,率先实现了技术市场、金融市场和产权市场的资源融合。2009 年 8 月,全国最大的技术交易机构——中国技术交易所在北京成立。技术交易机构的服务功能从最初单一的技术中介咨询代理服务逐步发展为含技术信息传递、产品联销、技术中介、咨询与市场调查、人才培训与交流、技术评估与作价、技术经纪等各种功能的配套服务。生产力促进中心目前有事业单位法人,有民办非企业单位,也有企业法人,对其性质并无强制规定。1992 年,国家科委借鉴国外发展科技中介机构的经验,首先在山东省试点建立生产力促进中心。1995 年,中共中央、国务院在《关于加速科技进步的决定》中明确提出要加快生产力促进中心的建设。随后,在国家科委等有关部门的推动下,生产力促进中心在我国蓬勃发展。我国生产力促进中心主要的服务对象是中小企业,服务内容包括提供技术支持,也包括帮助解决融资困难等问题。截至 2007 年年底,全国生产力促进中心达到 1425 家,总共服务企业 15.5 万家,联系科研机构 1.9 万家,联系专家 4.4 万人,极大地促进了我国科技成果的转化。截至 2008 年,全国共有科技企业孵化器 674 家,其中国家级科技企业孵化器 228 家。科技企业孵化器通过为科技创业者、企业家提供创业所需的硬件支持、良好的政策环境和不断优化完善的孵化服务,大大降低了科技创业者的创业成本、创业风险,将创业企业的成活率提高到 80％以上。国家大学科技园是以科研实力较强的大学为依托,将大学的智力资源优势与其他社会资源优势相结合,为高等学校科技成果转化、高新技术企业孵化、创新创业人才培养、产学研结合提供支撑平台和服务的机构。截至 2008 年底,全国国家大学科技园总数为 69 家,拥有园区场地面积 698.15 万平方米,年末固定资产净值 41.20 亿元,孵化基金总额 3.06 亿元。专利代理机构是最常见的知识产权中介服务机构。截至 2008 年 10 月,我国共有专利代理机构 705 家,其中,从事涉外专利代理业务的有 188 家,国防专利代理机构 34 家,律师事务所开办专利代理业务的有 36 家,共有 9522 人获得专利代理人资格,专利代理执业人员共有 5448 人。我国的专利申请中,70% 以上能通过专利代理机构申请。

总的来说,我国的科技中介服务行业存在规模较小、功能单一、服务能力薄弱等问题,国家还需要引导科技中介服务机构向专业化、规模化和规范化方向发展。同时,国家还需要充分发挥高等院校、科研院所和各类社团在科技中介服务中的重要作用。建设中国特色国家创新体系的一个重要方面就是要建立社会化、网络化的科技中介服务体系。

四、中国创新型国家建设的目标和方略

(一)建设创新型国家的根本目标

建设中国特色创新型国家的根本目标是要提升我国的自主创新能力,增强我国的国家竞争力。自主创新能力是指一个国家的科学技术原始创新、集成创新和引进消化吸收再创新能力。原始创新是指前所未有的重大科学发现、技术发明、原理性主导技术等创新成果;集成创新是指通过对各种现有技术的有效集成,形成有市场竞争力的产品或者新兴产业;引进消化吸收再创新是指在引进国外先进技术的基础上,学习、分析、借鉴,进行再创新,形成具有自主知识产权的新技术。自主创新的重要特征就是创造拥有自主知识产权的核心技术,并实现其价值。

自主创新能力是国家竞争力的核心,提高自主创新能力是提

高我国综合国力的必然途径。"党中央、国务院作出的建设创新型国家的决策,是事关社会主义现代化建设全局的重大战略决策。建设创新型国家,核心就是把增强自主创新能力作为发展科学技术的战略基点,走出中国特色自主创新道路,推动科学技术的跨越式发展;就是把增强自主创新能力作为调整产业结构、转变增长方式的中心环节,建设资源节约型、环境友好型社会,推动国民经济又快又好发展;就是把增强自主创新能力作为国家战略,贯穿到现代化建设各个方面,激发全民族创新精神,培养高水平创新人才,形成有利于自主创新的体制机制,大力推进理论创新、制度创新、科技创新,不断巩固和发展中国特色社会主义伟大事业。"①

（二）建设创新型国家的方针策略

建设创新型国家的总体战略方针是:自主创新,重点跨越,支撑发展,引领未来。自主创新,就是从增强国家创新能力出发,加强原始创新、集成创新和引进消化吸收再创新能力。重点跨越,就是坚持有所为、有所不为,选择具有一定基础和优势,关系国计民生和国家安全的关键领域,集中力量,重点突破,实现跨越式发展。支撑发展,就是从现实的紧迫需求出发,着力突破重大关键、共性技术,支撑经济社会的持续协调发展。引领未来,就是着眼长远,超前部署前沿技术和基础研究,创造新的市场需求,培育新兴产业,引领未来经济社会的发展。这一方针是对我国半个多世纪科技发展实践经验的概括总结,是面向未来、实现中华民族伟大复兴的重要抉择。

建设创新型国家的战略对策主要包括如下四个方面:②

---

① 胡锦涛:《坚持走中国特色自主创新道路 为建设创新型国家而努力奋斗》,载《求是》,2006年第2期。

② 胡锦涛:《坚持走中国特色自主创新道路 为建设创新型国家而努力奋斗》,载《求是》,2006年第2期。

一是深化科技体制改革,加快推进国家创新体系建设。深化科技体制改革,进一步优化科技结构布局,充分激发全社会的创新活力,加快科技成果向现实生产力转化,是建设创新型国家的一项重要任务。要继续推进科技体制改革,充分发挥政府的主导作用,充分发挥市场在科技资源配置中的基础性作用,充分发挥企业在技术创新中的主体作用,充分发挥国家科研机构的骨干和引领作用,充分发挥大学的基础和生力军作用,进一步形成科技创新的整体合力,为建设创新型国家提供良好的制度保障。深化科技体制改革的主要目标就是建立和完善有中国特色的国家创新体系。

二是创造良好环境,培养造就富有创新精神的人才队伍。科技创新,关键在人才。杰出科学家和科学技术人才群体,是国家科技事业发展的决定性因素。当前,人才竞争正成为国际竞争的一个焦点。无论是发达国家还是发展中大国,都把科技人力资源视为战略资源和提升国家竞争力的核心因素,都在大力加强科技人力资源能力建设。源源不断地培养造就大批高素质的、具有蓬勃创新精神的科技人才,直接关系到我国科技事业的前途,关系到国家和民族的未来。培养大批具有创新精神的优秀人才,创造有利于人才辈出的良好环境,充分发挥科技人才的积极性、主动性、创造性,是建设创新型国家的战略举措。

三是建设有利于创新的国家制度和政策体系。创新型国家建设必须有科学合理的制度和政策体系作为保障。国家的制度和政策有利于创新国家的创新活动才能稳定持久。与国家创新活动密切相关的制度包括知识产权制度、国家科技奖励制度和人才培养制度等。与国家创新活动密切相关的政策包括财政投入政策、税收激励政策、金融支持政策、政府采购政策、技术贸易政策、成果产业化政策以及教育与科普政策等。改革国家的制度和政策体系,切实保障国家的创新活动稳定持久,也是建设创新型国家的一项重要任务。

四是发展创新文化,努力培育全社会的创新精神。创新文化孕育创新事业,创新事业激励创新文化。建设创新型国家,必须大力发扬中华文化的优良传统,大力增强全民族自强自尊的精神,大力增强全社会的创造活力。要坚持解放思想、实事求是、与时俱进,通过理论创新不断推进制度创新、文化创新,为科技创新提供科学的理论指导、有力的制度保障和良好的文化氛围。要大力弘扬以爱国主义为核心的民族精神和以改革创新为核心的时代精神,增强民族自信心和自豪感,增强不懈奋斗、勇于攀登世界科技高峰的信心和勇气。要在全社会培养创新意识,倡导创新精神,完善创新机制,大力提倡敢为人先、敢冒风险的精神,大力倡导敢于创新、勇于竞争和失败的精神,努力营造鼓励科技人员创新、支持科技人员实现创新的有利条件。要注重从青少年入手培养创新意识和实践能力,积极改革教育体制和改进教学方法,大力推进素质教育,鼓励青少年参加丰富多彩的科普活动和社会实践。要大力发展哲学社会科学,促进哲学社会科学与自然科学相互渗透,为建设创新型国家提供更好的理论指导。要在全社会广为传播科学知识、科学方法、科学思想、科学精神,使广大人民群众更好地接受科学技术的武装,进一步形成讲科学、爱科学、学科学、用科学的社会风尚。发展创新文化,既要大力继承和弘扬中华文化的优良传统,又要充分吸收国外文化的有益成果。

五、研究生在创新型国家建设中的使命

(一)做科技创新的实践人

研究生是我国科技队伍的生力军、预备队,今天的研究生大部分都将成为明天的科技人才。科技创新关键在人才,人才资源是第一战略资源。我国创新型国家建设的战略目标能否实现关键就看我国能否培养和造就一大批具有高素质的创新人才。所以,对于研究生来说,我们要有强烈的爱国主义情怀,以天下为己任,从

我做起,立志投身于建设中国特色创新型国家的伟大实践,做一名真正从事或者服务于科技创新的实践人。

为了明天更好地从事科技创新实践,为了对国家作出更大的贡献,作为一名研究生,除了要学好专业知识,掌握专业技能之外,还需要努力学习并实践科技创新方法。《自然辩证法》是一门教授创新一般方法的重要课程。科研选题的方法,获取科学事实的方法,创立科学理论的思维方法,特别是关于技术创造和技术创新的方法,等等,都属于科技创新的一般方法。研究生现在开始就可以在导师的指导下实践这些方法,今后在自己的工作实践中更加需要自觉地运用这些方法。当研究生通过学习和实践更好地掌握科技创新的方法之后,科技实践必定会取得更大的成效。

做科技创新的实践人,则需要研究生在学习和实践的过程中自觉地培养自己的创新精神。创新精神是有利于做出创新成果的心理特质,包括不满现状、具有强烈的求知求新欲望、打破常规的勇气和决心、不断克服困难的意志、不受权威束缚的批判思想、发散的思维习惯,等等。创新精神是可以在学习和实践中不断培养出来的。多学习科学技术史以及商业经济史上的经典案例,会使我们加深对创新品质的理解。在学习和实践中,也可以有意识地去进行发散式思维,去对权威思想进行批判性分析,去尝试各种各样的创新。当创新尝试越来越多地取得成功,我们就会在心理和思想中不自觉地把创新当作一种习惯。当创新成为心理和思维习惯,我们也就真正具有了创新精神,它将成为我们今后从事科技创新实践的最强大动力。

(二)做创新文化的传播者

除了直接从事科技创新实践外,研究生还需要做创新文化的宣传者和传播者,让自己的国家有更多的人热爱科技创新、帮助科技创新、投身科技创新。建设创新型国家不仅要建立完备的国家创新经济组织体系和政治法律制度,还需要培育一个国家的创新文化。只有当创新成为一个国家的核心精神和文化,创新精神和创新意识深入人心,人们都崇尚创新、追求创新的时候,一个国家才能真正被称为创新型国家。所以,向人们宣传创新文化与直接从事创新活动一样重要。研究生已经具备良好的科学素养,因此正适合充当创新文化特别是科学文化的传播者。研究生要牢记自己的使命,在日常生活中能够向身边的人传播科学知识、科学方法、科学思想、科学精神,使更多的人接受科学技术的武装,养成讲科学、爱科学、学科学、用科学的良好习惯。

思考题

1.中国马克思主义科学技术观的主要特征是什么?

2.什么是创新型国家?为什么我国要进行创新型国家建设?我国建设创新型国家的根本目标是什么?

3.结合自己的实际情况,谈谈自己准备怎样投身于我国的创新型国家建设。

主要参考文献

［1］马克思恩格斯选集（第 3 卷）［M］.北京：人民出版社,1972.

［2］毛泽东选集（第 2 卷）［M］.北京：人民出版社,1991.

［3］毛泽东文集（第 7 卷）［M］.北京：人民出版社,1999.

［4］毛泽东文集（第 8 卷）［M］.北京：人民出版社,1999.

［5］邓小平文选（第 2 卷）［M］.北京：人民出版社,1994.

［6］邓小平文选（第 3 卷）［M］.北京：人民出版社,1994.

［7］江泽民文选（第 1 卷）［M］.北京：人民出版社,2006.

［8］江泽民文选（第 2 卷）［M］.北京：人民出版社,2006.

［9］在中国科学院第十五次院士大会、中国工程院第十次院士大会上的讲话［M］.北京：人民出版社,2010.

［10］中华人民共和国科学技术部.中国科技发展 60 年［M］.北京：科学技术文献出版社,2009.

［11］万钢.中国科技改革开放 30 年［M］.北京：科学出版社,2008.

［12］郭贵春.自然辩证法概论［M］.北京：高等教育出版社,2013.

［13］黄顺基.自然辩证法概论［M］.北京：高等教育出版社,2004.

［14］刘大椿.科学技术哲学导论［M］.北京：中国人民大学出版社,2002.

［15］刘大椿.自然辩证法概论［M］.北京：中国人民大学出版社,2008.

[16] 栾玉广. 自然辩证法原理[M]. 合肥：中国科技大学出版社，2007.

[17] 黄孟洲. 自然辩证法概论[M]. 成都：四川大学出版社，2006.

[18] 许为民. 自然辩证法新编[M]. 杭州：浙江大学出版社，1998.

[19] 陈昌曙. 技术哲学引论[M]. 北京：科学出版社，1999.

[20] 张新. 恩格斯传[M]. 北京：当代世界出版社，1998.

[21] （美）乔治·巴萨拉. 周光发译. 技术发展简史[M]. 上海：复旦大学出版社，2000.

[22] 李约瑟，柯林·罗南. 上海交通大学科学史系译. 中华科学文明史（第2版）[M]. 上海：上海人民出版社，2010.

[23] 清华大学自然辩证法教研组. 科学技术史讲义[M]. 北京：清华大学出版社.

[24] 乔瑞金. 马克思技术哲学纲要[M]. 北京：人民出版社，2002.

[25] （德）韦特海默. 林宗基译. 创造性思维[M]. 北京：教育科学出版社，1987.

[26] 傅世侠，罗玲玲. 科学创造方法论[M]. 北京：中国经济出版社，2000.

[27] （苏）Г·С·阿利赫舒尔. 创造是一门精密的科学[M]. 北京：北京航空航天大学出版社，1990.

[28] （英）W.I.B 贝弗里奇著. 陈捷译. 科学研究的艺术[M]. 译. 北京：北京科学出版社，1979.

[29] 李醒民. 科学文化随笔丛书[M]. 桂林：广西师范大学，2004.

[30] 刘仲林. 中国创造学概论[M]. 天津: 天津人民出版社, 2001.

[31] (日)市川龟久弥. 创造性科学——图解、等价转换理论入门[M]. 北京: 新时代出版社, 1989.

[32] 傅世侠, 罗玲玲. 科学创造方法论[M]. 北京: 中国经济出版社, 2000.

[33] (美)保罗. 阿本德. 周昌忠译. 反对方法[M]. 上海: 上海译文出版社, 1992.

[34] 孙健敏, 宁健. 创造性解决问题[M]. 北京: 企业管理出版社, 2004.

[35] 金马. 创新智慧论[M]. 北京: 中国青年出版社, 1997.

[36] (英)克利斯·弗里曼, 罗克·苏特. 华宏勋, 华宏慈等译. 工业创新经济学[M]. 北京: 北京大学出版社, 2004.

[37] 王钱国忠. 李约瑟与中国古代文明图典[M]. 北京: 科学出版社, 2005.

[38] 郝书翠. 真伪之际: 李约瑟难题的哲学——文化学分析[M]. 济南: 山东大学出版社 2010.

[39] 乐爱国. 中国传统文化与科技[M]. 桂林: 广西师范大学出版社, 2006.

[40] 乐爱国. 儒家文化与中国古代科技[M]. 北京: 中华书局, 2002.

[41] 中国科学技术协会学术部. 我国科技发展的文化基础[M]. 北京: 中国科学技术出版社, 2008.

[42] 李建珊. 欧洲科技文化史[M]. 天津: 天津人民出版社, 2011.

[43] 康德. 邓晓芒译. 纯粹理性批判[M]. 北京: 人民出版

社,2004.

[44]梁启超,胡朴安.道家二十讲[M].北京:华夏出版社,2008.

[45]拉兹洛.决定命运的选择[M].上海:三联书店,1997.

[46]胡锦涛.坚持走中国特色自主创新道路 为建设创新型国家而努力奋斗[J].求是,2006(2).

[47]张云台.人工智能及其前景的哲学思考[J].科学技术与辩证法,1995(6).

[48]田友谊.西方创造力研究 20 年:回顾与展望[J].国外社会科学,2009(2).

[49]陈晓龙.转识成智—冯契对时代问题的哲学沉思[J].哲学动态,1999(2).

[50]刘德强.无法而法中国艺术方法论仁[J].学术期刊,1997(3).

[51]吴斌,张成玉.技进乎道 无法而法——石涛《画语录》中道、理(法)、技的互动[J].网络财富,2008(05).

[52]王前.技术文化视野中的"道""技"关系[J].自然辩证法通讯,2010(6).

[53]刘仲林.中国文化与中国创造学[J].天津师范大学学报,1998(5).

[54]李群山.马克思主义大众化的民族文化视角与路径选择[J].求实,2013(3).

[55]叶秀山.中国文化与科技发展[J].哲学研究,1994(4).

[56]仇成.创新问题解决理论(TRIZ)在产品设计领域的应用研究[D].南京:南京理工大学,2008.

[57]刘仲林.为"述而不作"正名[N].光明日报,2011-11-

04 (015).

[58] M. Wertheimer. *Productive Thinking* [M]. The University of Chicago Press,1982.

[59] Hertz. *Electric Wave*[M]. New York, Dover, 1962.